零基础 学养殖

轻松学养奶牛

李 军 主编

奶牛养殖入门，看这本就够了！

中国农业科学技术出版社

图书在版编目（CIP）数据

轻松学养奶牛 / 李军主编 .—北京：中国农业科学技术
出版社，2014.9
ISBN 978-7-5116-1678-4

Ⅰ.①轻… Ⅱ.①李… Ⅲ.①奶牛 – 饲养管理
Ⅳ.① S823.9

中国版本图书馆 CIP 数据核字（2014）第 13665 号

责任编辑　张国锋
责任校对　贾晓红

出 版 者　中国农业科学技术出版社
　　　　　北京市中关村南大街 12 号　邮编：100081
电　　话　（010）82106636（编辑室）（010）82109702（发行部）
　　　　　（010）82109709（读者服务部）
传　　真　（010）82106631
网　　址　http：//www.castp.cn
经 销 者　各地新华书店
印 刷 者　北京富泰印刷有限责任公司
开　　本　880mm×1 230mm　1 /32
印　　张　9.25
字　　数　284 千字
版　　次　2014 年 9 月第 1 版　2014 年 9 月第 1 次印刷
定　　价　29.00 元

编写人员名单

主　　编　李　军

副　主　编　吕善潮　吴天领

其他编写人员

王　毅　左　佳　刘　慧

闫益波　孙虹云　杨效民

张李俊　张喜忠　韩陆婵

靳　光　李连任　李　童

前　言

改革开放 30 多年来，我国经济迅猛发展，人民的生活水平日益改善。在其膳食结构中，肉、蛋、奶等畜牧业产品占比增速较多，特别是牛奶制品，占据相当的比例。牛奶以其丰富的营养特点和消化特性，深受人们的喜爱。特别是 2000 年以来，增长速度更快，平均每年以 33% 的增长率递增。在国内巨大市场需求的驱动下，中国牛奶产量近 10 年间增长 10 倍，仅次于印度和美国，成为世界第三大产奶国。

国家更是将奶牛产业置于战略层面进行考量，视其为优化农村产业结构、提高国民健康素质的一项国策。为了促进奶业快速增长，国务院批准发布的《中国食物与营养发展纲要》将奶业列为未来 10 年我国食物与营养优先发展的重点领域之一；国务院批准实行的《当前国家重点鼓励支持发展的产业、产品和技术目录》和实施的"菜篮子"工程，将奶业列入其中；2011 年国务院下发了《关于实施农村义务教育学生营养改善计划的意见》，"学生饮用奶计划"启动。由 13 家部委联合制定的指导中国乳业未来发展的《奶业整顿和振兴规划纲要》，农业部发布的《奶业优势区域发展规划》，明确了奶业在国民经济中的地位、发展方向和政策倾斜重点。农业部发布的《全国节粮型畜牧业发展规划（2011—2020 年）》中提出奶牛业为主要的节粮型家畜，这一系列扶持政策措施为近年来奶业高速增长营造了良好的政策环境。

奶牛业发展还是促进农民增收的有效途径。实施奶牛养殖改变了农民的就业方式，把农民从传统的自给自足的种植业中解放出来，使之加入到奶牛养殖产业中，使他们成为产业的员工。农民离土不离乡，实现了新的就业，创造了收入，这是解决我国目前"三农问题"的有益尝试。当前，随着城镇化推进，农民"二次就业"成为了制约农业现代化发展的主要瓶颈。项目的发展模式，实现了农村剩余劳动力的二次就业，增加了农民收入，为党和国家解决"三农问题"提供借鉴。

帮助农民致富，为奶牛养殖业提供技术、知识支撑，是从事畜牧科研工作者义不容辞的责任。当前奶牛养殖业发展迅速，来自于其他行业的转产者也很多，对奶牛养殖的知识不是很熟悉，急需奶牛的养殖常识。基于此目的，本书旨在向初从事奶牛产业的人员提供实用性的养殖技术，除常规介绍一些奶牛的知识外，还介绍了国家的政策、措施以及建设奶牛场的相关手续、途径等，寄望能够通过此书为他们提供更多的知识，为我国的奶牛业发展做出一定的贡献。本书在编写过程中，引用和参考了大量著作和文献中的内容、图片等，在此给予致谢。本书各章的编写分工如下：李军、闫益波编写第一章，李军、靳光和韩陆婵编写第二章，李军、张李俊和吕善潮编写第三章，吕善潮、张喜忠编写第四章，吴天领、李军编写第五章，吴天领、王毅编写第六章，左佳编写第七章，刘慧编写第八章，孙虹云编写第九章。全书的提纲拟定及最后各章的审稿和统稿由李军、杨效民、李连任、李童完成。

因编者知识水平有限、时间仓促，本书有许多不足之处，给读者带来的不便敬请批评指正。

编　者

2014 年 4 月

目　录

第一章

奶牛养殖新手必读

第一节 我国奶牛业发展的现状与前景

一、奶牛业现状

目前，我国奶牛饲养量和产奶量年增长率均为 10%~15%，主要是靠增加奶牛饲养量来获得。中国仍要从美国、欧盟、澳大利亚和新西兰等国家和地区进口大量的奶制品。

1. 单产水平低

我国 3 头奶牛的产奶量才相当于发达国家一头高产奶牛的产奶量，严重制约了奶类的总量和生产效率的提高。

2. 良种覆盖率较低

发达国家接近 100%，而我国荷斯坦奶牛占所有奶牛比重约为 1/3。

3. 缺乏先进技术的应用

除了自然死亡外，没有淘汰低产牛，有悖于科学生产理论。奶牛屡配不孕，产奶量愈来愈低，饲养只重视精饲料，不重视青粗饲料，许多地方采用精料加稻草的模式，既浪费精料，又影响奶品质（乳蛋白质偏低）。在疾病控制方面，一些地方的结核病和布氏杆菌病都没有控制，要么不检疫，要么检疫后不淘汰。

4. 养殖分布不平衡

由于荷斯坦奶牛耐寒而不耐热，牛奶的生产区是东北、华北和西北，而主要消费地区在华东和华南地区。带来的不良后果是：北方的草资源和水资源逐渐耗竭，奶源过剩，原料奶价格下降；南方鲜乳供应受限，许多地区只能饮用常温保存奶或含奶饮料，或用奶粉替代，所以"大头娃娃"和"结石娃娃"在南方出现最多。

5. 养殖模式以散养为主

奶牛养殖规模小，单产水平低。我国奶牛养殖的主流模式是农户散养，平均饲养规模为 7 头，占奶牛饲养量的 60%；国有农场一般养 800~2 000 头奶牛，通常有先进的生产设备，约占全国奶牛头数的 8%；大型乳品加工企业的此类牛场一般 1 000~10 000 头奶牛，通常要使用先进的生产设备，约占全国奶牛头数的 30%，主要通过合同方式收购，形成了所谓"公司＋农户"模式，但是由于企业与农户只有合同关系，一旦出现市场风险，就可能出现合同违约问题。

6. 原奶品质参差不齐，严重制约了乳制品的档次和质量的提升

目前，我国各地普遍采用的是 20 世纪 80 年代制定的鲜奶标准，许多优良指标低于国外标准，而且 80% 的散户是手工挤奶，卫生程度低，质量不稳定。

7. 产业化程度低

奶牛的饲养规模小、饲养地点分散、生产水平低，我国奶农的组织化程度低，缺少自己的专业合作组织和行业协会。在美国、加拿大，奶业合作社是其重要的组成形式，美国的奶业一体化经营所占的比重在 98% 以上；而印度则是通过合作社把 1 000 多万的奶牛散户组织起来，从而实现小农户与大市场的对接。

8. 缺少利益联结机制

实现龙头企业和农户风险的共担、利益共享的利益联结机制是奶业产业化的核心。乳制品加工企业和奶农之间尚未形成真正的利益共同体，只是简单的买卖关系，短期行为严重，产业链不紧密。在西欧，奶农在资源的基础上组成各种形式的合作社，按合作社的章程实行统一经营、统一核算、利润分成。参加各种奶农联合会，获得财政

信贷、奶牛配种、饲养管理、物资供应等方面的优质服务和产品质量、市场销售等信息。

9. 政策支持不足

到目前为止，国家对奶业的支持只有若干零星的单项政策，强度不够，没有系统的政策扶植体系。而且不具备市场调控，对于市场的奶业消费需求疲软，导致价格下跌，没有进行干预，奶农的损失相当巨大。

10. 法规和标准不完善

政府没有与时俱进，制定适于目前奶牛业发展的法规，而且没有健全的监管监控制度和部门，导致诸如"三鹿事件"和"阜阳奶粉事件"，而发达国家在动物的健康和福利、运输上面，以及牛奶的化学微生物质量方面都有严格的规定。

二、奶牛业发展前景

1. 营养结构性需求大

奶业养殖是我国畜牧业发展的重点，我国畜牧业生产长期以来以肉蛋为主，并快速发展。目前，肉类蛋类的总产量已居世界第一位。肉类的人均占有量达到53.65千克，超出世界平均水平15千克；蛋类人均占有量20.17千克，已经达到发达国家水平。唯有奶类与发达国家和周边国家还存在相当大的差距，我国目前人均仅26.4千克，而同期世界平均水平达106千克。

2. 我国的产业发展要求

一个农业现代化国家，奶业产值的比重为40%左右，占农林牧副渔总产值的比重应在20%以上。而目前，我国的奶业产值占畜牧业总产值的和农林牧副渔总产值的比重分别为10%和3%，与发达国家差距很大。可以说没有畜牧业的现代化就没有农业的现代化，没有奶牛业的现代化就没有畜牧业的现代化。

3. 奶牛业的动力

市场需求的拉动，国民经济的发展、综合国力的增强、人民生活的改善和生活水平的提高，为奶牛业的发展创造了良好的环境。随着国民经济的发展和居民生活水平的提高，引导乳制品消费、开拓市场和消费作用已成为奶牛生产、乳制品畅销的不竭原动力。

4. 奶牛行业的规范

《婴幼儿奶粉新规》中奶粉厂的奶源有严格的规定，必须有自建的奶牛场，这将促进奶牛养殖业的发展，为奶农带来发展契机。

三、奶牛业发展的必要性

（一）牛奶是改善居民膳食结构、提高国民身体素质的主导产品

经济全球化条件下的竞争，归根到底是民族素质的竞争。我国正在全面建设小康社会，改善居民营养，提高国民身体素质，是进入全面小康社会的必要前提和重要标志。大力发展奶牛业，生产营养、安全、多样化的乳和乳制品，引导人们增加乳和乳制品消费，改善膳食结构，正是增强国民身体素质的根本途径。国外经验证明，奶类消费对一个民族的健康与长寿，国民身体素质、耐力、智力、体力等的提高具有重要作用。日本曾提出"一杯牛奶壮大一个民族"，把发展奶牛提到一个战略层面。正因为如此，世界卫生组织把人均奶类消费量列为衡量一个国家人民生活水平的主要指标之一。

（二）优化农村资源配置，调整农业产业结构的要求

我国农区种植有大量的农作物，其秸秆等农副产品从生物角度看是丰厚的资源，对这些富裕资源的利用也是农区产业结构调整的中心议题和关键环节。牛是草食、反刍动物，它能使包括农作物秸秆在内的青粗饲料中的纤维素发酵分解，形成挥发性脂肪酸，被牛体吸收利用。牛对粗纤维的消化率一般在 55%~65%，高于其他家畜。奶牛能广泛利用农村极为丰富的农作物秸秆、牧草、各种野草及其他纤维丰富的农副产品。另外，在家畜生产中，奶牛对饲草料营养成分的转化率最高，即奶牛对饲草料中的能量和蛋白质转化为畜产品的效率高，

分别为 17% 和 25%。也就是说，牛奶形成过程中，耗能少产出高，迎合低碳农业发展的要求，是其他动物不能相比的。因而实施奶牛养殖，发展奶业生产，实施饲料粮及农作物秸秆等农副产品的就地、高效转化，是农村产业结构优化调整、延长农业产业链条，优化资源配置、发展低碳经济的重要途径和措施。

（三）解决"三农"问题、振兴农村经济的举措

农业生产的机械化和现代化，解脱了农民繁重的体力劳动，也使剩余劳动力日趋增多。农民是农村社会的主体，农民人数众多，农民的再就业、农村经济的振兴，是涉及国家的稳定和发展的大事。有效解决"三农"问题，是党和人民政府历来十分重视的问题，是全国上下首要的工作重心。在保证粮食安全的前提下，维护农民增收、农业增效、农村稳定，是社会主义市场经济条件下，积极深化农村改革的关键所在。发展奶牛生产，实施饲料粮及农作物秸秆、牧草资源的就地转化，延长农业生产的产业链条，是拓宽就业渠道、增加就业岗位、加大农民增收水平的主渠道。

（四）改善农业生产条件和生态环境的需要

在农区对农作物秸秆，大多付之一炬，不仅严重污染环境，而且极易引发山林火灾。发展奶牛养殖业既可以提高秸秆的利用率，又可以减少对环境的污染。种草养牛是生态建设的重要措施，既可为奶牛提供蛋白质含量高的优质饲料，又可以有效防止水土流失，起到水土保持、美化环境的功效。牛粪是物美价廉的优质有机肥，大量的牧草以及农作物秸秆的过腹还田，不仅可给农作物生产提供氮、磷、钾等丰富的有机、无机养分，而且还可以改良土壤，起到化肥在功效上不可替代的作用。特别是通过全混合日粮技术应用，可显著改善奶牛瘤胃内环境，提高瘤胃消化机能和日粮转化率，降低营养残留以及甲烷的生成和排放量，改善生态环境；通过应用全混合日粮，将显著提高鲜奶品质，有利于维护食品安全。可见发展奶牛业生产，对于农业生态平衡、能量物质的有效循环利用以及农业的稳产、高产、持续发

展，以及生态环境的改善，具有不可估量的作用。

改革开放 30 年来，我国经济迅猛发展，目前已成为全球最具竞争力的第二大经济体。经济的腾飞促进了我国人民生活水平的显著提高，居民膳食结构中肉蛋奶的比例逐年上升。尤其是近年来，随着人们生活水平的提高，因牛奶含蛋白高、易消化、老少皆宜等特点，备受人们青睐，奶牛养殖成为增长最快的产业，国家更是从战略高度来规划奶牛发展。奶牛养殖已成为畜牧业中增长最快、潜力最大的朝阳产业，是实施现代农业的主推产业，是农民致富的主要途径。截至2012 年年底，我国奶牛存栏量已达 1 400 万头，牛奶产量 4 000 万吨。但是，快速增长的行业也面临着诸多挑战。

第二节　奶牛养殖的经济效益与风险因素

一、提高奶牛养殖经济效益的关键因素

养殖户想要通过养奶牛实现致富增收，应做好选种、饲料和饲料原料采购、掌握饲养管理技术等工作，把握好以下几个关键点。

（一）冷静分析和运用市场规律

因市场规律的客观存在，商品在一定时期内必然出现市场价格的波动。所以，从事奶牛养殖，要首先考虑市场因素。市场行情好时，牛奶的价格显著高于价值，养殖者可以取得较高的收益，奶牛的价格也水涨船高；当牛奶供过于求或销路不畅时，牛奶价格低于价值，也将造成奶牛价格的暴跌。因此，应于行情高涨时淘汰部分低产和高龄奶牛，在行情处于低谷时补充一批质量好的奶牛，这样可以降低生产成本，减少额外损失，为赢利打下基础。要详细考查养殖场当地的牛奶销售市场，如生鲜乳收购站经营状况，分析收购企业处于竞争还是垄断地位，预测今后鲜奶的销路及价格。

（二）做好充分的准备工作

1. 了解当地技术服务能力

投资建场前，要调查当地奶牛的发病死亡率和淘汰率，了解当地是否有高水平的兽医技术人员和奶牛群体的健康状况；要调查当地奶牛配种的准胎率，判断当地配种人员的技术水平。当然，有条件的奶牛场，最好聘用责任心强、技术水平高的专职技术人员。

2. 了解当地饲料资源情况

奶牛是以青饲料为主的草食家畜，为保持奶牛的高产，还需要补充一定量的精饲料。成年母牛每天需要 5 千克以上的精饲料和 10 千克以上的青饲料。而草料的体积大，为节省运输费用，最好能够就地取材。饲养场附近最好种植牧草和青饲玉米，以及可以利用的农作物秸秆、野草等。另外，还要了解附近有无麸皮、豆饼等农副产品可以利用。

3. 做好基建设施工作

建设奶牛场要选择交通便利、有利于动物防疫的场地，围墙要具有防疫和防盗功能，要有自用的深井水，供电正常。要建设冬暖夏凉的牛舍和通风干燥的仓库，配套建设宽阔的运动场地和处理粪尿的沼气池等设施，购置实用型的机械设施，储备好优质草料。

4. 购买或培育高产奶牛

虽然高产奶牛的价格相对高一些，但它的饲料转化率高，所获得的经济回报要远高于一般奶牛。所以，建议新建奶牛场一定要购买健康的高产奶牛作为本场的基础牛群，并建立养殖档案，选育优良后代。

（三）加强奶牛的饲养管理

做好奶牛的饲养管理，能发挥奶牛生产潜力，减少疾病发生，是提高养殖经济效益的基础性工作。

1. 根据季节温度进行管理

适宜的环境温度和湿度不仅能增强奶牛抵抗力，减少疾病发生，

还能显著提高生产性能。夏季要加强通风降温，冬季要防贼风进入牛舍，使牛舍的温度常年保持在适宜奶牛生产的范围内。

2. 搞好环境卫生工作

养殖场地要经常打扫卫生，消除卫生死角，定期消毒和灭鼠；高温季节要定期消灭蚊蝇，为奶牛提供安静舒适的环境，避免昆虫传播疾病；及时清理粪尿垃圾，保持地面干燥，有利于减少乳房和蹄病发生。

3. 保障奶牛个体的营养需要

要做好奶牛日粮搭配工作，根据奶牛生产水平、泌乳阶段以及季节等因素调整好每头奶牛的日粮，保证正常的营养需求。配制饲料时要注意各种营养元素合理搭配，做到蛋白质和能量比例的平衡，不能缺乏和过剩。饲喂奶牛要做到定时、定量、定饲养员，粗饲料要短、软，精料要搅拌均匀，粗细合理，调整饲料要逐步进行，切忌忽然更换饲料，保证充足清洁的饮水。

4. 做好适龄母牛的配种工作

配种工作的好坏，直接关系到能否按照计划产犊和产奶，更关系到母牛的健康和后代的质量，是提高经济效益的关键环节之一。因此，奶牛配种时，一定要找技术水平较高、信誉良好的配种员进行操作，选择来源清晰的高产种公牛的冻精，逐步培育高产后代牛。

二、奶牛养殖存在的风险

奶牛养殖行业本身属于弱势产业，周期长，对市场反应滞后，近几年奶牛养殖业一直呈现一种波动起伏的状态之中。综合分析，影响产品市场的主要因素和风险主要来自于以下几个方面。

（一）生产水平较低

虽然我国奶牛养殖数量居世界前列，但因各地环境、设施等条件的不配套，生产规模差距较大，平均生产水平仍极低，与美国、日本、以色列等奶牛养殖强国差距巨大。我国奶牛养殖生产方式粗放、规模化程度不高、先进实用技术的成果转化率低，奶牛单产年平均为4.5 吨，各项产奶指标比先前的国营奶牛场有所下降。

（二）优质饲草料供应不保障

奶牛是草食家畜，对优质饲草要求极高，面对生态环境的压力，退耕还林、封山等措施实施，传统的牧区养殖向农区转移，使优质饲草成为奶牛养殖瓶颈。特别是规模较大养殖场常因饲草供应问题导致奶牛效益下滑，奶质量不过关。目前，优质饲草供应已成为奶牛养殖业的最大风险之一。

（三）奶牛养殖与加工行业的利益分配不均

奶牛养殖的特殊行业使其成为产业链条上的弱势者，在市场出现波动时，最先受冲击的就是奶牛养殖户。因其周期长、投资大，从小牛养殖到牛奶产出需 3 年，如果不能合理调节与加工行业的利润分配，这种由养殖业引起的波动风险就不可避免。

（四）牛奶质量潜在安全问题突出

我国奶牛业近年来一直出现质量事故，2008 年的阴云始终不散，给消费者以极大的不信任，这也给奶牛养殖业以毁灭性打击，安全成为奶牛养殖业首要的关注点。

第三节　国家对奶牛养殖的政策支持

一、国家的产业扶持政策

奶业的发展得益于国家对奶业政策的倾斜和配套政策的改革。实行市场经济运作，为奶牛业的发展注入了活力。同时，为了促进奶业快速增长，国家对奶业实施了一系列优惠政策。国务院批准发布的

《中国食物与营养发展纲要》将奶业列为未来10年我国食物与营养优先发展的重点领域之一；国务院批准实行的《当前国家重点鼓励支持发展的产业、产品和技术目录》和实施的"菜篮子"工程，将奶业列入其中；2011年国务院下发了《关于实施农村义务教育学生营养改善计划的意见》，"学生饮用奶计划"启动。

由13家部委联合制定的指导中国乳业未来发展的《奶业整顿和振兴规划纲要》；农业部畜牧业"十一五"计划中把奶业作为畜牧业发展的突破口；农业部发布的《奶业优势区域发展规划》，明确了奶业在国民经济中的地位、发展方向和政策倾斜重点。这一系列扶持政策措施为近年来奶业高速增长营造了良好的政策环境。

二、具体补贴政策

（一）奶牛良种补贴政策

为加速奶牛品种改良，促进奶牛养殖业增长方式的转变，国家于2005年出台了奶牛良种补贴政策。奶牛补贴品种主要是荷斯坦奶牛、奶水牛、乳用西门塔尔、褐牛、牦牛、娟珊牛和三河牛。补贴对象为使用优质种公牛冷冻精液进行品种改良的奶牛养殖者，包括散养户和规模养殖户都能拿到。补贴标准是按照每头能繁母牛每年使用两剂冻精计算，分不同品种，荷斯坦牛、娟珊牛每剂冻精补贴15元，其他奶牛品种每剂冻精补贴10元。

（二）后备母牛补贴

为保护奶牛后备资源，"婴幼儿奶粉事件"后，国家出台了后备母牛补贴政策，对享受奶牛良种补贴改良后的优质后备母牛每头一次性补贴500元，中央财政对中西部地区给予补助，东部地区补贴由地方财政负担。

（三）机械购置补贴

为改善奶牛场农业装备结构，提高农机化水平，国家将牧业机械和挤奶机械购置纳入财政农机具购置补贴范围，国家对奶牛养殖农户购置牧业机械和挤奶机械给予补贴。

（四）奶牛重大疫病防治和扑杀

为降低奶牛养殖业的疫病风险，国家将患布氏杆菌病、结核病而强制扑杀的奶牛，列入畜禽疫病扑杀补贴范围，具体办法比照口蹄疫扑杀补助办法执行。

（五）奶牛政策性保险

为增强奶农抵御风险的能力，有效保障奶牛养殖安全，国家建立了奶牛政策性保险制度，政府对参保奶农给予一定的保费补贴。中西部地区中央财政给予适当补助，东部地区补贴由地方财政负担。

（六）标准养殖场建设补贴

为加快推进奶牛养殖方式的转变，由传统养殖模式向规模化、集约化、标准化方向发展，国家发改委在 2008 年决定安排中央预算内专项资金，用于支持奶牛标准化规模养殖小区（场）改扩建。国家对符合中央补助标准的养殖小区（场）的水电路、粪污处理、防疫、挤奶设施及饲草料基地建设等给予适当投资补助。对年存栏 200~499 头的养殖小区（场），中央每家平均补助投资 50 万元；年存栏 500~999 头的养殖小区（场），中央每家平均补助投资 100 万元；年存栏 1 000 头以上的养殖小区（场），中央每家平均补助投资 150 万元。

（七）养殖信贷优惠

为了帮助奶农渡过难关，恢复信心，保护奶业基本生产能力，国家相关政策要求，金融机构要对奶牛养殖农户、奶农合作社等提供信贷支持，开发适应奶业的金融产品，搞好金融服务；地方人民政府给予适当贴息补助。

（八）土地政策

国土资源部、农业部联合公开发布《关于促进规模化畜禽养殖有关用地政策的通知》，要求各地合理安排养殖用地，采取不同的扶持政策，及时提供用地，通力合作，积极为规模化畜禽养殖用地做好服务。

《关于促进规模化养殖有关用地政策的通知》规定，统筹规划，合理安排养殖用地；区别不同情况，采取不同的扶持政策；简化程序，及时提供用地；通力合作，共同抓好规模化畜禽养殖地的落实。

（九）环评服务

国家发展改革委、国家环保总局公开发布《关于降低畜牧业生产建设项目环评咨询收费加强环评管理促进畜牧业发展的通知》，要求各环评咨询、技术评估机构降低畜牧业生产建设项目环评咨询收费，各级环保部门加强环评管理。

除了以上国家的扶持和补助政策外，事实上，各地为了发展特色产业，也出台了相关的扶持政策。这些扶持政策，不属于国家和省（市、区）制定的普惠制政策，各县（市、区）和乡（镇、管理区、办事处）有所不同，详细情况可到当地畜牧兽医局咨询。

第四节　奶牛养殖生产应必备的条件

一、养殖人才是搞好现代奶牛生产的首要条件

奶牛养殖涉及饲养管理、育种、繁殖、挤奶、饲料制作、卫生防疫等多项内容，需要多方面的知识，既有技术方面的，又有企业管理方面的，还有市场营销方面的，具体有以下几方面。

（一）奶牛养殖人员

必须具备奶牛的养殖知识，能够对奶牛进行护理，使奶牛的生产性能得到发挥，获得应有的效益。

（二）繁殖技术人员

奶牛只有怀孕、产犊后才能进行产奶，也才能为奶牛场带来收入。如何使奶牛高效率怀孕，准时发情、配种，缩短产胎间隔，才能为奶牛场多产奶。这些只有高水平的繁殖技术人员能做到。

（三）育种人员

奶牛场奶牛是关键，不同的奶牛效率是不同的，高产奶牛能带来高收入，而高产奶牛是经过培育出来的。如何为奶牛场培育更多的高产奶牛将是育种工作者的责任。

（四）饲料制作人员

没有饲料的提供，再好的奶牛也是产不出牛奶的，降低饲料成本，提高饲料质量，需要科技人员的探索。

（五）挤奶人员

奶牛场的收入是牛奶，在产品的最后阶段，是挤奶人员的高效动作。科学地对奶牛实施挤奶操作，既能获得高质量的牛奶，又能保护好乳房，这对挤奶人员来说是一项实用技术，是多年的经验积累。

（六）卫生保健人员

奶牛是动物，和人类一样，不可能不生病，如何将损失降至最低，全凭技术人员对奶牛的精心呵护和治疗。

（七）营销人员

在激烈的市场竞争中，光有好的产品还不行，还必须靠市场人员的辛勤劳动，靠他们的开拓。

（八）保障人员

财务核算、后勤服务人员等均不可缺少。

二、要有足够的养殖生产空间

奶牛养殖涉及牛舍、运动场、饲料加工车间、青贮窖、草棚、挤奶车间、防疫室等。同时奶牛养殖用的牛舍目前还不能多层修建，因此，占地面积会很大。要想饲养奶牛就必须有相当的土地支撑。据养殖专家测算，一般以奶牛的平均占地面积推算奶牛场的占地面积，一头奶牛至少占地 35 米^2，以此推算不同规模的奶牛场占地。

三、要有充足的饲草料供应基地

奶牛养殖，饲草是关键，奶牛是草食动物，对饲草需求量大，一头奶牛日均消耗 20~30 千克青贮饲料，按我国现阶段土地的平均产出水平，需 3 亩（1 公顷 =15 亩，1 亩 ≈ 667 米^2）耕地支持，且不能离养殖基地太远。因此，饲养基地应该是在养殖场周围有足够的耕地支持，同时，奶牛产生的大量粪便，也必须有足够的耕地进行消纳。

没有饲料基地作为支撑，断不可进行奶牛养殖，长途运输饲草，将会增加养殖成本，精饲料可以通过远距离运输。

四、要有足够的资金保障

养殖奶牛成本较大，奶牛是一项固定资产，一头优质奶牛将近 2 万元，加上饲喂机械、挤奶机械，对资金需求很大。在运营过程中，饲料又是很大的开支，一头泌乳奶牛日需精饲料近 10 千克，合 20 元人民币；后备奶牛只有在净投资 2 年后才能产生收益，期间将产生大量的费用。因此，奶牛的运营成本相当大，必须有足够的资金支持，才能维持奶牛场运转。

第五节　选择合适的养殖经营模式

我国奶牛养殖历史较长，养殖区域宽广，农民养殖占有相当的比例，随着经济飞速发展和农村城镇化发展，养殖方式也出现了不同的形式。目前，比较普遍的是3种形式，即养殖小区模式、合作社组织模式和规模化养殖模式。

一、养殖小区模式

这是我国农村为了解决奶牛散养而采取的一种饲养方式。企业或个人与村委会共同协商，由村提供场地建设牛舍和挤奶厅；乳品企业提供挤奶机械、冷奶槽、发电机组设备；养牛户自愿申请到场养牛；饲养场管理委员会负责日常管理，提供配合饲料、疫病防治、配种、鲜奶收购等系列服务；牛舍租金及水电费等从牛奶购销差价中支付。

（一）奶牛养殖小区的优越性

1. 科技含量增加，原料奶质量提高

奶牛适度规模饲养小区在科学技术推广应用方面，较之分散户养便利得多。场地、牛群集中，便于开展科学养牛，进行选种选配、疫病防治和制备青贮等。由于饲养环境改善和实行机械挤奶，掺杂使假无机可乘等原因，小区所提供的原料奶干物质、卫生指标等一般优于散养户（一级品率多数可达100%）。

2. 劳动生产率提高，环境得到改善

规模一般达300~500头，建有机械挤奶厅的小区内户养牛头数一般在20头左右，1~2个劳动力即可承担，而且劳动强度也大大减轻。

3.经济效益提高，市场竞争力增强

由于奶的产量增加、质量提高、生产成本降低，因而入驻奶农所获得的效益普遍提高。龙头企业则随之拥有丰富的优质原料奶，增强了市场竞争力。

4.组织化程度加强，凝集效应显著

奶牛适度规模饲养小区是带有股份合作制性质的经济组织，也可以说是经营体制上的一种创新。一些地方进而在小区基础上建立起奶农协会，使农民的组织化程度进一步得到加强。

5.奶牛养殖小区经营实行统分结合，责权利清晰

既提高了奶农的积极性，又发挥了集体经营的优越性，也鼓励了乳品加工企业的积极性。

（二）缺点

养殖小区内养殖户文化素质较低，奶牛品种参差不齐，牛群结构不稳定，获取经济效益上有高有低，存在不均衡性。

二、合作社组织模式

由一户或几户具有雄厚经济实力的养殖户，根据国家合作社的有关规定，投资建设的大型奶牛养殖场，设计规模比养殖小区大，在500头奶牛以上。配套建设有挤奶厅、粪污处理设施、饲料加工等，布局合理，功能完善。投资人为社员，有自己的章程，按照规定选举理事长等成员，重大事项由代表大会决定。按章程规定进行利润分配。已建成的合作社按章程聘请有管理经验的人进行经营管理。

（一）合作社的优点

合作社的奶牛无论从品种、饲养管理等方面均具备高起点、高水平。因此，比散养户效益要高。农村专业合作社这一组织是我国当前农村发展经济的一种可行方式，它可以使农民集聚到一起，离土不离乡，将资源集合到一个组织中，形成优势，共同抵御风险。一家一户

的奶农通过奶牛入托的形式将奶牛交给合作社，交给有经验的人饲养管理，效益比之前大增，同时也解决了牛奶的收购问题。

（二）缺点

合作社只是将分散的奶牛集中到一起，其集约化程度还很低，还不是真正意义上的标准化、规模化经营。

投资者的经济回报和风险的大小完全取决于经营者管理能力和信誉度的好坏。还无法同大型公司抗衡，在竞争中仍处于弱势。

三、规模化养殖模式

该模式是目前奶牛养殖生产中较先进的一种经营模式，养殖数量较多，大都在 1 000 头以上，生产占地多；牛舍建筑先进，多采用钢结构，跨度大，适合于采用 TMR 的饲喂模式，有的牛舍建有卧床；配套设施齐全，挤奶厅标准化程度高，多采用鱼骨式、并列式、转盘式，一次挤奶的头数较多；运动场多设置有凉棚，排水设施先进；青贮窖容量大，适合机械化进出；繁育设施齐全，能够进行先进的奶牛培育，牛群结构合理；有完善的饲草料基地、饲料加工完善；对牛奶能够进行初步加工处理，大多实行 DHI 性能测定；配套有粪污处理设备，不会对周围环境造成污染；管理机构健全，有完善的财务制度，有的规模化牛场具有现代企业的管理体系，分工细化程度高。这种模式是我国奶牛界目前推荐发展的较为先进的方式。

（一）优点

标准化程度高、规范，适合于生产管理；采用的设施均属国际先进水平，尤其是牛床的设计更是福利化，使奶牛能够在舒适的环境下生产；环保设施齐备，注意美化环境，绿化面积大，工作条件好；企业管理先进，具有企业文化建设等无形资产。

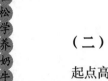

（二）缺点

起点高、科技含量高，投资大，投资回收期长，需要较为先进的管理与此配套。

综上所述，各种模式都有优缺点，都有自己生存的条件，要因地而宜。养殖小区模式适合于分散的农村养殖，目前还较为普遍；合作社组织模式是目前在农村实施城镇化过程中的一种新的经营方式；规模化养殖模式是适合现代化经营的生产方式，是未来发展的方向。

第二章

奶牛场建设与运营

第一节　奶牛场建设基本流程

一、建设奶牛场需取得的相关证件

① 首先需经乡镇人民政府同意，再向县畜牧局提出养殖项目申请，进行审核备案。

② 到乡镇国土所申请协调用地选址，县国土局办理用地备案手续。

③ 办齐用地手续后向县环保局上报奶牛养殖场建设项目环境影响报告表，以取得开办行政许可。

④ 奶牛养殖场建成后，要到县动物卫生监督所办理动物防疫合格证、生鲜乳收购许可证、生鲜乳准运证。

⑤ 保证在生产期间环保处理设施正常运转，各项污染物长期稳定达标，排放符合总量控制的要求，严格遵守防疫、检疫和生鲜乳质量安全管理等制度。

另外就是公司或合作社具有的工商营业执照、税务证明、组织机构代码证、银行开户行证明。

二、奶牛场建设基本流程

1. 进行项目立项

根据国家的政策和当地的规划，选择项目向有关部门提出申请，进行项目论证，获得政府审批。

2. 办理相关手续

项目获批后，办理土地手续、环保手续等，确定项目建设地点。

3. 进行建设前的准备

对建设地进行勘探、设计，提出设计书，确定施工图。

4. 提出预算

根据项目的方案提出具体的预算。

5. 进行项目融资

解决项目的资金问题。

6. 施工建设

根据项目的施工设计图进行工程建设。

7. 设备选购与安装

根据项目的方案确定奶牛场的设备，进行设备选购与安装。

8. 粗饲料贮备

根据项目的总体方案，确定奶牛场青贮饲料的制备。

9. 人员培训

根据项目进度，进行人员培训，为项目运营做准备。

10. 竣工验收

项目结束后，根据项目方案对工程进行验收。

11. 奶牛购进

竣工后，立即引进奶牛，进行试生产。

三、融资与投资

养殖奶牛需要大量的资金，有时靠自有资金是不能维持奶牛场运营的。必须建立相应的融资渠道，构建奶牛场的资金结构。

① 通过银行融资，建立奶牛场的信用度，向银行融资。

② 引进股份制机制，吸收股权人投资，增加奶牛场的资金。

③ 积极争取政府的支持，获得资金资助。

④ 扩大奶牛场的声誉，增加无形资产，获得供应方、买主提供的资金支持，如原料的余欠、产品的预收款等。

第二节　奶牛场的运营

一、奶牛场运营制度

（一）生产责任制

建立健全养牛生产责任制，是加强牛场经营管理、提高生产管理水平、调动职工生产积极性的有效措施，是办好牛场的重要环节。建立生产责任制，就是对牛场的各个工种按性质不同，确定需要配备的人数和每个饲养管理人员的生产任务，做到分工明确、责任到人、奖惩兑现，达到充分合理地利用劳力、物力，不断提高劳动生产率的目的。

每个饲养人员负担的工作必须与其技术水平、体力状况相适应，并保持相对稳定，以便逐步走向专业化。工作定额要合理，做到责、权、利相结合，贯彻按劳分配原则，完成任务好坏与个人经济利益直接挂钩。每个工种、饲管人员的职责要分明，同时也要注意各工种彼此间的密切联系和相互配合。

牛场生产责任制的形式可因地制宜，可以承包到人、到户、到组，实行大包干；也可以实行定额管理，超产奖励。如"五定、一奖"责任制，一定饲养量，根据牛的种类、产量等，固定每人饲管牛的头数，做到定牛、定栏；二定产量，确定每组牛的产乳、产犊、犊牛成活率、后备牛增重指标；三定饲料，确定每组牛的饲料供应额度；四定肥料，确定每组牛的垫草和积肥数量；五定报酬，根据饲养量、劳动强度和完成包产指标，确定合理的劳动报酬，超产奖励和减产赔偿。一奖，超产重奖。实践证明，在奶牛生产中，推行超额奖励制优于承包责任制。

（二）健全规章制度

1. 岗位责任制度

每个工作人员都明确其职责范围，以利于生产任务的完成。

2. 建立分级管理、分级核算的经济体制

充分发挥各级组织特别是基层班组的主动性，以利于增产节约、降低生产成本。

3. 建立奖励制度，赏罚分明

4. 建立养牛生产技术操作规程

以保证各项工作有章可循，有利于相互监督、检查评比。养牛生产技术操作规程主要分以下各项。

（1）奶牛饲养管理操作规程　包括日粮配方、饲喂方法和次数，挤奶及乳房按摩，乳具的消毒处理，干乳方法和干乳牛的饲养管理及奶牛产前产后护理等。

（2）犊牛及育成牛的饲养管理操作规程　包括初生犊牛的处理，初乳哺乳的时间和方法，哺乳量与哺乳期，精、粗饲料的给量，称重与运动，分群管理，不同阶段育成牛的饲养管理特点及初配年龄等。

（3）牛奶处理室的操作规程　包括牛乳的消毒、冷却、保存与用具的洗刷和消毒等。

（4）饲料加工间的操作规程　包括各种饲料粉碎加工的要求，饲料原料中异物的清除，饲料质量的检测、配合，分发饲料方法，饲料供应及保管等。

（5）防疫卫生的操作规程　包括预防、检疫报告制度、定期消毒和清洁卫生等工作。

二、奶牛场的生产管理

奶牛场技术管理的主要内容涉及：饲养管理、繁殖产犊、挤奶管理、卫生保健等，各内容之间相互联系、互相依托、相辅相成。随着科学技术的发展，一些先进的技术和措施都可应用到这些工作中去，以提高生产水平、增加经济效益。

（一）牛群结构管理

奶牛场的生产经营中，根据生产目标，随时调整牛群结构，制定科学的淘汰与更新比例，使牛群结构逐渐趋于合理，对于提高奶牛场经济效益十分重要。

奶牛生产是一个长期的过程，要兼顾当前效益与长远发展目标，其成年母牛在群体中的比例应占60%~65%，过高或过低均会影响奶牛场的经济效益。但发展中的奶牛场，成年牛和后备牛的比例暂时失调也是合理的。为了使母牛群逐年更新而不中断，成年母牛中牛龄、胎次都应有合适的比例，在一般情况下，1~2胎占35%~40%，3~4胎占40%~50%，5胎以上占15%~20%，牛群的淘汰、更新率每年应保持在15%~20%。对于要求高产且有良好的技术管理措施保证的牛群，其淘汰更新率可提高到25%，降低5胎以上的成年母牛比例，以使牛群年轻化、壮龄化。

奶牛的牛群结构，是以保证成年奶牛的应有头数为中心安排的，而成年奶牛头数的减少，主要是由年老淘汰引起的，能否及时补充和扩大，又与后备牛的成熟期与头数相关。因而，挤奶牛头数的维持与增加，与母牛的使用年限、后备母牛的饲养量和成熟期直接相关联。

（二）饲料消耗与成本定额管理

奶牛维持和生产产品需要从饲料中摄取营养物质。由于奶牛种类和品种、年龄、生长发育阶段、体重和生产阶段的不同，其饲料的种类和需要也不同，即不同的牛有不同的饲养标准。因此，制定不同类型牛饲料的消耗定额所遵循的方法时，首先应查找其对应饲养标准中对各种营养成分的需要量，参照不同饲料原料的营养价值，确定日粮的配给量；再以日粮的配给量为基础，计算不同饲料在日粮中的占有量；最后再根据占有量和牛的年饲养日数，即可计算出饲料的消耗定额。由于各种饲料在实际饲喂时都有一定的损耗，故尚需要加上一定损耗量。

1. 饲料消耗定额

一般情况下，奶牛每天平均需 7 千克优质干草，24.5 千克青贮；育成牛每天均需干草 4.5 千克，青贮 14 千克。成母牛的精饲料除按每产 3 千克鲜奶增补 1 千克精饲料外，还需加基础料 2~3 千克 /（头·天）；青年母牛精饲料量平均 3.5 千克 /（头·天）；犊牛需精饲料量 1.5 千克 /（头·天）。

2. 成本定额

成本定额是奶牛场财务定额的组成部分，奶牛场成本分产品总成本和产品单位成本。成本定额通常指的是成本控制指标，是生产某种产品或某种作业所消耗的生产资料和所付的劳动报酬的总和。奶牛业成本，主要是各龄母牛群的饲养日成本和鲜奶单位成本。

牛群饲养日成本等于牛群的日饲养费用除以牛群饲养头数。牛群饲养费定额，即构成饲养日成本各项费用定额之和。牛群和产品的成本项目包括：工资和福利费、饲料费、燃料费和动力费、牛医药费、固定资产折旧费、固定资产修理费、低值易耗品费、其他直接费用、共同生产费及企业管理费等。这些费用定额的制定，可参照历年的费用实际消耗、当年的生产条件和计划来确定。

鲜奶单位成本 =（牛群饲养费 – 副产品价值）/ 鲜奶生产总量

（三）工作日程制定

正确的工作日程能保证奶牛和犊牛按科学的饲养管理制度喂养，使奶牛发挥最高的产乳潜力，犊牛和育成牛得到正常的生长发育，并能保证工作人员的正常工作、学习和生活。牛场工作日程的制定，应根据饲养方式、挤乳次数、饲喂次数等要求规定各项作业在一天中的起止时间，并确定各项工作先后顺序和操作规程。工作日程可随着季节和饲养方式的变化而变动。目前，国内牛场和专业户采用的饲养日程和挤奶次数，大致有以下几种：两次上槽，两次挤奶；三次上槽，三次挤奶；自由采食，两次挤奶或三次挤奶等。以应用全混合日粮自由采食、两次或三次挤奶为好，既有利于高产奶牛获得充足的营养，又能保证其有充分的自由活动与休息时间，有利于高产性能的发挥。实际经营中，应根据生产条件，结合奶牛的泌乳生理特点，因地制宜地制定科学的工作日程。

（四）牛场劳动力管理

奶牛的管理定额一般是：挤奶员兼管理员，电气化挤奶，平均每人管理 20~30 头奶牛；人工挤奶或小型挤奶机挤奶，每人管理 8~12 头；育成牛每人管理 30~50 头；犊牛每人管理 20~25 头。根据机械化程度和饲养条件，在具体的牛场中可以适当增减。

牛场的劳动组织，分一班制和两班制两种。前者是牛的饲喂、挤奶、刷拭及清除粪便工作，全由一名饲养员包干。管理的奶牛头数，根据生产条件和机械化程度确定，一般每人管理 8~12 头。工作时间长，责任明确，适宜于每天挤奶 2~3 次的小型奶牛场或专业户小规模生产；后者是将牛舍内一昼夜的工作由 2 名饲养管理人员共同管理，可管理 50~100 头奶牛，而在挤奶厅有专职挤奶工进行挤奶，饲喂与挤奶两班人马，专业性更强，劳动生产效率更高，适用于机械化程度高的大中型奶牛场。

在各种体制的奶牛场中，劳动报酬必须贯彻"按劳分配"的原则，使劳动报酬与工作人员完成任务的质量紧密结合。对于完成奶牛产奶量、母牛受胎率、犊牛成活、育成牛增重、饲料供应和牛病防治等有功人员，应给予精神和物质鼓励。

三、奶牛场的计划管理

奶牛场的生产计划主要包括：牛群周转计划、配种产犊计划、饲

养计划和产奶计划等。

（一）牛群周转计划

牛群的周转计划实际上是用以反映牛群再生产的计划，是牛自然再生产和经济再生产的统一。牛群在一年内，由于小牛的出生，老牛的淘汰、死亡，青年牛的转群，不断地发生变动，经常发生数量上的增减变化，为了更好地做好计划生产，牛场应在编制繁殖计划的基础上编制牛群的周转计划。牛群周转计划是奶牛场生产的最主要计划之一，它直接反映年中的牛群结构状况，表明生产任务完成情况；它是产品计划的基础，是制定饲料生产计划、贮备计划、牛场建筑计划、劳动力计划的依据。通过牛群周转计划的实施，可使牛群结构更加合理，增加投入产出比，提高经济效益。

编制牛群周转计划时，应首先规定发展头数，然后安排各类牛的比例，并确定更新补充各类牛的头数与淘汰出售头数。一般以自繁自养为主的奶牛群，牛群组成比例应为：繁殖母牛 60%~65%、育成后备牛 20%~30%、犊牛 8% 左右。

1. 编制准备

计算年初各类牛的存栏数；计划年终各类牛按计划任务要求达到的头数和生产水平；上年度 7~12 月各月出生的犊母牛头数以及本年度配种产犊计划，计划年淘汰出售各类牛的头数。

例如：某奶牛场计划经常拥有各类牛 200 头，其牛群比例为：成年母牛占 63%、育成母牛 30%、犊母牛 7%。已知计划年度年初有犊母牛 18 头，育成母牛 70 头，成年母牛 100 头，另知上年 7~12 月各月所生犊母牛头数及本年度配种产犊计划，试编制本年度牛群周转计划。

2. 编制方法及步骤

① 将年初各类牛的头数分别填入表 2-1 年初数栏中，计算各类牛年末应达到的比例头数，分别填入年终数栏内。

② 按本年配种计划，把各月将要繁殖产犊的犊牛头数（计划产犊数 × 50% × 成活率）相应填入犊牛栏繁殖项目中。

③ 年满6个月的犊母牛应转入育成母牛群中，查出上年7~12月各月所生母犊牛的头数，分别填入转出栏的1~6月项目中（一般这6个月所生犊牛头数之和等于年初犊母牛头数），而本年度1~6月所生的犊母牛，分别填入转出栏7~12月项目中。

④ 将各月转出的犊母牛头数对应地填入育成母牛"转入"栏中。

⑤ 根据本年配种产犊计划，查出各月份分娩的育成母牛头数，对应地填入育成母牛"转出"及成年母牛"转入"栏中。

⑥ 合计犊母牛"繁殖"与"转出"总数。要想使年末达14头，期初头数与"增加"头数之和应等于"减少"头数与期末头数之和，则通过计算：$(18+44)-(40+14)=8$，表明本年度犊母牛可出售或淘汰8头。为此，可根据母牛的生长发育情况及该场的饲养管理条件等，适当安排出售和淘汰时间。最后汇总各月份期初与期末头数，"犊母牛"一栏的周转计划即编制完成。

⑦ 合计育成母牛和成年母牛"转入"与"转出"栏总头数，方法同上。根据年末要求达到的头数，确定全年应出售和淘汰的头数。在确定出售、淘汰月份分布时，应根据市场对鲜乳和奶牛的需要及本场饲养管理条件等情况确定。汇总各月期初及期末头数，即完成该场本年度牛群周转计划（表2-1）。

表2-1　牛群月份、年度周转计划（头）

项目	期初数	增加				减少				期末数
		繁殖	购入	转入	其他	转出	出售	死亡	其他	
母牛										
后备母牛										
育成牛										
犊牛										
合计										

注：计算各类牛的平均饲养头数，可将年初数与年终数相加后除2。计算年饲养头日数，以年各类牛平均饲养头数乘365天即可。

3. 编制注意事项

编制全年周转计划，一般是先将各龄牛的年初头数填入表2-1

栏中，然后根据牛群中成年母牛的全年繁殖率进行填写，并应考虑到当年可能发生的情况。初生犊牛的增加，犊母牛、育成牛、后备牛的转群，一般要以全年中犊牛、育成牛的成活率及成年母牛、后备母牛的死亡率等情况为依据进行填写。调入、转入的奶牛头数要根据奶牛场落实的计划进行填写。淘汰和出售牛头数，一定要根据牛群发展和改良规划，对老、弱、病牛及低产牛及时淘汰，以保证牛群不断更新，提高产奶量、降低成本、增加盈利。生产场的犊公牛，除个别优秀者留作种用外，一般均应淘汰或作育肥用。

（二）配种产犊计划

1.确定技术指标

编制繁殖计划，首先要确定繁殖指标。最理想的繁殖率应达100%，产犊间隔为12个月，但这只是理论指标，实践中难以做到。所以，经营管理良好的奶牛场，实际生产中繁殖率应不低于85%，产犊间隔不超过13个月。常用的衡量繁殖力的指标如下。

年总受胎率≥85%，计算公式：

年总受胎率（%）=（年受胎母牛数/年配种母牛数）×100

年情期受胎率≥50%，计算公式：

年情期受胎率（%）=（年受胎母牛数/年输精总情期数）×100

年平均胎间距≤400天，计算公式：

年平均胎间距=∑胎间距/头数

年繁殖率≥85%，计算公式：

年繁殖率（%）=（年产犊母牛数/年可繁殖母牛数）×100

2.制订计划

繁殖是奶牛生产中最重要的环节，是奶牛场生产持续不断的手段。繁殖与产奶关系极为密切，只有奶牛产犊才能产奶。为了增加产奶收入和增殖犊牛的收入，必须做好繁殖计划。牛群繁殖计划是按预期要求，使母牛适时配种、分娩的一项措施，又是编制牛群周转计划的重要依据。

3.编制注意事项

编制配种分娩计划，不能单从自然生产规律出发，配种多少就分娩多少，而应在全面研究牛群生产规律和经济要求的基础上，搞好选种选配。根据开始繁殖年龄、妊娠期、产犊间隔、生产方向、生产任务、饲料供应、畜舍设备以及饲养管理水平等条件，确定牛只的大批配种分娩时间和头数，才能编制配种分娩计划。母牛的繁殖特点为全年散发性交配和分娩，季节性特点不明显。所谓的按计划控制产犊，就是把母牛的分娩时间安排到最适宜产奶的季节，有利于提高生产性能。

牛群的配种分娩计划可按表2-2和表2-3编制。

表2-2 配种计划

牛号	最近产犊日期	胎次	产后日数	已配次数	预定配种日期	预产期

注：一般要求母牛产后60~80天受孕；育成牛16~18月龄（体重350千克以上）开始配种。

表2-3 全群各月份繁殖计划

月份	1	2	3	4	5	6	7	8	9	10	11	12	合计
配种头数													

（三）饲料计划

饲料费用的支出是奶牛场生产经营中支出最重要的一个项目，如以舍饲为主的奶牛场来计算，该费用在全部费用中所占比例在50%以上，在户养奶牛的基础上可占到总开支的70%以上。其管理的好坏不仅影响到饲养成本，并且对牛群的质量和产奶量均有影响。

1.管理原则

对于饲料的计划管理，要注意质和量并重的原则，不能随意偏重哪一方面，要根据生产上的要求，尽量发挥当地饲料资源的优势，扩大来源渠道，既要满足生产上的需要，又要力争降低饲料成本。

饲料供给要注意日粮的合理性，做到均衡供应，各类饲料合理配给，避免单一性。为了保证配合日粮的质量，对于各种精、粗料，要

定期对饲料营养成分进行测定，以便对配方进行调整。

2.计划制订

按照全年的需要量，对所需各种饲料提出计划储备量（表2-4）。在制订下一年的饲料计划时，先需知道牛群的发展情况，主要是牛群中的产奶牛数，测算出每头牛的日粮需要及组成（营养需要量），再累计到月、年需要量。编制计划时，要注意在理论计算值的基础上对实际采食量适当提高10%~15%。

表2-4　奶牛场饲料计划储备量

项目	存栏数	日需要量				月需要量				年需要量			
		精饲料	青贮类	干草类	其他类	精饲料	青贮类	干草类	其他类	精饲料	青贮类	干草类	其他类
成年母牛													
青年牛													
育成牛													
犊牛													

3.市场调研

了解市场的供求信息，熟悉产地和掌握当前的市场产销情况，联系采购点，把握好价格、质量、数量验收和运输。对一些季节性强的饲料、饲草，要做好收购后的储藏工作，以保证不受损失。

4.加工和储藏

精饲料要经过科学的加工配制，储藏要严防虫蚀和变质。青贮饲料的制备要按规定要求，保证质量。青贮窖要防止漏水、漏气，不然易发生霉烂。精料加工需符合生产工艺规定，混合均匀，自加工为成品后应在10天内喂完，每次发1~2天的量，特别是潮湿的季节，要注意防止霉变。干草、秸秆本身要求干燥无泥，堆码整齐，要注意防水，否则会引起霉烂；还要注意预防火灾。青绿多汁料，要逐日存放供应，防止发生变质，尤其是返销青菜，易发生中毒。另外，圆白菜、胡萝卜等也可利用青贮方法延长其保存时间，同时也可保持原有的营养水平。

（四）产奶计划

奶牛场的产奶计划计算起来比较复杂，因为奶牛场的牛奶产量不仅决定于产奶牛的头数，而且决定于奶牛的品质、年龄和饲养管理条件，同时和奶牛的产犊时间、泌乳月份也有关系，受多种因素的影响。

1. 编制准备

一是计划年初泌乳奶牛的头数和上年奶牛产犊的时间；二是计划年内奶牛和后备奶牛分娩的头数和时间；三是每头奶牛泌乳期各月的产奶量，即泌乳曲线图。

2. 编制方法

由于奶牛的产奶量受多种因素影响，显然用平均计算方法是不够精确的，较精确的方法是对各个奶牛进行分别计算，然后汇总成全场的产奶量。采用个别计算方法时，必须确定每头产奶牛在计划年内一个泌乳期的产奶量和泌乳期各月的产奶量。在确定某产奶牛一个泌乳期的产乳量时，是根据该头奶牛在上一个泌乳期和以前几个泌乳期的产奶量，以及计划年度由于饲养管理条件的改善所可能提高的产奶量等因素综合考虑的。在确定泌乳期各月份产奶量时，是根据该奶牛以前的泌乳曲线，计算出泌乳期各月产奶量的百分比，乘以泌乳期的产奶量所得到的。至于第一次产犊的奶牛产奶量，可以根据它们母系的产奶量记录及其父系的特征进行估算。根据每头奶牛的产奶量汇总起来就是计划年度产奶量计划。

（五）奶牛育种计划

奶牛的育种工作是提高牛群质量、扩大牛群数量及增加奶牛场经济效益的重要措施之一。只有搞好育种工作，才能使奶牛的生产性能、体形外貌及适应性等有所提高。

1. 品种选择

选择适合本地区饲养的优良品种。奶牛场往往选择黑白花奶牛作为主要品种进行饲养，其原因是黑白花奶牛的产奶量最高，生产每单位牛奶所消耗的饲料费用最低，经济效益较好。但是奶牛品种还有西门塔尔牛，其产奶品质较好，也可作为选择之一。

2. 种公牛精液选择

选择适合本地区的优良种公牛精液，一般采用经过后裔鉴定及外貌鉴定的优良种公牛的精液。可在国内外的种公牛站进行广泛地挑选，这是进一步提高奶牛群的产奶量、改进体形外貌的主要途径之一。在选购精液时，要根据牛群规模和选配计划，适量引进精液数量。根据母牛情况引入一定数量的种公牛精液。严格档案记录，严防近亲交配。

3. 制订选配计划

对于牛群所存在的缺点，可选择有此方面优点的种公牛精液进行配种，从而逐步加以纠正。严格执行选种选配原则，对一些特别优秀的种母牛和种公牛，可进行适当的亲缘关系的选配，以使其优良的品质遗传给后代。

4. 严格执行选留、淘汰制度

建立严格的选留、淘汰制度，首先要制定出留种的标准，并按此标准进行选留。对有明确缺陷的犊牛要及时淘汰。如仅仅体重较轻，则可采取措施如增加喂奶量等饲喂一个阶段，根据发育情况再做决策。对于无胎无奶的优良成年母牛要及时查明原因进行治疗，治疗无效者立即淘汰。对于年老、有胎或尚有一定经济效益的成年母牛，如对本场成年母牛年单产有影响时，要及时加以调整。

第三节　财务管理

奶牛场的财务管理是经营管理中的一个重要内容，是对奶牛业生产资金的形成、分配和使用等各种财务活动，进行核算、监督和管理的方法与制度。财务管理活动要保证生产的正常进行，具体说是要从物质、资金上保证生产，必须有利于生产的发展。

一、固定资金管理

固定资金是用在固定资产上的资金，一次性支付使用以后，需要分次逐渐收回，循环一次的时间较长。管好、用好固定资金与管好、用好固定资产密切相关，所以做好固定资金管理必须从固定资产管理入手。

（一）固定资产的特点

① 价值较大，多是一次性投资。
② 使用时间较长，可长期反复参加生产过程。
③ 固定资产在生产过程中有损耗，但它的实物形态没有明显改变。

（二）固定资金的特点

固定资产的特点决定了固定资金的特点。

1. 固定资金的循环周期长

因为固定资金的周期不是由产品的生产周期决定的，而是由固定资产的使用年限决定的。

2. 固定资金的价值补偿和实物更新

固定资金的价值补偿和实物更新是分别进行的，即价值补偿是随着固定资产的折旧逐渐完成。而实物更新是在固定资产不能使用或不宜使用的时候，用平时积累的折旧基金进行更新或重置。

3. 固定资金具有相对固定性

在改造和购置固定资产的时候，需要交付相当数量的货币资金，这种投资是一次性的。但投资的回收是通过折旧基金分期进行的，周转一次的时间较长，具有相对的固定性。

（三）对固定资金管理的要求

1. 正确核定固定资金需要的数量

对固定资金的需要量，要本着节约的原则核定，以减少对资金过多占用，充分发挥固定资金作用，防止资金积压。

2. 建立健全固定资金管理制度

管好用好固定资金，提高固定资金的利用率，要正确地计算和提取固定资产折旧费，并管好、用好折旧基金，使固定资产的损耗及时得到补偿，保证固定资产能适时得到更新。

3. 固定资产的折旧

固定资产因使用而转移到产品成本中去的那部分价值，称为折旧费。折旧费数额占固定资产原值的比例为折旧率。其计算公式如下：

折旧率 ＝（固定资产原值－净残值）/ 利用年限 × 100%

二、流动资金管理

流动资金是奶牛场在生产领域所需的资金及支付工资和支付其他费用的资金，一次性地或全部地把价值转移到产品成本中去，随着产品的销售而收回，并重新用于支出，以保证生产的继续进行。

（一）流动资金的特点

流动资金与固定资金相比，在资金运用中是不同的。

1. 实物形态转化方式不同

生产领域的流动资金，如储备资金中的农资、兽药、饲料等有显著的流动性和连续性。虽然，牛场的生产周期较长，资金周转速度较慢，但仍在由货币形态转为实物形态，通过销售又转为货币形态。固定资金在生产经营中并不经常改变其实物形态。

2. 周转期不同

流动资金是企业在生产过程和流通过程中使用的周转金，即只参加一次生产过程即被消耗，在生产过程中完全改变其物质形态的资金。

3. 价值转移和补偿方式不同

流动资金在生产中的消耗是一次性的，如饲料、兽药等费用一次全部转移到产品成本中去，并在产品销售后全部得到补偿。固定资金则是从提取折旧基金中分期得到补偿，到规定的使用期才能全部补偿更新。

（二）流动资金的管理要求

牛场的流动资金管理既要保证生产经营的需要，又要减少占用，并节约使用。

1. 储备资金的管理

储备资金是流动资金中占用量较大的一项资金，管好、用好储备资金涉及物资的采购、运输、储存、保管等。

要加强物资采购的计划性，依据供应环节计算采购量，既要做到按时供应保证生产需要，又要防止因盲目采购造成积压。要加强仓库管理，建立健全管理制度。加强材料的计量、验收、入库、领取工作，做到日清、月结、季清点、年终全面盘点核实。

2. 生产资金的管理

生产资金是从投入生产到产品产出以前占用在生产过程中的资金。由于生产周期长，占用资金较多，需做好日常饲养管理的各项工作。

（三）流动资金的利用效果

1. 流动资金周转率

流动资金的周转次数是指在一定时期内流动资金周转的次数。流动资金的周转天数表示流动资金周转一次所需要的天数。其计算公式为：

全部或定额流动资金（年）周转数 = 全年销售收入总额 / 全年全部或定额流动资金平均余额

流动资金周转天数 =360 天 / 年周转次数

2. 流动资金产值率

资金产值率表明，每生产 100 元所占用的流动资金数和每 100 元流动资金提供的产值数。具体计算公式为：

每 100 元产值占用全部或定额流动资金（%）=（全年全部或定

额流动资金平均余额／全年总产值）×100

每100元全部或定额流动资金提供产值（％）=（全年总产份值／全年全部或定额流动资金平均占用额）×100

3.流动资金利润率

流动资金利润率是指奶牛场在一定时期内所实现的产品销售利润与流动资金占用额的比率。其计算公式为：

全部或定额流动资金利润率（％）=（全年利润总额／全年全部或定额流动资金平均余额）×100

三、成本核算

简单地说，奶牛场生产过程中所消耗的全部费用称为成本，通常可分为总成本和单位成本。总成本分为固定成本和变动成本，固定成本是指不随产量变化而变化的成本，如固定资产折旧费、共同生产费和企业管理费等项目，而变动成本指随产量变化而变化的成本，如饲料费、医药费、动力燃料费等。

单位成本细分为单位产品成本、单位固定成本、单位变动成本。它们分别是总成本、固定成本、变动成本与产量之间的比值。这里有两组动态的关系存在：就单位固定成本而言，产量愈高，则单位固定成本就愈低；就单位变动成本而言，产量愈增加，则单位变动成本愈接近单位产品成本。

（一）成本核算的相关项目

1.直接生产费

可直接计入成本，主要包括以下几类。

（1）工资和福利费 指直接从事奶牛养殖的生产人员的工资和福利费。

（2）饲料费 指生产过程中所消耗的各种饲料的费用，其中包括外购饲料的运杂费等。

（3）燃料动力费

（4）兽药

（5）奶牛的折旧费　一般母牛从产犊开始计算，公式为：

摊销费（元/年）=（原值—残值）/使用年限。

（6）固定资产折旧费　固定资产折旧费（元/年）=固定资产原值 × 年综合折旧率（%）。

（7）固定资产修理费　包括大修理折旧费和日常修理费。

（8）低值易耗品　指能直接计入的工具、器具和劳保用品等低值易耗品。

2.间接生产费

指由于生产几种产品共同使用的费用，又称为"分摊费用"、"间接成本"，是需用一定比例分摊到各种畜群成本中去。

（1）共同生产费　指应在几种畜群(如母牛群、公牛群)内分摊到牛舍(车间)一级的间接生产费用。某畜群应摊共同生产费=共同生产费总额 × 某群牛直接生产工人数（或工资总额）/全牛舍（车间）直接生产工人数（或工资总额）

（2）企业管理费　指场一级所消耗的一切生产费用。某畜群应摊企业管理费=企业管理费用总额 ×（某牛群直接生产工人数/全牛舍直接生产工人数）

（二）成本核算的方法（指的是日成本核算）

1.牛群饲养日成本和主产品单位成本的计算公式

牛群饲养日成本 = 该牛群饲养费用/该牛群饲养日头数

主产品单位成本 =（该畜群饲养费用 – 副产品价值）/该畜群产品总产量

2.按各种年龄母牛群组别计算方法

（1）成年母牛组　总产值 = 总产奶量 × 每千克牛奶收购价

计划总成本 = 计划总产奶量 × 计划每千克牛奶成本

实际总成本 = 固定开支 + 各种饲料费用 + 其他费用

计划日成本 = 根据计划总饲养费用和当年的生产条件计算确定

实际的成本＝实际总成本 ÷ 饲养日

实际千克成本＝实际总成本（减去副产品价值）÷实际总产奶量

计划总利润＝（牛奶每千克收购价—每千克计划价）× 计划总产奶量

实际总利润＝完成总产值—实际总成本

固定开支＝计划总产奶量（千克）× 每千克牛奶分摊的成本（工资＋福利＋燃料和动力＋维修＋共同生产＋管理费）

饲料费＝饲料消耗量 × 每千克饲料价格

兽药费等＝当日实际消耗的药物费、配种费、水电费和物品费。因每月末结算，采取将上月实际费用平均摊入当月各天中。

（2）产房组　产房组只核算分娩母牛饲养日成本完成情况，产奶量、产值、利润等均由所在饲养组核算。

（3）青年母牛和育成牛组　计划总成本＝饲养日 × 计划日成本

固定开支＝饲养日 ×（平均分摊给青年母牛和育成母牛的工资福利费、燃料动力费、固定资产折旧费、固定资产修理费、共同生产费和企业管理费）

（4）犊牛组　计划总成本＝饲养日 × 计划日成本

根据奶牛养殖的特点，不仅要做好牛场建设管理等方面的总成本、单位成本的核算工作，较为重要的一项核算就是要做好饲养日成本，这样才能较为全面和准确地考核、检验整个生产的经济效益。

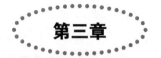

第三章
奶牛场的规划设计与建造

第一节　奶牛场建设

一、奶牛场场址的选择

加强奶牛场的建设和环境管理是奶牛业可持续发展的必然要求。奶牛场的位置选择更是对奶牛业的健康长远发展有着重大的影响，甚至起着决定性的作用。因此，选址必须慎重，要有长远发展的眼光，必须统筹安排。其目的是给奶牛创造适宜的生活与生产环境，同时又不能给周围环境带来不利影响，要能够使奶牛的产品安全、优质。场址的选择还要从经济的原则考虑，生产、流通、供应等均应成为其制约条件。所以，理想的奶牛场选择应从以下几方面考虑。

（一）地形地貌

奶牛场要求地势高燥，地下水位低，平坦、开阔，避风向阳，有足够的面积，应给未来发展留有空间。

1. 地势高燥平坦

选择高燥的地势能够使奶牛场环境保持干燥、温暖，有利于奶牛体温的调节和减少疾病的发生；如果地势低洼，则容易积水，潮湿、泥泞，通风不良，会造成夏季闷热、蚊虫和微生物滋生，致使奶牛抵

抗力减弱,易患各种疾病,特别是疥癣、腐蹄病等。

2. 避开高湿地势

湿度常和温度相连,高温高湿会使高温的影响加剧,从而引起奶牛采食量剧烈下降,生产能力降低。在寒冷状况下,高湿也会对牛造成危害,加速体表失热,造成温度下降。奶牛场选择应避免在高湿环境下建设。同时高湿环境会对奶牛场的一些设备造成影响,形成腐蚀。

3. 场地向阳

向阳的场地可使运动场和牛舍获得充足的阳光。"日光浴"可促进动物的生长发育,阳光能够杀灭某些微生物,阳光照射有助于奶牛维生素 D 的合成,促进钙、磷代谢,预防奶牛佝偻病和软骨病,促进生长发育。特别是在冬季,阳光更是不可缺少,在夏季,向阳的建筑可有效防止太阳光的直射,利于动物遮阳。因此,奶牛场地最好选择在南向或南略偏东方向的斜坡开阔地,这样可有利于排水、空气流通和采光。

4. 场地平整

场地高低不平,基础工程量、土方工作量大,会给施工带来困难和增加投资,加大养殖成本,使奶牛效益降低。

5. 场地形状规则

场地形状不整齐、狭长或边角太多,除建筑本身的难度增加外,同时也难以进行合理布局,功能分区不能科学设置,并造成道路管线长度增加,还给场内运输、生产联系带来不便。导致奶牛生产活动量增加,无形中造成浪费,加大非生产性开支。

6. 山坡地建场

应选择在坡度平缓、向南或向东南倾斜的地方,利于阳光照射、通风透光。

7. 平原的低洼地、丘陵山区的峡谷地

这些地方容易积水,通风又不好,且潮湿阴冷,不利于动物生长发育,建筑物和设备还易遭受腐蚀,减少寿命。

8. 高山区的山顶

高山区的顶端虽然地势高燥，但风势较大，容易遭受风灾侵害，难以预防剧烈的气候变化。高山区建造也会给交通带来不便，加大运输成本，对原材料、成品流通造成一定困难。

对于难以在理想地域建造牛场的，应从建筑设计、布局、基建、牛舍等方面采取必要措施。

（二）场地方位

场地方位要考虑日照、采光、温度和通风等方面的需要，一般采取坐北向南、偏东或西 15°~16° 较好。南向牛舍，由于夏季太阳高、角度大，光线射入圈内较少，接受阳光辐射相对较少，有利于奶牛夏季遮阳；冬季太阳低、角度小，太阳光线能大量照进牛舍内，使奶牛能够获得太阳的光线照射，享受"日光浴"，有利于奶牛保暖。南向牛舍夏季自然通风好，冬季寒风侵袭少，防寒降暑性能均较好。

（三）土质与水源

土质对奶牛的健康、管理和生产性能有很大影响。建场场地的土壤要求透水性、透气性好，吸湿性小，导热性小，保温良好。最合适的是沙壤土，这种土壤透气、透水性好，持水性小，雨后不会泥泞，易保持适当的干燥。如果是黏土，特别是奶牛场的运动场是黏土，会造成积水、泥泞，牛体卫生差，腐蹄病发生率高。

所选地没有发生过重大传染病疫情，不能被重金属等化学污染。

还要考虑所选地是否易发生地质灾害情况，是否在地震带上；土质状况利于进行牛舍建造，不能建造在流沙地带。

水是养牛生产必需的条件，因此在选择场址时要考虑是否有充足良好的水源。应选择水源充足、周围环境条件好、没有污染源、水质良好、符合畜禽饮用水标准，且取用方便的地方。同时，还要注意水中所含微量元素的成分与含量，特别要避免被工业、微生物、寄生虫等污染的水源。井水、泉水等一般水质较好。河溪、湖泊和池塘等地面水要经过净化处理后达到国家规定的卫生指标才能使用，以确保人

畜安全和健康。

目前，奶牛场的水源大致有3种：一是地面水，来自江、湖、河、塘及水库水；二是地下水，主要为井水和泉水，是降雨水和地面水经地层沙滤达到不透层贮积而成的，一般水量充足、水质清洁，特别是深层水井是理想的牛场水源；三是自来水，一般城市郊区都用城市统一供应的自来水。自来水饮用安全可靠，但成本较高。

奶牛场对水量要求较大，如奶牛饮用、饲料清洗、调制，畜舍清洁、消毒，挤奶厅使用，生活及消防等都需要用水。奶牛场的用水量视建设规模而定，具体需求量可按表3-1进行计算。

表3-1　奶牛每日需水量［升/（天·头）］

牛群	舍饲	放牧
成年母牛	70~120	60~75
育成牛	50~60	50~60
犊牛	30~50	30~40

注：包括饮用水和清洁水。

（四）社会、生态联系

场址选择不但要考虑环境对奶牛养殖的影响，而且也必须考虑奶牛养殖对周围环境的影响，注重生态环境的建设。要遵从社会公共卫生规则，既不污染环境，便于排污，又不被周围环境所污染。牛场场址应远离沼泽地和易生蚊蝇的地方，位于居民区的下风处，远离畜产品加工厂、制革厂、化工厂、水泥厂、居民区排污点的区域。牛场与居民区距离应保持300米以上，与其他养殖场距离保持500米以上。规模化养牛场的产品运出和饲料运入量大，与外界联系密切，因而养牛场交通、通讯要方便，但交通过于频繁的地方易造成疫病的传播和噪声干扰。牛场应与交通干线保持一定距离，离交通干线应不少于300米，距交通主干线应不少于500米，并避开空气、水源和土壤污染严重的地区，以及家畜传染病源区，以利防疫和环境卫生工作的开展。

奶牛场的场址应选择在距饲草料生产基地较近、电力动力供应充足且取用方便的地方，方便草料运输和电力供给，降低建场和经营成本。

（五）具有发展空间

场址选择还应考虑未来发展，以利于奶牛养殖的规模扩大。这里的发展有两方面的含义：一方面单纯以牛群的扩大来发展养牛生产规模。即在现有生产规模的基础上增加饲养头数，扩大奶牛场生产能力以及配套设施的健全，如饲料加工厂建设、机械化操作等；另一方面是适应新农村建设规划，为新农村建设的拓展留有发展空间。如果选择场址时没留有发展空间，一旦要扩大规模就会受到限制，或影响到新农村建设；如果易地另建，不仅会造成经营管理的不便，而且会增加费用，造成很大浪费。因此，奶牛场建设应留有发展余地，确保持续生产，不断壮大，长远发展。

二、奶牛场的规划与布局

场址选好后，要根据生产目的进行功能分区，要从方便生产、利于生活、便于场内交通运输、有利于防疫卫生等原则出发考虑奶牛场的整体规划布局，

（一）奶牛场区的规划

奶牛场按照生产功能，可划分为若干区域，各区域合理布局，对降低建设投资、提高劳动生产效率和防疫卫生具有重要意义。

1. 奶牛场规划时应遵循的原则

（1）充分合理利用现有场地　在满足奶牛生产要求、遵循奶牛舍环境卫生以及方便生产管理原则的前提下尽量少占土地，尤其是耕地，充分利用现有场地。

（2）科学规划环保设施　保护生态环境是奶牛可持续发展的必然要求。随着奶牛规模的扩大，其产生的粪便等污物对环境形成了威胁。规模化奶牛场必须考虑环保设施建设，对牛粪、牛尿、污水、粉

尘、噪声等各种污染进行处理，使其生产不会对周围环境造成污染，从而保持奶牛生产永续发展。

（3）预留发展空间 规划奶牛场建设时，应考虑以后的发展，各个功能区域均应为未来发展留有一定的发展空间，尤其是生产区的规划更应注意。

2. 奶牛场功能分区

根据生产目的和畜种要求，奶牛场一般分为4个主要功能区，即生活区、管理区、生产区、病畜和粪污处理区。而在各个区里又可根据情况进一步细分，如生产区又可分为：后备牛区、成母牛区、产房、挤奶区、干草区、青贮区等。分区时应根据奶牛场的地形、地势及主要方向等因素，依据于各区的功能特点进行科学安排。

（1）生活区 是奶牛场职工生活的区域，包括职工宿舍、餐厅、活动娱乐、文化学习等设施。在整个区域布局时，首先考虑人的生活和安全，要结合当地的风向和地势情况，应建在奶牛场的上风向和地势较高的地段，这样可不致因风向改变而受到奶牛场内的不良气味、粉尘、噪声等的影响。奶牛场排出的粪尿等污水也不会排向生活区而致污染，从而保证职工生活区的良好环境卫生。

（2）管理区 这是奶牛场的指挥中心，是企业的窗口，包括日常办公、业务洽谈、员工技能培训等。主要负责全场的生产指挥、进行生产调度、安排生产资料、产品销售以及对外联系等。同时，该区也是企业文化形象、精神的展示区，企业的精神风貌、各种标志要靠此区进行展示。因此，建设中，不但要考虑管理要素对生产的需要，还要从文化角度去设计和考虑，既能满足奶牛生产的要求，又能体现企业的精神、文化，提升企业的软实力。

（3）生产区 生产是企业的核心，没有生产便没有一切，包括各种牛舍、饲料仓库、饲料加工调制、草料堆放贮藏、青贮窖、挤奶区、牛奶冷藏区等。生产区必须科学布置，周密考虑。饲料供应、贮存、加工调制等，其建筑物位置必须能够达到畅通、方便、经济实用的要求，符合经济和交通原则，要能够满足机械化和规模化的要求。各区的布局还要能满足奶牛疫病防控之要求，饲料加工、青贮制作要考虑消防规定，在奶牛场的下风向，与其他建筑物保持一定的空间距离，利于防火。牛奶成品区要靠近外面布局，便于向市场供应。

（4）**病畜和粪污处理区** 该区布局设计与环保设施紧密相连，需从奶牛场本身的环境和周围环境要求来进行合理布局。粪污处理设施必须位于整个奶牛场的下风向位置，如果没有特殊的粪污处理设施，那么牛粪堆积发酵是最基本的粪污处理手段。发酵场地应设在牛场最边缘的下风向，处于地势最低处，与生产区应保持一定的距离，避免雨季污水蔓延到生产区和生活区。粪污处理区要方便于牛粪从牛舍的运出，又要方便向田地里运出施用。

病畜处理区要与其他区保持一定的距离，符合防疫要求，不能造成对生产区奶牛的疾病传染和对奶牛场的其他污染。

奶牛场各功能区之间相对独立，应有一定距离。饲料加工、饲草贮存区与奶牛群活动区域之间应有 30~50 米的间隔，奶牛舍之间相互间隔应在 50 米以上，粪污处理区域与其他区域应保持 50 米以上的间隔距离。奶牛场的平面布局与整个建筑物的安排应根据奶牛场的规模、地形地势等条件综合考虑。

管理区、生活区是奶牛场与外界接触较密切区域，在布局上应接近交通干线，便于与外界联系方便，可节约相应的交通方面的投资。规模化奶牛场的饲料用量大，可自成单元，设在管理区内，既方便管理，又不影响管理办公，在布局时可将饲料加工车间设在管理区内靠近生产区的地方。管理区要靠近生活区，但又不经过生活区，防止外来车辆和人员穿越生活区带入病菌，造成奶牛场污染。管理区和生活区要与生产区隔离，外来人员和车辆不得进入生产区。生产区是奶牛场的核心区，布局上要符合规模化、集约化要求，要经济、实用、方便。

（二）奶牛场各建筑物布局

奶牛场内各个建筑物的布局要根据所选地形地貌，因地制宜，按照科学饲养奶牛的原则，同时兼顾建筑学的特点，统筹兼顾，整体安排，合理布局。做到整体紧凑、美观大方，满足生产和建筑美学的

要求，提高土地利用率和节约基本建设投资，符合防疫、防火要求。

1. 奶牛舍

奶牛舍应安排在奶牛场生产区的中心，以便于饲养管理、缩短运输距离。为便于冬季采光、防风，夏季遮阳、避免太阳直射。奶牛舍采用长轴平行排列，坐北朝南建造。奶牛舍多栋时，可两行并列或多行并列，牛舍之间相距在 50 米左右。为了有利于降温防暑，可在牛舍运动场周边种植树木，尤其是一些葡萄、南瓜等藤类植物，此类植物可搭架爬上牛舍房顶，对牛舍和运动场起着遮阳防暑作用，冬季时叶枯萎脱落时又不影响采光，同时又绿化了奶牛场，还增加了奶牛场的经济收入，可谓一举数得。

饲料通道和出粪通道要分开，防止对饲料的污染。

2. 挤奶厅

挤奶厅应设在距离泌乳牛舍和场外道路较近的地域，距泌乳牛舍近，以方便奶牛挤奶；距场外道路近，有利于鲜奶供应上市，缩短运输路线。挤奶厅与各泌乳牛舍之间应设奶牛进出挤奶厅的专用栏道。挤奶厅旁设等待区，奶牛进入挤奶厅前先进入此区，进行卫生清理。

3. 饲料库与饲料加工室

饲料库要靠近饲料加工厂，最好是之间有通道相连，车辆可以直接到达饲料库门口，以方便加工和取用饲料。饲料加工室应设在距牛舍 30 米以外、靠奶牛场边上偏向公路侧，可在围墙侧另开一门，以方便饲料原料运入，又可防止噪声影响牛舍的安静环境和灰尘污染。

4. 青贮窖、干草棚或草垛

青贮窖可设在距牛舍较近的地方，便于取用青贮，同时又要考虑制作青贮时原料运入的方便，场地选择还要便于机动车辆的活动回转。地势不能太低，以防雨水和污水流入窖内。各青贮窖之间要保持一定间隔，以方便制作时车辆停放。草棚、草垛与其他建筑之间要有一定距离，置于下风向，便于防火。

5. 贮粪场及兽医室

贮粪场应设在奶牛舍下风向、地势低洼处。兽医室和病牛舍要建筑在奶牛舍 200 米以外的偏僻地方，防止疾病传播。

6.职工宿舍、食堂和办公室

这些建筑物应与奶牛生产区分开，设在奶牛场大门口或场外，以防止外来人员联系工作时穿越奶牛场，并避免职工家属随意进入奶牛场内。生产区与生活区、管理办公区之间最好设围墙相隔，设专用门（消毒通道）出入。奶牛场大门口应设车辆消毒池和人员消毒通道，并设专人（门卫）管理。

整个奶牛场周围最好栽树种草，进行绿化，形成与周围环境的隔离。

三、奶牛场的常用设备

主要有饲料加工设备、饲喂设备、饮水设备、拴系设备、繁育设备、保健设备、挤奶设备及粪污处理设备等。

（一）饲料加工设备

有精饲料加工设备、饲草加工设备。

1.精饲料加工设备

用于加工粉碎玉米、饼类、麸皮等饲料并搅拌均匀，由多组机械构成，根据牛场的大小购置相应的机械。

2.饲草加工机械

用于加工奶牛的粗饲料，有铡草机、揉草机、捆草机、打包机、联合收割机及粉碎机。

（1）铡草机　是奶牛场最常用的一种机械，用于将秸秆类饲草按要求切断，以适合奶牛采食消化。根据需要有大型、小型之分，用电要求有动力线、一般民用线（图3-1）。

（2）揉草机　用于将饲草揉

图3-1　铡草机

成丝状，便于奶牛消化。

（3）捆草机　用于奶牛场干草制作，可以将分散的草制成捆，便于运输和保存。打捆机也可用于青贮制作，目前可将青贮原料用打包机密封打包制成青贮饲料（图3-2）。

图3-2　打捆机

图3-3　联合收割粉碎机

（4）联合收割粉碎机　用于大型奶牛场制作青贮用，可就地将青贮饲草收割并粉碎之后入窖（图3-3）。

（二）饲喂设备

有手工设备、机械化设备。

1. 手工设备

用一般手推车即可。饲喂时，用手推车将饲料由青贮窖、饲料房推到牛舍进行分发饲料。这种设备适用于小型牛场或个人简易牛场。

2. 机械化设备

有全机械化的TMR设备，或半机械化的组合设备。全机械化的TMR设备，是将奶牛需要的各种饲料按营养需求配合，经该机组搅拌后由牵引车将料运到牛舍自动实行分发，全程均是机械化（图3-4）。半机械化设备，配料由TMR设备（卧式）完成，发料由一般机动车或手推车将料运

图3-4　TMR饲喂机

到牛舍进行分发，整个过程由机械、手工组合完成。

3.饮水设备

现有简易饮水器和自动饮
水器。

（1）简易饮水器 制备简单，
有水泥制成的池子、不锈钢制成
的长方体桶。要保持水的干净，
不受污染，冬天要不结冰。

（2）自动饮水器 有浮球式、

图3-5 饮水器

碗式饮水器，能根据牛的饮水量自动控制出水量，保温、清洁，可使
奶牛喝到干净、适温的水，可设置于运动场内（图3-5）。

（三）拴系设备

主要控制牛的活动，使牛能够按人的意愿进行采食、活动、休
息，有用软链式、颈夹式控制。

1.软链式

用铁链或软绳将牛拴系于槽位或运动场的栏杆上，应有利于牛的
起卧，不能使牛有生命危险。

2.颈夹式

通过专用的铁栏杆系统固定牛的颈部从而达到控制牛的活动范
围，可以对奶牛进行自锁控制，降低劳动强度，可以保证奶牛的采
食、挤奶，利于对奶牛进行常规体检、免疫、人工授精、妊娠检查、
治疗、去角、产犊等兽医处理活动。机械化的大牛场使用较多，能统
一对牛进行控制，减少人工使用
（图3-6）。

（四）繁育设备

主要用于奶牛的繁育，包括
人工授精器械、液氮罐、消毒设
施、妊娠诊断设备、接生设备、

图3-6 颈夹式栏杆

固定奶牛的柱栏等。

1. 人工授精器械

有输精枪、细管钳、细管夹、温度计、配种箱、配种服、发情测定仪。

2. 液氮罐

用于保存精液，可根据用量选择大小。

3. 消毒器械

有高压消毒锅、酒精灯、喷雾枪等。

4. 妊娠诊断设备

B超仪、试剂盒等。

5. 接生设备

用于助产的工具，有不锈钢器械、绳具等。

6. 柱栏

用于保定奶牛的架子，有六柱栏、四柱栏，可以用木头，也可以用不锈钢制成。

（五）保健设备

用于保证牛的健康活动，促进牛的血液循环，主要有按摩器、修蹄设施、淋雨设备等。

按摩器用来按摩牛的皮肤，促进牛的血液循环（图3-7）。修蹄设备用于使牛保持蹄健康，用于支撑牛的身体（图3-8）。

图3-7　按摩器　　　　　　　　图3-8　修蹄设备

（六）挤奶设备

目前挤奶有手工挤奶和机械挤奶。

1. 手工挤奶设备

主要见于个人的小型牛场，逐渐被机械所替代。

2. 机械挤奶

有简单的手推车桶式挤奶、大型的全机械挤奶。

手推车挤奶一次只能挤一头或两头牛（图3-9）。

图3-9　手推式挤奶机

全机械式挤奶一次挤多头，有的甚至挤上百头牛，主要有并列式、鱼骨式、转盘式等方式（图3-10，图3-11）。

图3-10　并列式挤奶设备

图3-11　转盘式挤奶设备

（七）粪污处理设备

主要用于对奶牛场的粪尿进行处理，包括牛舍的清粪设备、运输设备、处理设备。

①牛舍的清粪设备有简易的铁钎，复杂的有铲车、刮板式等。

②运输设备有手推车、机动车、管道式输送。

③处理设备有简单的堆积、搅拌机械、沼气设备等。

第二节　不同类型奶牛场的规划与建设

　　牛场的规划建设与牛场的类型有关，牛场的规模、机械化程度、经营方式等都是牛场建设的制约因素，在规划建设中要考虑这些条件，选择适合的建设方案。目前，在我国有 3 种类型的牛场，主要是规模化的大型牛场、养殖园区的奶牛场、家庭型的牧场，其建设风格会有相应的不同。

一、规模化奶牛场的建设

　　这类牛场规模化、标准化、集约化程度要求高，奶牛数量多，人工使用少、机械使用多。在布局时要充分满足大型机械的使用要求，牛舍、青贮窖等的建设必须能够满足 TMR 机械的进出。牛舍的高度、宽度等要参照 TMR 的参数，牛舍之间的间隔要能够满足采光的要求。场内道路能够不影响车辆运输，设置掉头

图 3-12　规模化牛场牛舍

区域。排水设施要完善，雨水和污水要分流。规模化牛场牛舍见图 3-12。

　　电力、水、暖等辅助设施有专用设置，不能完全依赖当地的公用设施。场外道路必须硬化，与当地的干线相通。

　　规模化奶牛场的粪污处理设施必须完善，粪尿处理装置要与其他生产设施同步建设，达到环保部门要求。病死畜的处理设施要符合国家卫生部门的规定，不能转运到场外处置。

二、养殖园区奶牛场建设

其规模、标准化要低于规模化牛场，是目前我国由分散养殖向规模化转型的过渡，其产权多为合作社类，由多户农民组成。机械化程度不是太高，相应的牛舍建设能满足生产即可。

目前，这类牛场使用的饲喂装置一般是半机械化或是手工化。所谓半机械化是指 TMR 机械是卧式的，在配料阶段是机械化的，喂料阶段是采用手推车或简易的小型机动车，对牛舍的建筑要求要远低于现代化的牛场。牛舍的高度、跨度都不是太大。养殖小区牛场见图 3-13。

图 3-13　养殖小区牛场

养殖园区一般依村而建，临近村庄，其道路可简单硬化。水、电、暖装置可利用附属村庄即可，不需专门设置。

粪污处理可充分利用周围农田消纳，牛场仅设置堆粪场就可以了。死畜采用深埋或焚烧，不用专设处理装置。

三、家庭牧场式奶牛场建设

这类牛场应该是我国目前奶牛业发展的一个细分市场，是对前两类的一种补充。其规模要远小于规模化牛场和养殖园区。其经营主体是家庭成员，有较少或没有雇工。多存在于奶业不发达的边缘区域，其奶产品能够自行消化处理。

图 3-14　家庭式牛场

第三章　奶牛场的规划设计与建造

牛舍构造简单，场地能够合理利用，不需要设置挤奶大厅、饲料加工房、水电设施等。

粪尿自行处理，不会污染周围地区，病死畜采用深埋即可。家庭式牛场见图3-14。

第三节　奶牛舍的建筑设计

一、设计原则

修建牛舍的目的是为了给牛创造适宜的生活环境，保障牛的健康和生产的正常运行。花较少的资金、饲料、能源和劳力，获得更多的畜产品和较高的经济效益。为此，设计奶牛舍应掌握以下原则。

（一）为牛创造适宜的环境

一个适宜的环境可以充分发挥牛的生产潜力，提高饲料利用率。一般来说，家畜的生产力20%取决于品种，40%~50%取决于饲料，20%~30%取决于环境。不适宜的环境温度可以使家畜的生产力下降10%~30%。此外，即使喂给全价饲料，如果没有适宜的环境，饲料也不能最大限度地转化为畜产品，从而降低了饲料利用率。由此可见，修建畜舍时，必须符合家畜对各种环境条件的要求，包括牛舍内温度、湿度、通风、光照、二氧化碳、氨、硫化氢等，为家畜创造适宜的环境。

（二）要符合生产工艺要求

保证生产的顺利进行和畜牧兽医技术措施的实施。生产工艺包括牛群的组成和周转方式、运送草料、饲喂、饮水、清粪等，也包括测量、称重、采精输精、防治、生产护理等技术措施。修建牛舍必须与本场生产工艺相结合，否则，必将给生产造成不便，甚至使生产无法进行。

（三）严格卫生防疫，防止疫病传播

流行性疫病对牛场会形成威胁，造成经济损失。通过修建规范牛舍，为家畜创造适宜环境，将会防止或减少疫病发生。此外，修建畜舍时还应特别注意卫生要求，以利于兽医防疫制度的执行。要根据防疫要求合理进行场地规划和建筑物布局，确定畜舍的朝向和间距，设置消毒设施，合理安置污物处理设施等。

（四）要做到经济合理，技术可行

在满足以上 3 项原则的前提下，畜舍修建还应尽量降低工程造价和设备投资，以降低生产成本，加快资金周转。因此，畜舍修建要尽量利用自然界的有利条件（如自然通风、自然光照等），尽量就地取材，采用当地建筑施工习惯，适当减少附属用房面积。畜舍设计方案必须通过施工能够实现的，否则，方案再好而施工技术上不可行，也只能是空想的设计。

二、饲养方式

奶牛场的建筑设计取决于奶牛的饲养方式，不同的饲养方式应设计相应的建筑类型。因此，建设奶牛场，首先要确定奶牛的饲养方式，根据饲养方式建造相应的奶牛舍。奶牛采食量大、生产效率高、繁育负担重，提供或创造舒适的饲养环境，是奶牛舍建造应考虑的重点。为奶牛创造最佳的生产环境，是保证奶牛场获得长久利益所要考虑的首要问题，良好的奶牛场设计，是发挥饲养管理效果、充分体现奶牛生产性能，以及延长奶牛使用年限的前提。奶牛由于饲养方式的不同，对奶牛场设计、奶牛舍建筑的要求不同，舍饲奶牛主要采取如下 3 种饲养方式。

（一）拴系式饲养

拴系饲养是我国传统的饲养方式，应用较为普遍，尤其适用于中小规模的奶牛场。拴系饲养方式的主要特点是每头奶牛都有固定的牛床和采食饲槽。其优点是便于对每头牛进行针对性饲养，容易掌握个体的情况，进行精细化管理，充分体现个体差异。对于奶牛繁殖配种、疾病治疗都非常方便。在进行奶牛试验时，更易做到试验设计科学、精确，提高数据的采集准确性，便于进行科学统计分析计算，使得出的结论更能反映奶牛本身的生长规律。这种方式容易发挥奶牛个体的生产潜力，对饲养员实行定额管理也较为容易；缺点是无法进行机械化管理，加重了饲养员的劳动程度，增加了饲养成本，适用于劳动力资源丰富的地区。

（二）散放式饲养

在欧美、澳大利亚等地域辽阔的地方，随着动物福利事业的推进发展，奶牛生产中产生了一种完全散放的饲养方式，这种饲养方式更适合于动物的生长发育，对动物的健康更有利，更能体现动物福利。这种方式适合于比较干燥的地方，奶牛的采食和运动在同一区域，可完全自由活动。牛群规模容易调整，奶牛在自由的环境中容易获得新鲜的空气和良好的光照，动物之间也容易建立起群居生活体系，便于管理；奶牛场建筑造价较低，设备投资较少，特别是劳动力投入少。但奶牛管理较粗放，牛体卫生难以控制，对于想通过个体了解奶牛整体状况时，其难度相当大，生产效率不高。尤其是进行体尺、体重测量时，更不易进行。但对牛的健康生长很有利，适合于小育成牛的培育、公犊牛的肥育。

（三）散栏式饲养

随着机械化的发展，奶牛的饲料供应、粪便处理、挤奶等工艺环节将全部依靠机械设备统一处理。而拴系式饲养和散放式饲养均难以做到大量应用机械化进行操作。结合拴系式饲养和散放式饲养的优势，形成了散栏式饲养模式，即隔栏式散放式饲养。这种方式将奶牛的生产区划分为饲喂区、休息区、待挤区和挤奶区等，用于集中进行特定的生产环节。奶牛根据生产性能和生产阶段被分群，除在挤奶和饲喂时根据需要适当固定一段时间外，其余时间任其自由活动和休息。

散栏饲养的最大特点是，在休息区设置了自由卧栏，奶牛能够在卧床上舒适休息，牛舍空间得到更合理利用，容易保持牛体干净卫生。在寒冷地区或季节，散栏饲养奶牛的保暖效果较散放式饲养要好，而在炎热地区或季节防暑降温工作也更容易实施。散栏式饲养的优点是：便于针对群体饲养，有利于机械化、自动化操作，减少了劳动力人员的投入，养殖规模容易调整；缺点是：在强调了群体生产水平发挥的同时，不易做到个别饲养，所以对奶牛体形外貌、生产水平相对一致的牛群更为有利。

三、奶牛舍类型

根据投资额度、地区差异、饲养方式不同，所建造的奶牛舍类型也不同。

（一）按开放程度分类

根据开放程度不同，将奶牛舍分为全开放式牛舍、半开放式牛舍和全封闭式牛舍。

1. 全开放式牛舍

即外维护结构全开放的牛舍，也就是说只有屋顶、四周无墙、全部敞开的牛舍，又称棚舍。这种牛舍仅能克服或缓和某些不良环境的影响，如避雨雪、遮阳等，不能形成稳定的牛舍小气候，不能遮挡寒冷、大风、灰尘等袭击。但由于其结构简单、施工方便、造价低廉，已被广泛使用。从使用效果上看，在我国中北部气候干燥的地区应用效果较好，但在炎热潮湿的南方应用效果并不好。因为全开放式牛舍是一个开放系统，几乎无法防止热辐射，人为控制性和操作性不好，不具备很好的强制吹风和喷水降温效果，蚊蝇防治效果较差。

2. 半开放式牛舍

即具备部分外围护结构的牛舍，常见的是东、西、北三面有墙，南面敞开或有半截墙。在封闭侧墙上安装窗户，夏季敞开，通风降温良好，冬季关闭窗户，有利舍内保温。这种牛舍全国各地都比较多见。

北方地区，冬季寒冷，近年来在半开放式牛舍的基础上，创建了暖棚式牛舍，即冬季在南向开放侧加盖塑料薄膜，起到采光保温效果。加盖的塑料薄膜可以向上卷起，在天气晴朗时卷起能够起到通风换气作用；夏季打开盖膜，起到通风降温作用。此种牛舍冬暖夏凉，经济适用。

3. 全封闭式牛舍

即外围护结构健全的牛舍，上有顶棚，四周有墙，依靠门窗的启闭和机械通风达到牛舍通风换气的目的，应用极为广泛。夏季利用门窗自然通风或风扇物理送风，降温效果良好；冬季关闭门窗，可以使舍内温度保持在10℃左右，保温性能良好。缺点是建筑成本高，奶牛运动受到限制；尤其是冬季牛舍内因封闭造成空气不新鲜，使奶牛患呼吸道疾病等。

（二）按屋顶结构分类

按屋顶结构不同，奶牛舍可分为钟楼式、半钟楼式、双坡式、单坡式和拱形顶式（图 3-15 至图 3-17）。

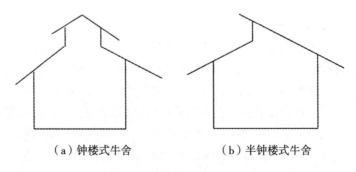

（a）钟楼式牛舍　　　　　　（b）半钟楼式牛舍

图 3-15　钟楼式、半钟楼式牛舍

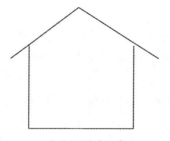
（a）双坡式牛舍

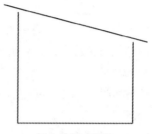
（b）单坡式牛舍

图3-16　双坡式、单坡式牛舍

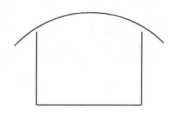

图3-17　拱顶式牛舍

1. 钟楼式牛舍

钟楼式牛舍通风换气良好，但建筑结构比较复杂，耗材多，造价也相对较高。有全钟楼式和部分钟楼式之分，全钟楼式牛舍，即整个顶部都是钟楼式的；部分钟楼式牛舍指顶棚有一部分是钟楼式的（图3-18）。

图3-18　部分钟楼式牛舍

2. 半钟楼式牛舍

半钟楼式牛舍的构造比钟楼式相对简单，即从阳面看是钟楼式，从阴面看是双坡式。向阳侧开天窗，有利于冬季采光保暖、夏季通风降温，也有全半钟楼式和部分半钟楼式之分。全半钟楼式即整个牛舍顶棚都是半钟楼式，而部分半钟楼式则是牛舍顶棚有一部分是半钟楼式。

3. 双坡式牛舍

跨度较大的牛舍多采用双坡式建造，双坡式牛舍相对造价较低，可利用建筑面积较大，一般奶牛场多采用双坡式结构建造牛舍。

4. 单坡式牛舍

单坡式牛舍一般跨度较小，结构简单，造价较低，适用于家庭小规模牧场。

5. 拱顶式牛舍

采用新型建材——拱形彩钢板搭建的拱顶式牛舍，经济实用，造价也低。但牛舍跨度受拱顶限制，不宜建造大跨度牛舍。

（三）按奶牛在舍内的排列方式分类

按照奶牛在舍内的排列方式，可将奶牛舍分为单列式、双列式、三列式或四列式等。

1. 单列式牛舍

一般小跨度牛舍，舍内只设计一列牛的饲养位置或空间的牛舍称为单列式牛舍。一般适用于饲养几头到几十头奶牛的小型饲养户，牛舍跨度小，通风散热面积大，设计简单、易于管理。但每头奶牛所需的舍内面积以及分摊的牛舍造价均略高于双列式牛舍（图3-19）。

2. 双列式牛舍

跨度大于单列式牛舍，在牛

图3-19 单列式牛舍

舍内可同时饲喂两列牛的牛舍称为双列式牛舍。根据饲养管理制度不同，双列式牛舍内部的奶牛排列方式分为牛槽近墙、中间有过道的对尾式和饲喂通道位于中间、牛头相向的对头式。

（1）对尾双列式牛舍 此种牛舍普遍适用于拴系式饲养和管道式挤奶，即奶牛采食与挤奶在同一舍内进行，中间通道用于挤奶操作、奶牛疾病治疗及其他检查等。牛槽位于近窗户两侧，饲养通道位于两侧。这种排列方式，牛头朝向窗户侧采食，有利于光照、通风；在中间通道操作，可有利于对奶牛进行相应的检查，特别是对挤奶操作、生殖道观测、发情观测，同时对牛体和舍内卫生工作都比较便利。缺点是饲喂通道在两侧，增加了饲喂成本，如果实行机械化将必须扩大两侧的通道宽度，这将造成浪费。

（2）对头双列式牛舍　此种牛舍因饲喂通道在中间，牛槽在通道的两侧，对于实行机械化非常便利，容易分发饲料，降低饲喂成本。有利于奶牛的自由采食、散放式管理，有利于维护奶牛的健康生长。近年来，各大奶牛场将挤奶这一环节独立出去另建挤奶车间，奶牛舍仅用于饲料分发，因此双列式对头牛舍成为当今的主流牛舍。此种牛舍的缺点：因尾部朝外，对于观察奶牛发情、粪便检查、清理粪尿极为不便，同时粪尿也容易造成墙体污染（图3-20）。

图3-20　对头双列式牛舍

图3-21　多列式牛舍

3. 多列式牛舍

奶牛舍内同时饲养3列及以上的牛舍，多见于大规模奶牛场、大跨度牛舍，特别是适合于散栏式的现代饲养管理模式（图3-21）。这种牛舍便于实施机械化，减少人员投入，对于人力资本紧缺、人员工资较大地方非常适合。但不能达到精细化管理奶牛的目的，奶牛的利用年限也相应缩短。

（四）按饲养的奶牛群分类

根据奶牛的生长发育阶段，奶牛相应有成母牛、青年牛、犊牛等，依此而建设的牛舍也分为成母牛舍、青年牛舍、犊牛舍。此种分类方法简洁明了，便于识别，目前多数奶牛场都在采用。

四、牛舍结构

（一）屋顶

屋顶是牛舍的上部结构，可起防热、防寒、防雨的作用，所以要求不透风、不漏水，要有一定的坡度以利排出雨水。牛舍的屋顶通常为双坡、单坡和圆形拱顶形式。屋面构造最常见的是瓦屋面或水泥预制构件。新型建材为夹带保温材料的双层彩钢板。

（二）墙体

墙体是牛舍的主要外围护结构，它将牛舍与外界隔离，可以起到隔热、保温作用。通常采用砖墙，墙上安装门、窗，以保证通风、采光、人畜出入及物料运送。奶牛比较耐寒、怕热，所以我国南北方奶牛舍建筑墙体的类型不同。南方建造牛舍重点考虑如何防暑，北方重点考虑冬季如何保暖。

（三）门

门一般设在奶牛舍的两端正中和两侧面。奶牛舍的门一律不设门槛、台阶，这有利于车辆通行和奶牛进出。奶牛的门建议采用推拉式门。开放式或半开放式牛舍，在牛舍两端设门，供人出入以及饲草料的运入。门的规格，以操作方便为原则，泌乳牛舍供奶牛进出的沿墙门，宽1.8~2.0米，高2.0~2.2米；供饲草料运送以及TMR机械进出的门，以满足机械通行为原则，清理粪便的门的设置也要根据设备的通行而定。犊牛舍门宽1.4~1.6米，高2.0~2.2米，以便于更换垫草、清理粪便等设备通行为原则。

（四）窗

一般设在牛舍开间墙上，也有建天窗的，依据天气状况进行窗户关闭，可起通风、采光和冬季保暖的作用。窗的大小可根据各地的气候条件而定。牛舍窗的大小一般为牛舍占地面积的8%，窗户的有效采光面积与牛舍占地面积相比，泌乳牛舍为1∶12，青年牛舍则为1∶（10~14）。

（五）地面

牛舍的地面要求高于舍外地面10~20厘米，以防止外界雨水等流入牛舍，并应平坦、略有坡度。为了防滑，需将水泥地面做成粗糙、麻面或带有槽线的，槽沟坡向粪沟，利于粪尿向粪沟流入。

五、牛舍的主要设施

牛舍是奶牛的主要生活空间，其设施应健全、完善，功能齐全，满足奶牛的主要生活要求，为奶牛提供舒适的生存环境。主要设施有牛床、牛栏、颈枷、食槽、喂料通道和清粪通道、粪尿沟等。

（一）牛床

牛床指牛只在牛舍中站立或起卧的地方，牛床的大小与牛的种类、生长发育阶段有关。牛床的设置要以牛能舒适卧息、便于清扫和保持牛体健康清洁为原则。其尺寸见表3-2。

表3-2 荷斯坦奶牛牛床的长度和宽度参考值　　（米）

牛群种类	长度	宽度
成年奶牛	1.7~1.9	1.1~1.3
青年牛	1.6~1.8	1.0~1.1
育成牛	1.5~1.6	0.8
犊牛	1.2~1.5	0.6

1. 长度

一般以在牛躺下休息时，后肢接近粪尿沟边缘为宜，当牛排泄粪尿时，能使粪尿直接排入粪尿沟，以减少牛床的污染。牛床若过长，牛的粪尿易排在牛床上，容易污染牛床和牛体；牛床若过短，则会使牛起卧受限，容易引起乳房损伤、乳房炎或腰肢受损等，另外牛躯体会卧入粪尿沟，不仅影响牛体卫生，而且易感染生殖道疾病。

2. 宽度

牛床的宽度要适中，若过宽、过大，则牛活动的位置过多，牛的粪尿也易排在牛床上；若过窄，则会影响奶牛的采食，干扰奶牛的休息，尤其是对妊娠牛，过挤会造成流产。

3. 坡度

牛床的坡度一般为 1%~1.5%，以利于向粪尿沟排水，保持牛床干燥。坡度不宜过大，过大会造成牛发生子宫脱或滑倒。

（二）牛栏

为了防止牛只互相侵占床位，便于管理，应在牛床上设有隔栏，通常用弯曲的钢管制成。隔栏前端与拴牛架连在一起，后端固定在牛床的前 2/3 处，栏杆高 80 厘米，由前向后倾斜设置。

（三）颈枷

奶牛拴系方式很多，拴系形式有硬式和软式两种。硬式多采用钢管制成，固定钢架、活动钢管以及锁扣配合使用。硬式固定颈枷，坚固耐用且使用方便；软式多采用铁链做成。铁链拴牛通常采用固定式、直链式和横链式。一般采用直链式，因直链式简单实用、坚固、造价低。直链式尺寸为：直行铁链长 130~150 厘米，下端固定于饲槽前壁，上端拴挂在一根横栏上；第二条铁链长 50 厘米，亦称短链，短链两端用两个铁环穿在直行链上，能沿长链上下滑动。采用这种拴系方法，可使牛颈上下左右转动，采食、休息都方便（图3-22）。

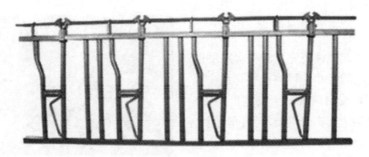

图3-22 颈枷

（四）食槽

在牛床前面应设固定统长的食槽，以供奶牛采食草料。食槽应表面光滑、无死角、不透水、耐磨、耐酸。一般多为砖砌水泥浆抹面，也有砖砌水泥抹面外贴瓷砖、大理石等的。奶牛饲槽尺寸可参考表3-3。为适应牛用舌采食的特点，槽底、槽壁以呈圆弧形为好，食槽底的表面须比牛床地平面高5~20厘米。

部分奶牛场采用料水同槽的方式。饲槽前沿设有牛栏杆，饲槽端部装置给水导管及水阀，饲槽两端设有窗栅的排水器，以防草、渣类堵塞窨井。在采食前后，先清槽，然后再放入清洁饮水，供奶牛饮用。近年来，由于机械化饲喂方式的推广，建议采用就地式饲槽，以便于机械推广应用。就地式饲槽即饲槽的后沿为饲喂通道，槽底要高于牛床、低于饲喂通道。

表3-3　饲槽尺寸参考　　　　　　　　（厘米）

项目	槽上沿宽	槽底部宽	槽前沿高	槽后沿高	就地饲槽
泌乳牛	60~70	40~50	30~35	50~60	沿高参考相应尺寸，槽底高于牛床10~20厘米，饲喂通道与槽后沿等高
育成牛	50~60	30~40	25~30	45~55	
犊牛	30~35	25~30	15~20	30~35	

（五）饲喂通道

饲喂通道宽度视牛舍跨度而定。但最小应可容送料车或小板车直线向前推行所需宽度的 1.5 倍为宜，既要考虑到推车送料，还要留有卸料投喂的余地。一般宽度为 1.5~4.5 米。TMR 牛舍要宽，达到 4~5 米（图 3-23）。通道应略有坡度，向饲槽倾斜 1%。

图 3-23　饲喂通道

（六）清粪通道

也是牛进出的通道，其宽度应能容纳运粪尿车直线往返。若沿用传统的管道式挤奶、对尾式排列，还要方便挤奶工具的通行和停放。中间通道一般为 1.6~2.0 米，路面要有 1% 的拱度，有防滑棱状槽线，以防牛出入时滑跌。而现代双排列对头式牛舍，清粪通道在牛舍的两边，宽度一般为 1.2~1.5 米，路面要向粪沟倾斜，坡度为 1%。

（七）粪尿沟及排污设施

奶牛每天排出的粪、尿数量很大，为体重的 7%~9%。合理地设置牛舍排水系统，保证及时地清除这些污物与污水，是防止舍内潮湿和保持良好的卫生状况的重要措施。同时，为了保证牛场地面干燥，还必须专设场内排水系统，以便及时排出雨雪水及牛场的生产污水。我国牛舍排水系统多采用手工清理操作，并借粪水自然流动而将粪尿及污水排出的设施，一般由粪尿沟、沉降坑、地下排出管及化粪池组成。

1. 粪尿沟

用于接收牛舍地面流来的粪尿及污水，设在牛床与清粪通道之间，一般为明沟，其宽度为 30~32 厘米，沟深为 3~10 厘米，向沉降坑处要有 1%~1.5% 的坡度。在沟的两端设有窨井。粪尿沟底有一定的坡度倾向窨井方向，以便淌尿、淌水。粪尿沟不宜大而深，以防牛出入时不小心滑入粪沟，造成牛蹄扭伤或其他危害。

2. 沉降坑

是粪尿沟与地下排出管的衔接部分。为防止粪草落入堵塞，上面应有铁篦子。在坑的中部设液体排出口与液体排出管连接。混有固形粪便的污水、粪尿在坑内经过初步沉淀，固形物沉于坑下部，应定期打开坑口清理，以避免排出管堵塞。地下排出管连接舍外沉淀井或池，用以使粪水中的固形物再沉淀。在沉降口中可设水封，用以阻止粪水池中的臭气经由地下排出管进入舍内。沉淀井中的杂质，应根据具体情况及时清除。

3. 地下排出管

地下排出管与排尿管呈斜垂方向，用于将由沉降口流下来的粪尿水及污水导入舍外的沉淀井或粪水池中。因此，粪水池应有大于5%的坡度。北方寒冷地区的牛舍，其连接口应尽量低些，以防冬季冻堵。如果地下排出管自牛舍外墙至粪水池的距离大于5米时，则应在墙外修一检查井，以便在管道堵塞时清理。

4. 化粪池

化粪池应设在舍外地势较低处，有运动场的应设在其相反的一侧，距牛舍外墙5米以外，需用不透水的材料制成。一般按容积20~30米^{3}修建，化粪池可大可小，但必须距饮水井100米以外。

第四节　挤奶厅建设

随着奶牛养殖规模化的发展，集约化水平程度的提高，许多地方实行集中挤奶，对挤奶厅的建设、挤奶设备要求越来越高。科学合理的挤奶厅设计，挤奶设备的引进，不仅可以避免资金的大量浪费，而且可以减少奶牛疾病的发生。

挤奶厅应建在养殖场（小区）的上风处或中部侧面，距离牛舍50~100米，有专用的运输通道，不可与污道交叉。挤奶厅包括挤奶大厅、待挤区、设备室、储奶间、休息室、办公室等。挤奶设备最好选择具有牛奶计量功能，如玻璃容量瓶式挤奶机械和电子计量式挤奶机械。挤奶厅应有牛奶收集、贮存、冷却和运输等的配套设备。

一、环境要求

挤奶厅通风系统尽可能考虑能同时使用定时控制和手动控制的电风扇。挤奶厅的墙可以采用带防水的玻璃丝绵作为墙体中间的绝缘材料或采用砖石墙。挤奶厅地面要求做到经久耐用、易于清洁、安全、防滑、防积水。地面可设一个到几个排水口，排水口应比地面或排水沟表面低1.25米。挤奶厅的光照强度应便于工作人员进行相关的操作。

二、挤奶厅形式

（一）串列式挤奶台

奶牛站位头尾相接，一批一批进出，在挤奶栏位中间设有挤奶员操作的地坑，坑道深85厘米左右，坑道宽2米。适于产奶牛100头以下规模的养殖场（小区），从1×2至2×6栏位。优点是挤奶员不必弯腰操作，

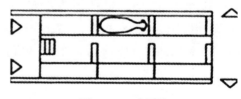

图3-24　串列式

流水作业方便，同时，识别牛只容易，乳房无遮挡（图3-24）。

（二）鱼骨式挤奶台

挤奶台栏位一般按倾斜30°设计，像鱼的骨头一样（图3-25），适于中等规模的奶牛场，栏位根据需要可从1×3至2×16栏位。100头以上中、大规模的奶牛养殖场（小区），根据需要可安排2×8至2×24栏位。棚高一般不低于2.45米，坑道深0.85~1.07米，坑

宽 2.0~2.3 米。坑道长度与挤奶机栏位有关。这种挤奶台使牛的乳房部位更接近挤奶员，有利于挤奶操作。

（三）并列式挤奶台

牛并排站立，牛尾对坑道，与坑道成 90°，根据需要可安排 1×4 至 2×24 栏位，可以满足不同规模奶牛养殖场（小区）的需要。并列式挤奶厅棚高一般不低于 2.2 米，坑道深 1.0~1.24 米，坑宽 2.6 米，坑道长度与挤奶机栏位有关。这种挤奶台操作距离短，挤奶员最安全，环境干净，但奶牛乳房的可视程度较差（图 3-25 ）。

图 3-25　鱼骨式

（四）转盘式挤奶机

转盘式挤奶机是一个大型半自动化挤奶设备，用于挤奶的转盘每次可完成 60 头牛的牛奶采集，每小时完成 268 头，适应于中型奶牛场。站在观测区，人们可以看到生产全过程：牛群在装有红外线感应器的赶牛门驱使下，秩序井然地进入生产区，然后一头头自动走上转盘，由饲养人员为其带上挤奶器。转盘转到半圈时，挤奶结束，奶牛自己将挤奶器蹬掉。转盘转到终点时，奶牛自动走出转盘，不用人吆喝，不用人驱赶，这边进来，那边出去。奶牛在这个控制系统中表现得自然、温顺、"守纪律"，与人配合默契（图 3-26 ）。

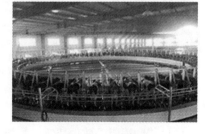

图 3-26　转盘式

（五）辅助设施

1. 奶牛通道

从待挤区进入挤奶厅的通道和从挤奶厅退出的通道应是直道。此外，还要避免在挤奶厅进口处设台阶和坡道。常见的是单一通道，一组奶牛从挤奶厅前面穿过而返回去，退出通道宽度应为95~105厘米。通道可以用胶管或抛光的钢管制作。

2. 待挤区

待挤区是奶牛进入挤奶厅前奶牛等候的区域。为了减少雨雪对通往挤奶厅道路的影响，应在通往挤奶厅的走道上设顶棚。在建设待挤区的时候要考虑挤奶位的多少，每次待挤奶时间不要超过1个小时。待挤区内的光线要充足，使奶牛之间彼此清晰可见。待挤区要有通风、排湿、降温、喷淋设备等。

3. 设备间

要为奶罐以及其他设备选择安放的位置。最好能采用卷帘门，方便进出设备间。设备间内要有良好的光照、排水、通风，设计通风系统应考虑冬季能利用压缩机放出的热量来为挤奶大厅保暖。真空泵、奶罐冷却设备、热水器、电风扇、暖风炉、电动门等均需要电线电器系统。将配电柜安装在设备间的内墙上可减少水气凝集，减少对电线的腐蚀。在配电柜的上下及前面的1.05米的范围内不要安装设备，也不要在配电柜周围1米范围内安装水管。

4. 储藏间

养殖场（小区）的挤奶厅包含有储藏室，用来存放清洗剂（用具）、药品、散装材料、挤奶机备用零件，特别是橡胶制品。储藏室的温度应保持在4~27℃。

5. 储奶间

储奶间通常是放储奶罐、集奶罐、过滤设备、冷热交换器以及清洗设备的区域。储奶间要尽可能地减少异味和灰尘进入。最好能采用在进气口带过滤网的正压通风系统，减少异味从挤奶厅进入储奶间。电风扇的安装位置应远离有过多的异味、灰尘、水分的地方。储奶间应有一个加热单元或采用中央加热系统，以保证不结冰。许多大奶罐的相当一部分伸出储奶间的墙外，这样可以减少储奶间的尺寸，降低造价，但需要有支撑奶罐的墙壁建造技术，基础要能够经得住奶罐的重压。

第四章

奶牛的选择培育与繁殖

第一节　奶牛的品种选择与后备奶牛的培育

一、奶牛的品种与外貌特点

养牛者要想使牛群能够达到高产、优质和高效率，首先要选择合适的品种。当前，世界上的乳用牛品种主要有荷斯坦牛（俗称黑白花牛）、娟珊牛、瑞士褐牛、更赛牛、爱尔夏牛和乳用短角牛等。而世界上分布最广、数量最多的奶牛是荷斯坦奶牛，全世界有1亿头以上。我国饲养的奶牛主要也是这个品种，我国培育的荷斯坦牛，原称中国黑白花牛，1992年更名为"中国荷斯坦牛"，分布全国各地，而以黑龙江、内蒙古自治区、河北、新疆维吾尔自治区、山东等北方地区数量为多，占我国奶牛数量的90%以上。

（一）外貌特点

奶牛的整体外貌特点是：皮薄骨细，血管显露，被毛粗短、细而有光泽，肌肉不甚发达，皮下脂肪沉积不多，全身紧凑而比较细致，属于细致紧凑体质类型。从全身外貌结构来看（图4-1），后躯有平宽的尻部和发育良好的乳房，从侧面看，后躯比前躯宽深，形成一楔形，表示后躯特别是乳房较发达。从侧望、前望和上望均成楔形，这

图 4-1　奶牛全身外貌结构

是奶牛外貌结构上的主要特点。正常发育的乳房左右前后共有 4 个乳区，每个乳区有一个乳头，有的有副乳头。在选育过程中，应注意选择优秀的公母牛，减少副乳头的出现率。

一个发育良好的标准乳房，不仅要求大而深，而且底线平，前乳房应向腹前延伸，并且附着良好，后乳房应向股间的后上方延伸，而且要有一定的深度。由于韧带组织的良好附着与支持，整个乳房牢固地附着在两股之间，乳区发育匀称，4 个乳头大小中等，间距较宽，乳房充奶时底线平坦，这类乳房一般称为"方圆乳房"。它不仅具有薄而细致的皮肤，而且毛细而稀疏，乳静脉粗而弯曲。良好的乳房是"腺质乳房"，腺体组织发达，结缔组织比较少，富有弹性，充满乳汁时，乳房饱满；挤奶之后，乳房明显缩小，变得比较柔软。

畸形乳房是指在外部形态和内部结构方面发育不正常的乳房。在外形上，主要表现为各乳区发育不均匀，乳头大小不一，数目不均一；在内部结构上，主要是结缔组织过多（肉乳房），或是韧带松弛（垂乳房）。乳静脉是乳房前静脉的延续，它从乳房开始分成左右两条延至下腹部，通过乳井潜入胸腔，进而进入心脏。一般地，青年牛和初产牛的乳静脉比较细，第一次分娩后，乳静脉逐渐变粗变大，直至完全成熟。泌乳牛、高产牛的乳静脉比较粗，弯曲和分支多，这是血液循环好的标志。

乳井是乳静脉在第八、第九肋骨交界处进入胸腔所必须经过的孔道，其大小标志着乳静脉的大小。所以，在鉴定乳静脉时，尤其是在深层乳静脉外表不明显的情况下，需要借助乳井的大小来鉴定乳静脉的发育情况。

乳头的类型比较多，正常的乳头呈圆柱形，自然下垂，长度中等，4个乳头的大小、粗细一致。畸形乳头表现为乳头基部膨大，或是乳头向外伸展，过长或过短。

（二）主要品种

1. 荷斯坦牛

荷斯坦牛又称黑白花牛，原产于荷兰滨海地区的弗里斯省、丹麦的日德兰半岛和德国的荷斯坦地区。乳用型荷斯坦牛具有典型的乳用牛外貌特点，结构匀称，体格高大，皮薄而具有弹性，骨骼较细，肌肉欠丰满；皮下脂肪沉积少，被毛细、短而且柔软；头狭长，角细短致密，向前上方弯曲；肋骨开张良好，尻平而宽长，腹部发育良好。乳房硕大，乳区匀称，乳静脉明显，粗而多弯曲，整个体躯呈楔形。毛色多黑白花片，黑白色多少不一，鬐甲和十字部有白色带，额部有白星（三角星或广流星），腹部、四肢下部及尾帚多为白色（图4-2）。

图4-2　荷斯坦牛

成年公牛体重900~1 200千克，母牛650~750千克；初生犊牛40~50千克。成年公牛平均体高145厘米，体长190厘米，胸围226厘米，管围23厘米；成年母牛平均体高135厘米，体长170厘米，胸围195厘米，管围19厘米。

乳用型荷斯坦牛产奶量极高，居世界各奶牛品种的首位。母牛平均年产奶量6 500~7 500千克，乳脂率3.5%~3.6%；最高单产可达22 870千克，乳脂率3.6%~3.7%。

2. 中国荷斯坦牛

中国荷斯坦牛是引进的纯种荷斯坦牛和弗里生牛与我国本地母牛的高代杂种（一般级进代），是我国产奶量最高的奶牛品种。现在已经遍布全国，但是主要分布在大中城市近郊。

中国荷斯坦牛体格健壮，结构匀称，具有典型的乳用特征（图4-3）。骨骼较细，但是十分强壮；皮薄，富有弹性；颈比较细长，颈侧多皱褶，肉垂小；肩狭长，鬐甲平；胸深，背线平直，背腰结合良好；尻长、平、宽；母牛的后躯较前躯发达，腹部圆大，侧望呈楔形。乳房发达，乳头大小合适，分布均匀，乳静脉明显，粗而多弯曲。公牛腹部适中，毛色为黑白相间，花片分

图 4-3　中国荷斯坦牛

明，额部多白斑，腹底部、四肢膝关节以下及尾端呈白色；有角，一般由两侧向前向内弯曲，角体呈蜡色，角尖呈黑色。中国荷斯坦牛的体尺与体重见表4-1。

表 4-1　中国荷斯坦牛的体尺与体重　　单位：千克，厘米

性别	体高	胸围	体重
公牛	150.4	233.8	1020.0
母牛	132.9	197.2	575.0

中国荷斯坦犊牛初生重38.9千克，18月龄体重400.7千克，头产后平均体重在510千克以上。犊牛6月龄内，平均日增重为711克。育成阶段（16~17月龄）平均活体重为650千克。未经肥育的淘汰母牛屠宰率为49.5%~63.5%，净肉率为40.3%~44.4%；6月龄、9月龄、12月龄牛的屠宰率分别为44.2%、56.7%和64.3%，经过肥育的24月龄的公牛屠宰率为57%。

中国荷斯坦的产奶性能好，据21 095头该品种登记牛的统计资料表明，305天泌乳期的平均产奶量为6 359千克，平均乳脂率为3.56%，重点核心群平均产奶量在7 000千克以上。在饲养条件较好的地方，产奶量在8 000千克以上。中国荷斯坦牛的繁殖性能比较好，性成熟早，年平均受胎率88.8%，情期受胎率为48.9%。

3. 娟珊牛

娟珊牛原产于英吉利海峡的娟珊岛，育成历史悠久，属于古老的奶牛品种，以乳脂率高、乳房形状良好而闻名。娟珊牛体格较小，毛色深浅不一，由银灰至黑色，以栗褐色最多。

娟珊牛属于小型乳用牛，体型细致紧凑（图4-4）。头清秀，小而轻，额部凹陷。眼大，明亮有神，头部轮廓清晰。角中等大小，呈琥珀色，角尖向前弯曲。颈细长，多皱褶，肉垂发达，鬐甲狭锐，胸宽且深。尾细长，尾帚发达，尻部宽平，四肢端正，左右肢间距宽，骨骼细致，关节明显。乳房发育匀称，质地柔软，乳区分布均匀，乳静脉明显、粗大而弯曲。后躯比前躯发达，从侧面看体躯呈楔形。被毛细、

图4-4 娟珊牛

短，有光泽，毛色多为浅褐色，也有灰褐、深褐色。

娟珊牛体格小，成年体重公牛为650~750千克，母牛为340~450千克。娟珊牛性成熟较早，一般15~16月龄开始配种，24月龄产犊，犊牛初生重为23~27千克。娟珊牛体尺指标见表4-2。

表4-2 成年娟珊牛体重与体尺　　　　单位：千克，厘米

性别	体重	体高	体尺	胸围	管围
母牛	340	113.5	133	154	15

娟珊牛平均年产奶量3 000~3 500千克，乳脂率为5.5%~6.5%，个别牛可达8.0%，乳脂黄色，脂肪球大，风味好，适于制作黄油。据美国于1997年抽样调查，329 052头娟珊牛的平均年产奶量7 443千克，乳脂率4.58%，乳蛋白率3.68%。英国一头娟珊母牛（1939年）在一个泌乳期内最高产奶量达18 929.3千克，创造了该品种的

最高纪录。因其乳脂率高，适于热带气候，所以引进一定数量的娟珊牛，对于改良我国南方热带的奶牛很有必要。广州奶牛研究所于1988年引进了20头娟珊牛（公母各半），计划利用娟珊牛与中国荷斯坦牛进行杂交，提高牛奶乳脂率，增加抗热应激能力。

娟珊牛不仅乳脂率高，而且乳中无脂干物质的含量也高，一般为9.84%~10.03%。相比之下，荷斯坦牛则相对较低，为8.46%。娟珊牛的产奶饲料报酬也比荷斯坦牛高。同龄母牛每产1千克奶需消耗的饲料单位，娟珊牛为0.63，荷斯坦牛为0.93。每100千克活体重产乳脂量，娟珊牛为50千克，荷斯坦牛为26千克。

4. 乳肉兼用牛

（1）西门塔尔牛　原名红花牛，产于瑞士阿尔卑斯西北部山区，其中以西门塔尔平原牛最为著名。西门塔尔牛具有适应性强，耐高寒，耐粗饲，寿命长，产奶、产肉性能高等特点。在原产地瑞士，向乳用型发展。据测定，西门塔尔牛乳脂肪球密度小，直径大，易分离，低级挥发性脂肪酸含量高。西门塔尔牛属于大型乳肉兼用型品种，目前随着生产的发展和人们对乳肉产品的需求变化，有些国家已经开始向肉用方向发展，逐渐形成了肉乳兼用品系，如加拿大的西门塔尔牛。

西门塔尔牛毛色多为红白花或黄白花，一般头部白色，有白色胸带和肷带；腹部、四肢下部、尾帚多为白色。体格高大、结实，头部轮廓清晰，嘴宽，眼大，角细致，向外向前拧转而上。前躯较后躯发达，胸和体躯深，腰宽，体躯长，背部长宽平直，肌肉丰满。四肢粗壮，蹄圆厚。乳房发育中等，4乳区匀称，泌乳力强。额部和颈上部多有卷毛，被毛浓密。鼻镜、眼睑多为粉红色，蹄多为淡黄色及浅褐色（图4-5）。西门塔尔牛的体尺和体重见表4-3。

图4-5　西门塔尔牛

表4-3　成年西门塔尔牛的体尺和体重　　单位：千克，厘米

性别	体重	体高	体长	胸围	管围
公牛	1100~1300	147.3	179.7	225.0	24.4
母牛	670~800	133.6	156.6	187.2	19.5

西门塔尔牛的产奶性能高于肉用品种，泌乳期产奶量为4074千克，乳脂率为3.9%。肉乳兼用型西门塔尔牛的产奶量较低，如黑龙江省宝清县饲养的加系肉乳兼用型西门塔尔牛，在饲养水平较低的条件下，第一、第二胎次泌乳期长度分别为240天和265天，平均产奶量分别为1 486千克和1 750千克。用西门塔尔牛改良我国黄牛而形成的一代杂种母牛具有很好的哺乳能力，能哺育出生长速度快的犊牛，是下一轮杂交的良好母系。在国外，西门塔尔牛既可以作为"终端"杂交的父系品种，又可以作为配套母系的一个多功能品种。

（2）丹麦红牛　原产于丹麦，为乳肉兼用型品种，在世界上的分布十分广泛。丹麦红牛体格比较大，体躯深长，胸深，肋骨向前突出，垂皮大，背长，腰宽。尻平、宽、长，腹部容积大。个别牛背部稍凹，后躯隆起。全身肌肉发育中等。乳房硕大，发育匀称，4乳区分布均匀，乳头长8~10厘米。皮肤薄，有弹性。毛色为红色或者深红色，公牛的颜色比母牛较深。个别牛的腹部和乳房部位有白斑。鼻镜为瓦灰色。成年牛活重，公牛为1 000~1 300千克，母牛为650千克，体高分别为148厘米和132厘米。犊牛初生重为40千克，12月龄体重，公牛为450千克，母牛为250千克（图4-6）。

图4-6　丹麦红牛

产奶性能，在我国饲养水平条件下，305天的产奶量5 400千克，乳脂率为4.21%。丹麦红牛的产肉性能较高，屠宰率为54%，在用精饲料肥育条件下，12~16月龄的小公牛，平均屠宰率为72%；22~26月龄的去势小公牛，平均日增重为640克，屠宰率为56%。

犊牛哺乳期日增重为1 020克。

丹麦红牛性成熟早,生长速度快,肉质好,体质结实,抗结核病的能力强。

(3)短角牛 原产于英国英格兰北部梯姆斯河流域,常用于改良当地品种,形成了很多适合于当地的牛品种,例如,丹麦红牛、中国草原红牛、日本短角牛、美国圣格鲁迪牛、澳大利亚瑞黑牛、美国肉牛王等品种都含有短角牛的血液。

短角牛分为有角和无角两种。其外貌特征为头宽而短,颈短而粗,肋骨开张良好,鬐甲宽平,腹部成圆筒形,背线直,背腰宽平。尻部方正丰满,荐部长而宽;四肢短,肢间距离宽;乳房大小适中;毛色深红,少数为沙色毛,鼻镜为肉色。角短而细,向两侧向下呈半圆形弯曲(图4-7)。

图4-7 短角牛

短角牛泌乳性能好,300天泌乳量为2 800~3 500千克,乳脂率为3.5%~4.2%。成年短角牛体重,公牛为1 000~1 200千克,母牛为600~800千克;犊牛初生重平均为30~40千克;180天体重可达200千克左右。肉质较细,脂肪沉积均匀,大理石纹好,屠宰率65%左右。吉林省榆县繁育的短角牛,性成熟在6~10月龄,发情周期为22天左右,发情持续期随年龄和季节的变化而变化,一般青年母牛较短,成年母牛和老年母牛较长,冬季持续时间较短。

我国华北地区、东北地区用乳肉兼用短角牛与蒙古牛杂交,取得了显著效果,现在正培育红色草原牛新品种。

(4)三河牛 是我国培育的优良乳肉兼用品种,主要分布于内蒙古呼伦贝尔盟大兴安岭西麓的额尔古纳右旗三河(根河、得勒布尔河、哈布尔河地区),总数约8万头。

三河牛体格高大结实,肢势端正,四肢强健,蹄质坚实(图4-8)。有角,角稍向上、向前方弯曲,少数牛角向上。乳房大小中

图4-8 三河牛

等，质地良好，乳静脉弯曲明显，乳头大小适中，分布均匀。毛色为红（黄）白花，花片分明，头白色，额部有白斑，四肢膝关节下部、腹部下方及尾尖为白色。成年公、母牛的体重分别为1 050千克和547.9千克，体高分别为156.8厘米和131.8厘米。犊牛初生重，公犊为35.8千克，母犊为31.2千克。6月龄体重，公牛为178.9千克，母牛为169.2千克。从断奶到18月龄之间，在正常的饲养管理条件下，平均日增重为500克，从生长发育来看，6岁以后体重停止增长，三河牛属于晚熟品种。

三河牛产奶性能好，年平均产奶量为4 000千克，乳脂率在4%以上。在良好的饲养管理条件下，其产奶量会显著提高。三河牛的产肉性能好，2~3岁公牛的屠宰率为50%~55%，净肉率为44%~48%。

三河牛耐粗饲、耐寒，抗病力强，适合放牧。三河牛对各地黄牛的改良都取得了较好的效果，与蒙古杂种牛的体高比当地蒙古牛提高了11.2%，体长增长了7.6%，胸围增长了5.4%，管围增长了6.7%。在西藏林芝海拔2000米高处，三河牛不仅能适应，而且被改良的杂种牛的体重比当地黄牛增加了29%~97%，产奶量也提高了一倍。

但是，由于三河牛来源复杂，个体间差异大，不论是在外貌上还是在生产性能上都表现不一致，今后应加强公母牛的选育工作，改善饲养管理，进一步提高三河牛的品质。

二、奶牛的选购技术

开始建立奶牛群大多是采用购买成母牛、购买育成牛（或青年牛）、购买犊牛等3种方法。在购买母牛或育成牛时，可能是空怀牛或是怀孕牛。

（一）主要方法

选购牛时，要做到一查、二看、三取证。

1. 查

就是查奶牛系谱，审查选购牛先代的生产性能，如父母的产奶量、乳脂率、乳蛋白率及其体重、体尺、体型外貌等。因为先代的一些性状表现对其后代有很大影响。目前，我国饲养的奶牛品种绝大多数是荷斯坦牛，系谱上成年奶牛的305天胎次产量一般在5 000千克以上，乳脂率3.2%以上，体重在500~700千克，体高（鬐甲高）132~140厘米，达到这几项指标，认为基本符合标准。

2. 看

就是看被选购奶牛本身的性能表现。如选购成年母牛，要看它本身的产奶量、乳脂率是否满意。特别要注意的是，要实地检查母牛的繁殖机能是否正常、乳头是否出奶，再根据年龄、胎次情况，看其本身的体型结构、乳用特征和各部分结构情况。选择后备牛时，要结合系谱资料，看其本身生长发育情况，体型不要有明显缺陷。购买犊牛所需的费用是最少的，但到开始产奶所需的时间较长。可是，购买犊牛是获得优质奶牛的好机会。另外，购买后备牛和犊牛时，要注意不能购买异性双胎母牛，因为这种母牛因染色体缺陷不能生育。

3. 取证

就是取健康证明。奶牛的健康很重要，除了解一般健康状况外，还要向售牛单位索取由当地主管兽医部门签发的近期检疫证明书，证明所选购的奶牛无传染病，如无结核病、布氏杆菌病等。

（二）注意事项

1. 不从疫区引进奶牛

在购牛前，应先到售牛地区深入调查，了解该地区是否暴发过布氏杆菌病、结核病、口蹄疫等传染病。如该地区尚在疫情封锁期，就不要从该地区引种。

2. 避免调包

如果外购大批量的奶牛，最好每头做好标识，给已购买的每头牛打上耳号，以防调包。

3. 注意运输安全

在夏季运输牛，要特别注意防暑降温，最好选择在比较凉爽的夜间运输；在冬季，要注意保温防寒。对需要长途运输的牛，要准备充足草料，路途休息时保证饮水充足，每次饲喂七八成饱即可。

4. 证明材料齐全

如跨地区运输，应备有运输检疫证明、运输工具消毒证明，利用铁路运输的还应该有铁路兽医检疫证明，在县境内购买则应该备有产地检疫证明等。

三、后备奶牛的选择

（一）后备牛

所谓后备牛是指：犊牛从出生到第一次产犊前称后备牛。后备牛包括犊牛、发育牛和育成牛。后备牛处于快速的生长发育阶段，是牧场的后备力量，是牛只扩群和提高生产潜力的希望，它的优劣关系到牛群的整体生产水平。所以从长远利益出发，必须选择和培育好后备牛。后备牛的选择和培育的良好与否，与乳牛体型的形成、采食饲料的能力以及到成年后的产乳和繁殖性能都有极其重要的关系。

（二）后备牛的选择

后备母牛是指犊牛初生后准备留作种用的母牛，因此，后备牛的挑选首先要从犊牛开始。所谓犊牛，一般是指从初生到6月龄期间的小牛。

1. 查系谱

选择犊牛时，首先应考察该牛的系谱，即查其父母、祖父母及外祖父母的生产性能和表现情况。

2. 外貌特征

要考察其本身的外形与结构特点，要求犊牛符合本品种牛的基本特征，结构良好，四肢端正，行动灵活。乳用母犊还要求无副乳头，乳头较长，呈扁圆形，无皱纹。

3. 生长指标

要观察其本身的生长发育状况。犊牛的初生重是出生前（胎儿期）发育的重要指标，初生重过小，说明胎儿期发育不良，对后天的生长和生产往往会造成很大影响。正常胎儿的初生重一般占成年母牛体重的 5%~7%。

从初生到断奶这段时间称为哺乳期，奶牛哺乳期一般为 3~4 个月。哺乳期犊牛日增重和断奶重的大小，是衡量后备牛生长发育状况的又一重要指标。奶牛日增重要求不宜过高，一般 0.5~0.7 千克属正常。

4. 其他指标

选留乳用母牛时，除考察其系谱、体型外貌和生长发育表现外，还要比较生产性能以及对某些主要疾病的抵抗力等。奶牛的生产性能主要包括产奶量、奶的质量、泌乳均衡性和前乳房指数。产奶量是指一个泌乳期（305 天）内所产鲜奶总量，产奶量越高，牛越好；牛奶质量主要指鲜牛奶中所含乳脂肪、乳蛋白、乳糖和非脂固形物的百分比，一般含以上成分越高，牛奶质量越好；泌乳均衡性是指一个泌乳期内产奶量的稳定情况，泌乳均衡的牛质量好（高产奶牛产奶后最初 3 个月的泌乳量占总产奶量的 35% 左右，第 4~6 泌乳月占 32.5% 左右，第 7~10 泌乳月占 32.5% 左右）；前乳房指数是指前乳房产奶量占整个乳房总奶量的百分比，指数越小，牛质量越好。

四、后备牛的培育

犊牛从出生到第一次产犊前称后备牛，后备牛包括犊牛、发育牛和育成牛。后备牛处于快速的生长发育阶段，是牧场的后备力量，是牛只扩群和提高生产潜力的希望，它的优劣关系到牛群的整体生产水平。所以从长远利益出发，必须培育好后备牛。后备牛培育的良好与否，与乳牛体型的形成、采食饲料的能力以及到成年后的产乳和繁

第四章 奶牛的选择培育与繁殖

殖性能都有极其重要的关系。

后备牛在整个生长发育时期，随着年龄的增长，全身组织化学成分不断变化，对营养物质的需求也不同。因此，必须根据后备牛各生理阶段营养需要的特点进行正确饲养。

（一）培育目标

1. 各月龄后备牛体重体高

后备牛培育的目标应在 14 月龄体重达到 375 千克，参加配种，在 24 月龄时产犊，投产前体重 600~650 千克，体高达到 140 厘米，体况 3.5~3.75 分。后备牛培育的目标值见表 4-4。

表 4-4　荷斯坦后备母牛各月龄目标体重和体高

月龄	体重（千克）	体高（厘米）
3	117	97
6	187	106
9	258	115
12	328	123
15	399	129
18	469	132
21	540	135
24	610	138

2. 培育成本的控制

实践表明，后备母牛的培育在牛奶生产总成本中所占的比例仅次于饲养。据国外资料，一头后备母牛培育成本 1 200~1 500 美元，我国大部分为 12 000 元左右。由此可见，后备牛饲养应使培育成本最低化，尽早达到目标配种体重，在 24 月龄左右投产。

（1）满足各阶段营养需要　结合国外的经验和实践应用，总结了不同阶段后备牛分群饲养及对应日粮的营养需要，见表 4-5。

表4-5   后备牛各月龄营养需要

月龄	干物质采食量占牛体重(%)	干物质采食量(千克)	CP(%)	NEL(兆卡/千克)*	粗料比例(%)	替代饲养方案
2~4	2.8%	2.25~3.0	17.5~1.8	1.75~1.8	20~40	高产牛日粮
4~7	2.7%	3.0~4.0	16.5~1.7	1.65~1.7	40~50	高产牛日粮+1千克苜蓿草
7~12	2.5%	5.0~7.0	14.0~14.5	1.40~1.45	40~50	12~18月龄日粮+2千克高产牛日粮
12~18	2.3%	8.0~9.0	13.0~13.5	1.30~1.35	50~60	特定配制
18~23	2.0%	10.0~11.0	12.5~13.0	1.30~1.32	50~60	12~18月龄日粮

* 1千卡=4.1868千焦,全书同

（2）断奶   犊牛的早期断奶是后备牛饲养的重要研究课题,已在生产中得到普遍应用。哺乳太多,虽然日增重和断奶体重可以提高,但对犊牛消化道的生长发育不利,并影响奶牛的体型及产奶性能。目前,国内犊牛的哺乳期多数已缩短到2个月,哺乳量360千克,少数缩短到50天,哺乳量低到240千克。

及时断奶既节约牛奶又降低培育成本,另外提早补充饲料可有效地促进犊牛消化道的发育。为了达到断奶前的目标体重,初乳20千克加常乳255千克的哺乳方案有利于犊牛提高干物质采食量（表4-6）,从出生后3日后开始饲喂开食料,断奶前一周每日采食开食料达到1千克,即可断奶。

表4-6   275千克哺乳方案

饲喂阶段	每天饲喂量（千克）	饲喂次数	饲喂天数	每阶段饲喂量（千克）
0~3天	6	3	3	18
4~20天	5	2~3	17	85
21~35天	5	2	15	75
36~55天	4	2	20	80
56~60天	3	1~2	5	15

（二）各阶段饲养关键点

1. 0~2 月龄饲养关键点

（1）出生　犊牛出生后及时清理羊水和清除口鼻中的黏液。呼吸正常后断脐带，立即用 7% 碘酒消毒脐带及脐带周围的腹部，连续 3 天消毒，并观察脐部是否感染，防止脐带炎的发生。

出生后 1 小时内饲喂第一次初乳，称重，填写出生记录，转移至干燥清洁的犊牛笼饲养，饲喂第二次初乳。

（2）初乳的饲喂　初乳饲喂是犊牛饲养中的关键。初乳中含有大量的免疫球蛋白，是犊牛健康生长的基本保证，甚至和整个后备牛阶段的生长和成乳牛阶段的生产性能相关。

① 初乳的检测。第一次挤的初乳使用初乳检测计确定初乳质量，绿色区域说明初乳质量优质，黄色区域说明初乳质量一般，红色区域说明初乳质量较差。要求将第一次挤的优质初乳饲喂给刚出生的犊牛。不立即使用的初乳 4℃ 冰箱保存（保存 24 小时），多余的优质初乳冻存（可保存 1 年）。

② 初乳的饲喂。犊牛出生后 1 小时内尽快饲喂优质初乳 2 千克，尽量多喂，使其尽早获得抗体，1~2 小时后饲喂第二次（出生后 4 小时内），喂量 2 千克。之后按工作时间饲喂，连续饲喂 3~4 天，每天 3 次，每日喂量不超过体重的 10%，温度 38℃。

图 4-9　饲喂犊牛

初乳饲喂时每头牛做标识卡记录。其饲喂方法见图 4-9。

③ 初乳的冻存。第一次挤的多余的优质初乳使用塑料瓶等容器按 1.2 千克分装，在 -20℃ 冰箱冻存，贴好标签，标记初乳质量、时间、牛号。冰冻初乳避免反复冻存，降低免疫球蛋白活性。无优质初乳时使用冻存初乳，使用时将冻存初乳在 4℃ 放置一段时间，然后在 50℃ 温水中水浴融化，冷却至 38℃ 时使用，避免直接煮沸加热。

（3）哺乳牛饲养　犊牛饲喂完第一次初乳后转移至单独的犊牛笼饲养一周，一周后转移至散放牛舍分小群饲养，此阶段主要工作如下。

①犊牛身份信息的采集。出生后纪录犊牛系谱（父号、母号、外祖父）、出生体重（低于30千克不留养）、出生日期、品种等信息。

②母犊标写耳号，公犊出售（做好相关记录）。

③常乳的饲喂。使用无抗生素、低体细胞常乳饲喂犊牛，每天3次，每次2升。坚持"三定"原则，即定温、定时、定量（牛奶温度控制在38℃，每天固定时间饲喂，一天3次固定用量）。每头牛各自使用不同的奶桶，喂完奶后用毛巾擦干犊牛嘴。

④卫生措施。犊牛笼置于通风牛舍，笼离地面一定高度，便于清理地面。保持垫料干净，每2天更换一次，更换时用生石灰消毒。每天清理一次地面，每周用酸或碱消毒地面。

喂奶的容器使用完后清洗干净，确保无奶垢等污物，每天用消毒水（次氯酸钠）漂洗一次，倒置于通风口晾干。

⑤犊牛7日后转移到散放牛舍分群饲养，开始训练采食犊牛颗粒料，有条件则提供优质苜蓿草供自由采食。每天更换牛舍垫料（木屑）、清理地面、每周一次消毒。

（4）去角　犊牛在30日龄内去角，规定每月的某一天去角，以保证去掉每一头犊牛的牛角。可选两种方法去角，见图4-10。

①电烙铁法。电烙铁法对牛只伤害小，牛角重新长出的概率小。

图4-10　犊牛去角

②烧碱法。混合烧碱和凡士林待用（烧碱易烫伤皮肤，应调至不流动糨糊状），将犊牛保定在牛颈架上，去掉牛角周围的毛发，将烧碱涂抹在牛角处，避免烧伤皮肤和眼睛。

（5）断奶及过渡　犊牛60日龄时，每天精料采食量大于1千克时可断奶，断奶前7天逐步减少牛奶喂量，保证犊牛断奶后采食正常。

断奶后犊牛瘤胃发育不充分，仍然以精料为主，辅以优质苜蓿草。犊牛每天自由活动，保持牛舍内整洁，及时更换垫料，保持饮用水的干净。

2. 2~4月龄饲养关键点

这个阶段主要是瘤胃发育阶段，饲喂高能高蛋白日粮，精料占75%~85%。研究表明，瘤胃发育得益于固体食物的物理刺激以及微生物对碳水化合物发酵产生的挥发性脂肪酸的化学刺激，因此日粮NFC%（非纤维性碳水化合物）>47%，粗料以优质苜蓿草为主。

3. 4~6月龄饲养关键点

这个阶段主要是乳腺组织开始发育阶段，注意日粮蛋白的不足，粗蛋白应达到16.5%~17%，能量1.65~1.75兆卡/千克，开始增加粗料的供应，粗料比例40%左右。

4. 7~12月龄饲养关键点

这个阶段主要是体高增长最快的阶段，注意日粮蛋白的不足、能量过剩。主要营养指标：干物质采食量5~7千克，粗蛋白14.0%~15.0%，能量1.40兆卡/千克，粗料占40%~50%。

5. 13~24月龄饲养关键点

这个阶段主要是人工输精期和妊娠期，瘤胃完全发育，饲喂以粗饲料为主的日粮。主要营养指标：粗蛋白13.0%左右，能量1.30兆卡/千克，粗料占50%~60%。13~18月龄后备牛干物质采食量8~9千克，19月龄至围产期后备牛干物质采食量10~11千克。13月龄以上牛群日粮可统一为一个，具体饲喂量根据分群情况和实际干物质采食量进行分配。

6. 分娩前饲养关键点

后备牛进入围产期后单独饲养，逐步提高日粮营养浓度，增加精料用量，确保平稳过渡至产后的高精料日粮。主要营养指标：粗蛋白15.0%左右，能量1.60兆卡/千克，粗料占50%~55%。

（三）相关管理措施

1. 周密的分群计划

后备牛饲养应按月龄大小、繁殖状态进行分群。每月定期整理牛群，防止大小牛混群，造成强者欺负弱者，出现僵牛。

2. 每月一次的生长发育评估

每月进行体尺测量，根据体尺测定结果判断日粮的合理性，及时调整。

3. 自由采饲青干草

4. 定期驱虫，春秋各一次

5. 保证牛舍清洁干燥，定期更换垫料和消毒

6. 保证足够清洁的饮水

总之，要养好后备牛，首先要合理的投入，其次要根据后备牛的各个阶段生理特点，严格制定饲养管理规范，并执行到位。这样才能缩短奶牛从出生到泌乳的时间，尽早获得经济效益。

第二节　奶牛的生殖生理特点

繁殖管理是奶牛生产的关键环节，奶牛只有经配种、妊娠、产犊后才能产奶。奶牛理想的繁殖周期是一年产一胎，即胎间距365天，减去60天干奶期，一胎的正常泌乳天数为305天。奶牛适宜的胎间距范围为340~390天，适宜的泌乳期为280~330天，产后适宜的配种时间为60~110天。胎间距过短，影响当胎产奶量；胎间距过长，影响终生产奶量。因此，搞好奶牛的繁殖管理对提高产奶量和经济效益意义重大。

一、奶牛的性成熟和初配年龄

性成熟是指家畜的性器官和第二性征发育完善，母牛的卵巢能

产生成熟的卵子；公牛的睾丸能产生成熟的精子，并有了正常的性行为。交配后母牛能够受精，并能完成妊娠和胚胎发育的过程。奶牛的性成熟年龄一般在8~12月龄。但性成熟后牛不能马上配种，因它自身尚处在生长发育中，此时配种不仅影响牛自身的生长发育和以后生产性能的发挥，而且还影响到犊牛的健康成长，要等到牛体成熟后方可配种。其生殖器官见图4-11。

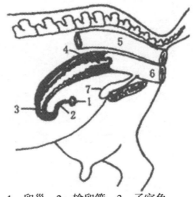

1—卵巢；2—输卵管；3—子宫角
4—子宫颈；5—直肠；6—阴道；
7—膀胱

图4-11

　　体成熟是指公母牛的骨骼、肌肉和内脏各器官已基本发育完成，而且具备了成熟时应有的形态和结构。体成熟晚于性成熟，当母牛的体重达到成年母牛体重的70%左右时，达到体成熟，可以开始配种。牛的性成熟和体成熟，一方面取决于年龄，同时与品种、饲养管理、气候条件、性别、个体发育情况有关。一般小型品种早于大型品种，饲养管理条件好的早于差的；气候温暖地区早于寒冷地区，所以确定母牛的初配时要灵活掌握。奶牛的初配年龄，一般在1.5~2岁，但配种也不能过迟，过迟往往造成以后配种困难，又影响了生产。

二、母牛的发情

　　母牛在性成熟后，开始周期性发生一系列的性活动现象，如生殖道黏膜充血、水肿、排出黏液、精神兴奋、出现性欲、接受其他牛的爬跨、卵巢有卵泡发育和排卵等。上述的内外生理活动称为发情，把集中表现发情征候的阶段称为发情期。由一个发情期开始至下一个发情期开始的期间，称为一个发情周期。母牛的发情周期平均为21天，发情期受光照、温度、饲养管理、个体情况等因素的影响，有一个变动幅度，变动的范围为17~25天，发情期可分为发情前期、发情期、发情后期和休情期。

（一）发情前期

前期是发情的准备期，阴道的分泌物由干黏状态逐渐变成稀薄，分泌物增加，生殖器官开始充血，但不接受别的牛爬跨，此期持续时间为 4~7 天。

（二）发情期

发情期是母牛性欲旺盛期，表现食欲减退、精神兴奋、时常哞叫、尾根举起、愿意接受其他牛的爬跨。外阴部红肿，从阴门流出大量黏性的透明液，阴道黏膜潮红而有光泽，黏液分泌增多。在牛群内常有些牛嗅发情牛的外阴部。发情持续的时间是指母牛接受爬跨到回避爬跨的时间。母牛发情的持续时间短，一般平均为 18 小时，范围是 6~36 小时，个别牛长达 48 小时。因母牛发情的持续时间短，现在又是人工授精，因此，要注意观察牛的发情，以免错过发情期而失去配种的时机。母牛的排卵以在夜间居多，要掌握其特点，把握适时输精的时间，提高一次输精的成功率。

（三）发情后期

发情后期是发情现象逐渐消失的时期。母牛性欲消失，拒绝爬跨，阴道的分泌物减少，阴道黏膜充血肿胀状态逐渐消退，发情后期的持续时间为 5~7 天。母牛在发情后的 2~3 天从阴道内流出血液或混血的黏液。若出血量少，颜色正常，对牛妊娠没有不良影响；若出血量多，色泽暗红或是黑紫色，是患子宫疾病的症状，要仔细检查，抓紧时间治疗。如治疗不及时，往往会造成母牛的不孕。

（四）休情期

休情期也称为间情期，此期黄体逐渐消失，卵泡逐渐发育到下一次性周期。母牛的休情期持续时间为 6~14 天，配种后母牛怀孕，这个时期称为怀孕期，周期黄体转为妊娠黄体，直到下犊前不再出现发情。

三、母牛产后第一次发情

为了及时给产后的母牛配种，缩短产犊间隔时间，要注意母牛产后的第一次发情。母牛经过妊娠、分娩、生殖器官发生了迅速而剧烈的变化，到重新发情、配种，母牛的生殖器官有一个恢复的过程，所以产后的第一次发情的时间不一致。在气温适宜，产后无疾病，饲养管理好的条件下，产后出现的第一次发情的时间就短些。一般是在产后 40~45 天发情，有的在产后 25~30 天即开始第一次发情。产后开始第一次发情时间，通常在 20~70 天的范围内。如果产后 60~90 天还没有发现发情，就要对母牛的健康、营养状况、卵巢和子宫进行检查和治疗，预防空怀和不孕。有些牛在产后因身体虚弱或是大量泌乳，导致排卵而无明显的发情症状的隐性发情，特别是在高产牛中更为多见，有的牛群高达 45%。

对到发情期而不发情的母牛，应加强卵巢内卵泡发育检查。为了能达到牛每年一胎，就必须在产后的 85 天内受胎。在产后 20 天内恢复发情和配种的少数母牛，配种的受胎率只有 25%；产后 40~60 天配种的平均受胎率为 50%；产后在 60 天以上配种的受胎率稳定在 60% 左右。实行产后的早期配种，虽然增加了精液的消耗，但对缩短产犊间隔更有保证，能提高生产率。一般认为，在产后 40~50 天发情配种最为适宜。

四、异常发情

母牛发情受许多因素制约，一旦受某些因素的影响，母牛发情超出正常规律，就叫异常发情。母牛的异常发情主要有以下几种。

（一）隐性发情（潜伏发情）

母牛发情时没有性欲表现，这在产后母牛、高产牛和瘦弱母牛中较多。其主要原因是促滤泡素（雌激素）分泌不足。值得注意的是，母牛发情的持续时间短，尤其冬季舍饲期，容易漏情，必须严加注意。

（二）假发情

母牛假发情有两种情况，一种是有的母牛在妊娠 5 个月左右，突然有性欲表现，接受爬跨，但进行阴道检查时，子宫颈口收缩，也无发情黏液，但直肠检查时却能摸到胎儿，这种现象叫做妊娠过半。另一种是母牛虽具备发情的各种表现，但卵巢无发育的滤泡，这种现象常发生在卵巢机能不全的青年母牛和患有子宫内膜炎的母牛。

（三）持续发情

有的母牛连续 3~4 天发情不止，主要由两种原因造成。

1. 卵巢囊肿

这是由于不排卵的滤泡继续增生、肿大，在卵泡壁继续分泌雌激素的作用下，母牛发情的持续时间延长了。

2. 滤泡交替发育

开始在一侧卵巢有滤泡发育，产生雌激素，使母牛发情，但不久另一侧卵巢又有滤泡发育，于是前一滤泡发育中断，后一滤泡继续发育。这样交替产生雌激素，从而延长母牛的发情。

（四）不发情

母牛因营养不良、卵巢疾病、子宫疾病，乃至严重的全身性疾病等都能使母牛不发情。泌乳盛期的高产母牛，也常在分娩后很久不发情。针对这些不同情况，应采取相应的有效措施，促其尽快发情配种。

第三节　奶牛的繁殖技术

繁殖是奶牛生产中颇为重要的环节，它关系着将来是否有足够的奶牛用来产奶。所以它是奶牛业发展的基础环节。广大奶牛饲养者有

必要认真学习奶牛繁殖技术，以提高繁殖率，为奶牛生产良性运转奠定好基础。

一、奶牛的发情鉴定

对母牛发情的鉴定，目的是为了找出发情的牛，确定最适宜的配种时间，提高受胎率。饲养户判断牛是否发情，主要是靠对牛的外部观察。

（一）根据母牛的精神状态、外部的变化和阴户流出的黏液性状等判断

母牛发情因性中枢兴奋表现出站立不安，哞叫，常弓腰举尾，检查者用手举其尾无抗力，频频排尿；食欲下降，反应减少，产奶量下降。这些表现随发情期的进展，由弱到强，发情快结束时又减弱。

母牛发情，阴唇稍有肿大、湿润，从阴户流出黏液。根据流出的黏液性状，能较准确地判断出发情母牛。发情早期的母牛流出透明如蛋清样、不呈牵丝的黏液；发情盛期黏液呈半透明、乳白色或夹有白色碎片，呈牵丝状；有些母牛从阴道中流出血液或混血黏液，是发情结束的表现。但有的母牛此时配种还能怀孕，如排出的黏液呈半透明的乳胶状，挂于阴门或黏附在母牛臀部和尾根上，并有较强的韧性，为母牛怀孕的排出物。

要特别注意以下情况：如流出大量红污略带腥臭的液体，为产后母牛排出的恶露；如排出大量白色块状腐败物，并有恶臭，为母牛产后胎衣不下腐烂所致；排出带黄色的污物或似米汤、稀薄、无牵丝状的白色污物，为患生殖道炎症的母牛。发现类似的情况，要查明原因，采取措施，使其尽快恢复正常。

多数母牛在夜间发情，因此在天黑时和天刚亮时要进行细致观察，判断的准确率更高。

在运动场或是放牧地最容易观察到母牛的发情表现，如母牛抬头远望，精神兴奋，东游西走，嗅其他母牛，相互爬跨，被爬母牛

安静不动，后肢叉开和举尾，这时称为稳栏期，为发情盛期（图4-12）；只爬跨其他母牛而不接受其他母牛的爬跨，此牛没有发情。在稳栏期过后，发情母牛逃避爬跨，但追随的牛不离开，这是发情末期。总之，对繁殖母牛

图4-12　发情时母牛爬跨

应建立配种记录和预报制度。根据记录和母牛发情天数，预报下一次发情日期。对预期要发情的牛观察要仔细、耐心，每天观察2~3次，不漏过发情的牛。

（二）阴道检查和直肠检查

鉴定母牛是否发情的两种常用方法，但这两种方法需要一定的器械并要严格的消毒，没有鉴定的经验和常识，也难以得到正确的结果。如果需要对牛进行这方面的检查，最好请配种员或畜牧技术人员帮助进行检查。

1.阴道检查法

是母牛发情鉴定的次要方法。可以用一根直径4厘米、长30厘米、两端光滑的粗玻璃管（实在找不到也可以用开膣器），检查时将消毒过的玻璃管涂上润滑剂，轻轻插入阴道。

发情母牛阴部红肿，阴道黏膜和子宫颈充血水肿，子宫颈口松开流出黏液。发情初期黏液透明而量少，吊线程度差；到了发情旺期，黏液透明，黏液量大增，吊线程度高；后期黏液减少，稠度增加，透明度降低，最后变成白色，这时阴道黏膜、外阴部肿胀充血渐渐消失，皱纹增多，子宫颈口闭合；阴道检查比较省事，不需要特殊的技术。

2.直肠检查法

直肠检查法是检查人员将手臂伸入母牛直肠内，隔着直肠壁摸母牛卵巢上卵泡发育及子宫变化来判断母牛的发情过程，确定输精的最佳时机（图4-13）。直肠检查法比较准确、有效，但要求操作人员必

须具有熟练的操作技术和经验。直肠检查具体步骤如下。

图4-13　直肠检查法

① 检查前把牛赶入保定架，用绳子绊住右后腿；

② 检查时将手指并成锥形，手上要涂有润滑剂（如肥皂、液体石蜡等）；

③ 用温水洗净外阴部和肛门；

④ 先掏出粪便，然后掌心向下按摸，在骨盆底部或在其前缘就可摸到子宫颈，它是一个长圆形棒状物，质地较硬，前后排列；

⑤ 再向前就可以摸到子宫角间沟，在沟两边的前下方可摸到子宫角，子宫角有一定的弯度，在其大弯外略向下可摸到卵巢，用食指和中指固定，然后用大拇指轻轻触摸，检查其大小、形状和质地；

⑥ 检查要耐心细致，只许用指肚触摸，不可乱摸乱抓，以避免造成直肠黏膜损伤或黏膜大量脱落；

⑦ 检查完一头，冲去手臂上的粪便，可以再检查另一头，全部检查结束后，用温水洗净手臂，再用肥皂涂抹，然后冲净擦干，用70%~75%的酒精棉球消毒，涂上保护皮肤的润肤剂。

母牛发情时子宫和卵巢的表现如下：子宫颈变软，略张大，子宫角也膨大，触动时，收缩反应较强。发情开始后质地不太软，随着发情的进展，渐渐变软。产生卵泡的一侧卵巢（多为右侧）变大，有突出的卵泡，用手指轻轻触摸轻压，有一定的弹性。成熟的卵泡有一部分埋在卵巢中，如能摸到卵泡变薄，表明就要排卵。

二、奶牛的人工输精

（一）同期发情

1. 同期发情的意义

同期发情又称同步发情，是通过利用某些外源激素处理，人为地控制并调整母牛在预定的一定时间内集中发情，以便有计划、合理组织配种。有利于人工授精的推广，按需生产牛奶，集中分娩并组织生产管理。配种前可不必检查发情，免去了母牛发情鉴定的繁琐工作，并能使乏情母牛出现性周期活动，提高繁殖率；同时也是进行胚胎移植时对母牛必须进行的处理措施。

2. 同期发情的主要方法

现行的周期发情技术主要有两种途径：一是通过孕激素药物延长母牛的黄体作用而抑制卵泡的生长发育，经过一定时间后同时停药。由于卵巢同时失去外源性孕激素控制，则可使卵泡同时发育，母牛同时发情。另一种是通过前列腺素药物溶解黄体，缩短黄体期，使黄体提前摆脱体内孕激素控制，从而使卵泡同时发育，达到同期发情排卵。

（1）通过抑制发情的同期发情方法　主要使用孕酮、甲孕酮、18甲基炔诺酮、甲地孕酮、氯地孕酮等。孕激素药物的使用方法有阴道栓塞法、埋植法、口服法和注射法。药物的使用剂量因药物种类、使用方法以及药物效价等不同而有差异。一般停药后 2~4 天，黄体退化，抑制发情的作用解除，达到同期发情。在停药当天，肌注促性腺激素（如孕马血清促性腺激素），或同时再注射雌激素，可以提高同期效果。

① 阴道栓塞法。栓塞物可用泡沫塑料块（海绵块）或硅橡胶环，后者是一螺旋状钢片，表面敷有硅橡胶的栓塞物，栓塞物中吸附有一定量的孕酮或孕激素制剂，每日释放量 70 毫克左右。借助开膣器和长柄钳将栓塞物放置于子宫颈外口处，使激素释放出来。处理结束后，将栓塞物拉出（上有细线），同时肌注孕马血清促性腺激素（PMSG）800~1 000 国际单位，以促进卵泡的发育和发情的到来。

孕激素参考用量：18 甲基炔诺孕酮 100~150 毫克，甲孕酮 120~200 毫克，甲地孕酮 150~200 毫克，氯地孕酮 60~100 毫克，孕酮 400~1 000 毫克。

孕激素的处理时间期限有短期（9~12 天）和长期（16~18 天）两种。长期处理后，发情同期率较高，但受胎率较低；短期处理的同期发情率偏低，而受胎率接近或相当正常水平。如在短期处理开始时，肌注 3~5 毫克雌二醇和 50~250 毫克的孕酮或其他孕激素制剂，可提高发情同情化的程度。当使用硅橡胶环时，可在环内附一胶囊，内含上述量的雌二醇和孕酮，以代替注射，胶囊融化快，激素很快被组织吸收。这样，经孕激素处理结束后，3~4 天大多数母牛可以发情配种。

② 埋植法。将一定量的孕激素制剂装入管壁有孔的塑料管（管长 18 毫米）或硅橡胶管中。利用套管针或专门的埋植器将药物埋入耳背皮下或身体其他部位。过一定时间在埋植处切口将药管挤出，同时肌注孕马血清促性腺激素 500~800 国际单位，一般 2~4 天母牛即发情。

③ 口服法。每日将一定量的孕激素均匀拌在饲料内，连续喂一定天数后，同时停喂，可在几天内使大多数母牛发情。但要求最好单个饲喂比较准确，可用于舍饲母牛。

④ 注射法。每日将一定量的孕激素做肌内或皮下注射，经一定时期后停药，母牛即可在几天后发情。此方法剂量准确但操作烦琐。

（2）通过溶解黄体的同期发情方法　使用前列腺素或其类似物溶解黄体，人为缩短黄体期，使孕酮水平下降，从而达到同期发情。投药方式有肌内注射和用输精器注入子宫内方法。多数母牛在处理后的 3~5 天发情。该方法适用于发情周期第 5~18 天，卵巢上有黄体存在的母牛，无黄体者不起作用。因此，采用前列腺素处理后对有发情表现的母牛进行配种，无反应者应再作第二次处理。

前列腺素 F2a（PGF2a）的用量：国产 15- 甲基前列腺素 F2a 子宫注入 1~2 毫克，肌内注射 10~15 毫克，国产氯前列烯醇子宫注入 0.2 毫克，肌内注射 0.5 毫克。在前列腺素处理的同时，配合使用孕马血清促性腺激素或在输精时注射促性腺激素释放激素（GnRH）或其类似物，可使发情提前或集中，提高发情率和受胎率。

无论是采用哪种方法，在处理结束后，均要注意观察母牛发情表现并及时输精。实践表明，处理后的第二个发情周期是自然发情，则对于处理后未有发情表现的牛应及时配种。

（二）人工授精技术

当前常用的是用颗粒冻精或细管冻精解冻后直接进行输精。

1.解冻精液

（1）颗粒冻精解冻 多采用一定量的经预热至40℃的解冻液，将颗粒精液投入其中，经摇动至融化。解冻液可用2.9%的柠檬酸钠溶液，也可用含葡萄糖3%和柠檬酸钠1.4%的溶液。

（2）细管冻精解冻 解冻时细管封口端向上，棉塞端朝下，投入40℃左右的温水中，待细管颜色改变立即取出后输精。解冻后的精液应取样检查活率，凡在0.3以上者即可使用。若一次输精母牛头数较多，也可在输精前随机抽样检查。

为了方便起见，也可在输精前将细管冻精放在贴身口袋内，用体温使其解冻后输精，这种方法比较简便有效。

2.检查精液品质

有条件的农户或奶牛场在输精前应对解冻后的精液进行质量检查，只有品质符合要求的精液才能使用。精液品质检查要使用显微镜（图4-14）。

（1）检查死活精子比例 5%水溶性伊红和1%苯胺溶液配制成伊红苯胺黑染液后，将其分装于容量为0.5毫升左右的指形玻璃小管内。染色前将染液放入37℃恒温箱或水浴箱中预热，再滴入解冻精液2~3滴，混匀后再放入恒温箱，3分钟后制作抹片，待抹片风干后在油镜下观察。

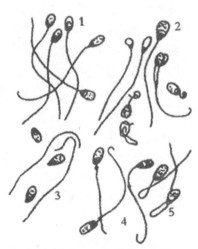

1—正常精子；2—各种畸形精子；
3—脱头精子；4—带有原生质滴；
5—尾部扭曲
4-14 精液质量检查

死精子为红色，活精子不着色或只在头部的核环处呈淡红色。随机观察200个精子并计算出死、活精子的比例。通常活精子比例在

40%以上的方可用于输精。

（2）检查密度 最简单的方法是：取1滴解冻后的精液在低倍镜下凭经验粗略地估计其密度是否符合输精要求，只有精液密度在"中等"以上者方可用于输精（包括"中等"）。

3.准备输精器材

对精液接触的用具进行清洗、消毒灭菌，并且不能有任何不利于精子存活的化学物质残留。用前最好用稀释液或生理盐水冲洗，确保对精液无毒害作用。最好一头母牛准备一个输精枪或枪头，一次性输精器只能一牛一支。开腔器最好一牛一个，用前在消毒剂中浸过，用凉开水冲过后，放入干燥箱中干燥，放凉使用（冬季应防止过冷）。

4.输精

母牛的输精方法有开腔器法和直肠把握输精法。其中直肠把握输精法是目前较为常用的一种方法。无论是哪种方法，输精前都要对母牛进行保定，将尾拉（或拴）向一侧，外阴部用肥皂水清洗后，用清水洗净，擦干（图4-15）。

图4-15 奶牛保定输精

（1）开腔器法 开腔器输精在技术上要求不高，比较容易操作，但受胎率低，耗费的精液也较多。将玻璃阴道开腔器或金属开腔器消毒后涂上润滑剂，缓缓插入阴道。借助手电筒或折光镜，找到子宫颈项外口，另一只手将输精管插入子宫颈1~2厘米，推入精液，接着慢慢取出输精管与开腔器。

（2）直肠把握输精法 这一方法对操作技术要求相对较高，输精员要经过严格训练，熟练掌握输精、发情鉴定、妊娠诊断等技术，并能严格遵守操作规程且具有严格消毒的科学态度。直肠把握输精时能够了解子宫或卵巢情况，节省精液且受胎率高（图4-16）。

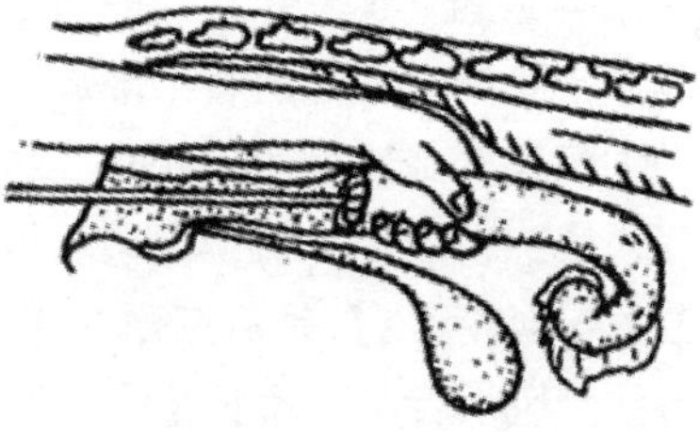

图4-16 直肠把握输精

输精时左手（或右手）戴上长臂手套并涂少量石蜡油伸入直肠，排出宿粪。手伸至直肠狭窄部后，将直肠向后移，向骨盆腔底下压，找到子宫颈（棒状，质地较硬有肉质感，长 10~20 厘米）。手移至子宫颈后端（子宫颈阴道部），使子宫颈呈水平方向，并用力将子宫颈向前推，使阴道壁拉直，方便输精器向前推进。右手将输精器前端伸到子宫颈外口附近，左手配合，使前端对准子宫颈外口。左右手配合，上下调整，使输精器前端进入子宫颈深部或子宫体内。等确认输精器到达子宫体时（短距离前后移动时，没有明显阻力），不要再向前推送输精器。将精液缓慢注入，并慢慢抽出输精器。注意：输精器插入阴道时，应向前上方，当遇到阻力时，不能使用蛮力。输精器插入子宫颈管时，推进力量要适当，以免损伤子宫颈、子宫体黏膜。当母牛摆动时，可将手松开，管子随牛摆动，只要不掉出来即可。如果输精器后端为胶头，将精液压入子宫内后，不要松开胶头，以免精液流回输精器内。

三、奶牛的妊娠诊断

母牛人工输精或本交个情期后不再发情则预示着妊娠。然而，奶牛是生理代谢十分旺盛的品种，生理功能很容易受到各种不良环境的影响而受到干扰，也可能是牛场管理不到位，繁殖记录不准确，或有公牛混群，发生记录外的交配，以及其他繁殖生理紊乱引起的发情周期不规律的情况。因此，母牛在下一个发情期没有发情不能都认为是怀孕了。要确定是否妊娠还要进行妊娠鉴定。

妊娠诊断的方法很多，如母牛外部表现，生殖器官的变化和胎儿的确诊，以及超声波检查，放射免疫诊断等，其中妊娠母牛的外部表现，直肠检查生殖器官变化是最基本的方法。这些方法在牛场可以直接操作，需要具有扎实基础的技术人员。各种妊娠诊断方法的操作规程如下。

（一）直肠检查法

对配种后 2~4 个月的母牛做直肠检查，助手要做好记录。术者要穿上医用的背心、胶靴、薄胶外科长袖手套，指甲要剪短、磨光，不能戴戒指、手表等物。母牛要保定好，最好在保定架内进行。助手将母牛尾巴拴绳，固定到腹部一侧，如系到牛颈上。用一缰绳套住后腿，防止母牛突然踢蹴，伤及术者。这在术者清洗母牛外阴部时最常发生，必须防范。牛的踢蹴是它的自我保护反应，并非要伤人，畜主不可抽打牛只，必须懂得善待动物。

清洗外阴部后，用液状石蜡油或无刺激性的肥皂液滑润肛门，再将手握成锥状，缓慢插入肛门。伸入后要先引向远端。牛的直肠括约肌会自然收缩，紧住手臂，此时宜缓缓推进，在直肠弯部，伸过一处狭窄部，不可直捅硬伸，防止伤及肠黏膜。此时可以逐步掏出一些牛粪，以便于触摸胎儿和子宫等器官。触摸时，手掌应该在牛的直肠紧束环以内，动作要温和、耐心、仔细。若发现一些血丝混在粪便内，就应小心。

检查的顺序：先是摸到子宫颈，顺其向前，摸到骨盆，由子宫体摸一侧子宫角，及两角间沟，探其大小变化，向孕角一侧找卵巢，再探其黄体状态。

直肠检查是最常用又可靠的方法，有经验的术者能在母牛妊娠后 30 多天诊断出妊娠的结果。这些知识取决于术者掌握牛妊娠的生殖器官变化规律。

妊娠 21~24 天，在排卵侧卵巢上，存在发育良好、直径为 2.5~3 厘米的黄体时，90% 是妊娠了。配种后没有妊娠的母牛，通常在第 18 天黄体就消退，因此，不会有发育完整的黄体。但胚胎早期死亡或子宫内有异物也会出现黄体，应注意鉴别。

妊娠 30 天后，两侧子宫大小不对称，孕角略微变粗，质地松软，有波动感，孕角的子宫壁变薄，而空角仍维持原有状态。用手轻握孕角，从一端滑向另一端，有胎膜囊从指间滑过的感觉，若用拇指与食指轻轻捏起子宫角，然后放松，可感到子宫壁内有一层薄膜滑过。

妊娠60天后，孕角明显增粗，相当于空角的2倍左右，波动感明显，角间沟变得宽平，子宫开始向腹腔下垂，但依然能摸到整个子宫。

妊娠90天，孕角的直径为12~16厘米，波动感极明显。空角也增大了1倍，角间沟消失，子宫开始沉向腹腔，初产牛下沉要晚一些。子宫颈前移，有时能摸到胎儿。孕侧的子宫中动脉根部有微弱的震颤感（妊娠特异脉搏）。

妊娠120天，子宫全部沉入腹腔，子宫颈已越过耻骨前缘，一般只能摸到子宫的背侧及该处的子叶，如蚕豆大小，孕侧子宫动脉的妊娠脉搏明显。

120天以后直至分娩，子宫进一步增大，沉入腹腔甚至抵达胸骨区。子叶逐渐长大如胡桃、鸡蛋。子宫动脉越发变粗，粗如拇指。空侧子宫动脉也相继变粗，出现妊娠特异脉搏。寻找子宫动脉的方法是，将手伸入直肠，手心向上，贴着骨盆顶部向前滑动。在岬部的前方可以摸到腹主动脉的最后一个分支，即髂内动脉，在左右髂内动脉的根部各分出一支动脉即为子宫动脉

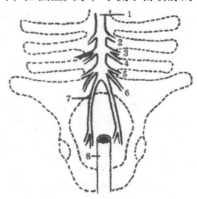

1—腹主动脉；2—卵巢动脉；3—髂外动脉；4—肠系膜后动脉；5—脐动脉；6—子宫动脉；7—髂内动脉；8—阴道

图4-17

（图4-17）。用手指轻轻捏住子宫动脉，压紧一半就可感觉到典型的颤动。

妊娠奶牛子宫各部位和胚胎在各妊娠阶段的变化（图4-18）如下所述。

1. 孕角的变化

在妊娠早期两个子宫角中有一个被胚胎着床，母体要通过有胚胎的那个子宫角，即孕角为胎儿提供营养，因此该角迅速长大，是早期

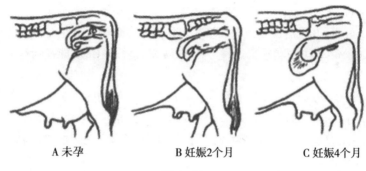

A 未孕	B 妊娠2个月	C 妊娠4个月

图 4-18

确诊母牛受胎的重要根据。随着孕期的延长，孕角变得越来越粗，其直径大小常被用来判断妊娠的天数。妊娠 30 天左右，一般在 2 厘米左右，妊娠 60 天可达到 6~9 厘米，到 100 天时已不可能用手去握。孕角的长大由胎液量的多少而定，所以孕角的大小因个体而异，在同一胎龄大小也不是一样的。妊娠 90~100 天时胎液多达 1 000 多毫升，已经很容易确诊是妊娠，而且胎龄也比较确定，到 5 个月时，胎液量多达 7 000 毫升，此后，没有更多的增加。要在这样的孕角大小的情况下确定胎龄，必须依靠触摸子叶的大小和子宫中动脉的粗细和颤动来决定。

2. 子宫体的位置变化

在妊娠前 2~3 个月，可在初产牛的骨盆腔中找到子宫。在年龄较大的经产牛中，尽管其未孕，但其子宫向前移位而位于骨盆前缘或位于骨盆前缘的前方。妊娠 2~3 个月，孕牛子宫已位于腹腔之中。不管任何年龄的母牛，妊娠 4 个月之后，子宫均已位于腹腔的底部。向前下方悬吊于腹腔内的子宫，由于重力所致使胎液下沉并集中在子宫的一处，致使术者不能达到。在妊娠 2~3 个月的初产牛或年轻的母牛中，通常子宫仍位于骨盆腔中。其孕角背侧膨大易于触诊。妊娠 5~6 个月，子宫向下、向前并完全降入腹腔。

3. 子叶的变化

用子叶大小来做妊娠检查，要在妊娠 3.5 个月以后，此时子叶的大小才易感觉出来。从子宫壁的触摸上，可以感知许多子叶存在，一般直径在 2 厘来左右。4 个月后子叶数很多,有大有小,形状也都不同。一般是孕角中部的最大,孕角尖部的较小。

4.子宫中动脉检查

妊娠继续时,子宫的血液供应量增加,子宫中动脉亦随之增大,其搏动特征明显,具有临床诊断意义。子宫中动脉起始于自腹主动脉分出之髂内动脉处。在未孕的母牛中,子宫中动脉在子宫阔韧带中向后弯曲地越过髂骨干的背侧进入骨盆腔,然后向前、向下越过骨盆前缘进入子宫角小弯的中央部分。当妊娠继续下去时,子宫向前降入腹腔,从而把子宫中动脉拉向前,直至妊娠后期为止。此时,子宫中动脉位于髂骨干前方 5~10 厘米处。术者不要把股动脉与子宫中动脉相混淆,股动脉以筋膜牢牢地固着于一处,而子宫动脉则可在阔韧带中移动一定距离,为 10~15 厘米。在初产牛中,早在妊娠期的 60~75 天,孕角子宫中动脉即开始变得粗大,其直径为 0.16~0.32 厘米。年龄较大的母牛中,妊娠 90 天时,才能注意到孕角子宫中动脉有大小方面的变化,其直径 0.32~0.48 厘米;妊娠 120 天,子宫中动脉直径为 0.6 厘米;妊娠 180 天,其直径为 0.9~1.2 厘米;妊娠 210 天,其直径约为 1.2 厘米;妊娠 240 天,其直径为 1.2~1.6 厘米;270 天其直径为 1.2~1.9 厘米。与此同时,非孕角子宫中动脉亦扩大,但其变化不如孕角子宫中动脉变化那么显著。随着子宫中动脉变得粗大,其脉管亦变薄,并以其特有的"呼呼转"的声音或"颤动"取代了原来子宫中动脉的脉搏跳动。这种现象一般最早出现在妊娠 90 天的母牛中,但也有可能有不同。在妊娠 4~5 个月,子宫中动脉的颤动是可能触诊到的。若把子宫动脉压得太紧,其颤动就可能停止,从而感觉到脉搏。触摸部位越接近于该动脉起始部,就越能明显地感知子宫中动脉的颤动。在妊娠晚期,轻轻触诊该动脉即可触知像一股急促的水流不断地在薄橡皮管里的流动感。在妊娠 5~6 个月,当子宫向前落入腹底时,触诊不到胎儿,此时子宫中动脉大小的变化及其颤动则有助于妊娠诊断。子宫中动脉的变化是很有价值的,它有助于诊断妊娠的阶段。若两侧子宫中动脉同样膨大,应怀疑双胎的存在。还可以诊断子宫中的胎儿是否还活着。在妊娠晚期,其他的子宫

动脉如子宫后动脉亦相应地变大。

非孕角的子宫中动脉在其大小方面差异颇大。绝大多数妊娠牛的一部分或者整个非孕角参与胎盘的附着时，非孕角的子宫中动脉颤动才明显起来，但是10%~20%的母牛妊娠后期并不明显。

5.胎儿的发育变化

在早期妊娠检查中一般触摸不到胎儿，所以摸胎儿不是早期妊娠检查的内容。在75~90天胎龄的时候，胎儿为实体，漂浮在孕角，但是故意去摸胎儿是不必要的。当妊娠约2个月时，在直肠检查时将孕角勾起，有一定沉重感，并触到圆形物时，不必去拿捏，以免流产。胎儿在子宫中的大小参见表4-7。

表4-7　妊娠期间奶牛胎儿的发育变化

妊娠期（天）	胎儿的重量（克）	胎儿长度(头顶部至臀部,厘米)
30	0.3	0.8~1
60	8~15	6~7
90	100~200	10~17
120	500~800	25~30
150	2000~3000	30~40
180	5000~8000	50~60
210	9000~13000	60~80
240	15000~30000	70~90
270	25000~50000	70~95

其他月龄一般触不到胎儿。但是到妊娠6个月之后，直肠检查往往能摸到胎儿的肢端。临产前，胎儿进入盆腔，这个时候做直检的目的不在于判定是否妊娠，而是要得知该牛的胎位、胎势、胎儿是否存活等问题，因此，也是十分重要的。

6.卵巢的变化

排卵之后，在破裂的滤泡处长出黄体。若卵子发生受精，而且受精卵和胚胎的发育又是正常的，则黄体继续维持并发展直至妊娠结束。在大小方面，妊娠黄体与性周期黄体没有什么区别。然而当妊娠继续时，黄体趋于发育成黑棕色，在大量上皮层覆盖之下，妊娠黄体在卵巢表面的突起程度就较差。在整个妊娠期中，妊娠黄体将维持其大小。妊娠黄体大多数都位于与孕角同一下侧的卵巢上，仅2%以下的妊娠黄体位于非孕角一侧的卵巢上。所以在配种10~25天，通过直肠检查发现一侧卵巢上有一正常的黄体而又不发情，术者有理由认为母牛已孕。40~50天，通过再次检查，认定该侧卵巢依然存在黄体，与此同时受孕的子宫角发生典型的变化，则可进一步确定母牛已孕。妊娠的4~5个月，摸不到卵巢，此时不要把子叶或羊膜囊当成卵巢。因此，卵巢在妊娠诊断上有特定的意义。

（二）阴道检查法

阴道检查可用开膛器带光源观察阴道的变化或用手检查，对直肠检查具有一定辅助性诊断意义。当妊娠时，阴道黏膜通常是苍白、干燥而黏稠的，比发情后期所见更干稠。

子宫颈口苍白、紧锁。有60%~70%的妊娠母牛，在子宫颈口可见到黏液塞，在妊娠的20~80天，且随孕期的不断增大，有些牛的黏液塞是半透明带白色的黏液，其性状强韧而带黏性。特别要注意的是，在分娩或流产前，黏液塞流失，变成线状排出，阴道黏膜较湿润、充血，子宫颈呈膨胀状态。因此，子宫颈黏液塞的变化可以揭示即将发生流产或是分娩。

随着妊娠的进展，胎儿长大，子宫体坠入腹腔，随之子宫颈被拉向前，阴道腔的长轴就被拉长。而临产之前，胎儿重返骨盆腔，子宫颈被顶向后方，这也是临产与妊娠后期的重要区别之一。

（三）外表观察法

外部表现变化观察法。母牛配种后一个发情期内不发情，通常不能确定受胎。如果母牛1~2周后食欲增加，行动谨慎，性情变得温驯，被毛变得光亮，体膘有所改善，则可以初步视为妊娠。但这样的母牛在妊娠后70~80天还可能有发情表现，即孕后发情，每100头妊娠母牛中大概有6头会有这种现象，如果不做检查就给输精，会引起流产，造成不必要的损失。配种后4~5个月时母牛腹围出现左右不对称，有一侧腹部突出，乳房开始胀大，并且一直没有发情征兆，则大多是妊娠了。有的母牛在此阶段，产奶量很快下降，也可以参考。孕牛产前 1~2 周，行动缓慢，躲避别的牛只，腹部膨大，乳房胀大，体重明显增加，已进入预产期，此时必须引到产房单独喂养。待骨盆、尾根松弛时即将临产，如果频频抬尾根，就快要分娩了，要及时铺好褥草，等候接接和必要的助产。

在生产中，农户在母牛配种后约 5 个月时可以做腹部触诊。做法是在母牛的右侧腹壁用手推压，可感到胎动，术者有间断地推向腹壁，每次可以触觉团状物或有蠕动。1~2 个月后可以在右腹侧用听诊器听到胎儿心脏搏动音，为妊娠无误。

触诊方法不宜用于早期妊娠诊断，但对于养牛者是必须掌握的常识，是对以上几种妊娠检查结果的补充。

（四）孕酮水平测定法

根据妊娠后血中及奶中孕酮含量明显增高的现象，用放射免疫和酶免疫法测定孕酮的含量，判断母牛是否妊娠。由于收集奶样比采血方便，目前测定奶中孕酮含量的较多。试验证明，发情后 23~24 天取的牛奶样品，若孕酮含量高于 5 纳克 / 毫升为妊娠，而低于此值者为未孕。本测定法所示没有妊娠的阴性诊断的可靠性为 100%，而阳性诊断的可靠性只有 85%。因此，建议再进行直肠检查予以证实。

（五）超声波诊断法

是利用超声波的物理特性和不同结构的声学特性相结合的物理学诊断方法。国内外研制的超声波诊断仪有多种，是简单而有效的检测仪器。目前，国内试制的有两种，一种是用探头通过直肠探测母牛子宫动脉的妊娠脉搏，由信号显示装置发出的不同声音信号，来判断妊娠与否。另一种是探头自阴道伸入，显示的方法有声音、符号、文字等形式。重复测定的结果表明，妊娠 30 天内探测子宫动脉反应，40 天以上探测胎心音，可达到较高的准确率。但有时也会因子宫炎症、发情所引起的类似反应，干扰测定结果而出现误诊。

有条件的大型奶牛场也可采用较精密的 B 型超声波诊断仪。其探头放置在右侧乳房上方的腹壁上，探头方向应朝向妊娠子宫角。通过显示屏可清楚地观察胎泡的位置、大小，并且可以定位照相。通过探头的方向和位置的移动，可见到胎儿各部位的轮廓，心脏的位置及跳动情况，单胎或双胎等。在具体操作时，探头接触的部位应剪毛，并在探头上涂以接触剂（凡士林或液状石蜡）。

第四和第五种方法在农村养殖条件下并不可行，然而对于高产母牛和要留种的情况下，尤其在现代化的胚胎移植中心，是十分必要的检查手段。

四、奶牛的分娩管理

分娩是奶牛养殖的关键环节，分娩期也是疾病高发的时期，难产、死产、产道损伤、胎衣不下、产后瘫痪、乳房炎、子宫炎和产褥期感染及败血症等疾病是困扰分娩期奶牛健康的重要疾病。一些大型牧场没有专用的产房，犊牛在围产牛舍出生，甚至被刮粪机刮到坑道中死亡。一些牧场存在过多助产、过早助产和盲目助产的情况，更有专家大力宣扬"宁可错助一千，不可漏助一头"，因此，有必要探讨接产的操作流程、适时助产及盲目助产和过早助产的危害。一些牧场胎衣不下发病率高，引起子宫炎发病率高，并降低繁殖和生产性能。奶牛产后非常虚弱，又是疾病高发的阶段，必须精心照料，做好产后健康监控，预防和降低疾病的发生。对高发的乳房炎和子宫炎坚持早发现早治疗；对低血钙等营养代谢性疾病要及早科学补钙，促进干物质采食，减少掉膘，防治真胃变位和酮病。奶牛分娩期的健康与围产后期的健康和生产性能息息相关，必须提高我国奶牛分娩期饲养管理水平。

（一）分娩期管理的重要性

1. 分娩期是奶牛养殖最重要的阶段之一

奶牛经过280天的妊娠，开始产犊，生产出后代，实现牛群的繁殖扩群，同时分娩后开始泌乳，随着育种和饲养水平的不断提高，一个泌乳期的产量可达 10 吨甚至更高，远远超过犊牛哺乳所需之量，向乳制品加工企业交售牛奶，实现盈利。

产前几天即表现出分娩征兆，产后约 1 周转入泌乳牛群，此阶段是奶牛养殖最重要阶段之一。相对于 42 天（或 60 天）的围产期，此阶段更为关键和重要，有学者把奶牛产前进产房至产后出产房这一段时期称为分娩期。

分娩期内，奶牛经历了巨大的变化和应激。首先，奶牛经历了从干奶到泌乳、妊娠到分娩等生理转变，经历了从饲喂干奶期日粮转变为泌乳期日粮的变化，经历了从围产牛舍到产房、到泌乳牛舍的转群，体内的生理状况和激素水平也发生了很大变化。就生殖激素而言，产前孕激素水平较高，雌激素水平较低，分娩时孕激素水平降低，雌激素和前列腺素水平急剧增加；就泌乳而言，分娩后催乳素、催产素、生长激素在泌乳节律的刺激下持续升高；产前大量的钙已被动员到初乳中，产后甲状旁腺激素水平升高，增加了从肾脏中重吸收的钙，并从骨骼中动员大量的钙进入初乳。这些激素间的调控非常复杂，易发生紊乱，引起胎衣不下、子宫炎、低血钙和酮病等疾病。

2. 分娩期管理是牛场管理的关键阶段

新建的大型牧场员工素质和水平参差不齐，没有经过科学的接产训练、培训，缺乏相应的工作经验和团体配合实践，难以应对大量的产犊和接产工作。分娩期的管理就显得至关重要，一些大型牧场竟然屡屡发生孕牛在围产牛舍内分娩，新生犊牛被刮粪机刮入粪道的事故，个别大型牧场竟然没有建专用的产房。很多牧场的助产率较高，超过 30%，存在盲目助产、过多助产和过早助产的情况，给奶牛健康带来严重的威胁和损害。

3. 分娩期是疾病防治的重要时期

分娩之后是疾病的高发期，需要高度重视并做好产后健康监控。低血钙、产道损伤、胎衣不下、子宫炎、酮病和采食量不足等是奶牛分娩之后常见而又高发的疾病，给奶牛健康带来严重的威胁，同时影响生产水平的持续上升和繁殖力的恢复。数据显示，围产后期的死淘占整个泌乳期的 40%。分娩后的健康监控对围产后期乃至整个泌乳期都有重要的意义。

传统兽医临床实践"重治疗，轻预防"。一些疾病的发生有其因果关系，比如子宫炎与胎衣不下密切相关，倘若不重视胎衣不下的预防，仅仅关注子宫炎的治疗，就会造成很大的损失。

（二）注意牛的分娩征兆

乳房膨大：在分娩前 10~15 天，乳房迅速膨大，腺体充实，乳头膨胀，至分娩前一周乳房极度膨胀，并有水肿症。

1. 外阴部肿胀

临产前一周，阴唇逐渐松弛变软、水肿，其皮肤上的皱褶展平。阴门变的松长。阴道黏膜潮红，子宫颈肿胀松软，临产前 1~2 天还可见半透明黏液从阴户流出，垂于阴门（软产道开张的准备）。

2. 骨盆韧带松弛

临产前，骨盆韧带松弛，并于产前 12~36 小时更加松软，耻骨缝隙扩大，尾根两侧明显凹陷（硬产道开张的准备）。

3. 行动异常

母牛烦躁不安，时起时卧，尾高举，头向腹部回顾，排尿频繁，食欲停止或是减少。

（三）分娩过程

娩出过程可人为地分为 3 个阶段。

第一产程即子宫颈扩张的过程，同时由于子宫收缩的加强可使胎儿朝着产道移行，这一阶段持续 2~6 小时（依品种和胎次不同而异），可见母牛烦躁不安，来回走动，尾巴抬起，从产道中分泌大量黏液，排粪、排尿次数增加，呼吸频率加大。

第二产程即在挤破羊水囊和小犊牛进入产道之后的分娩阶段，应该要用 1.5~3 个小时（依品种和胎次不同而异），决定分娩持续时间的基本要素是子宫颈的开张程度，而胎儿头部和肩部通过子宫颈时产生的压力能刺激子宫颈进一步开张。若时间过长则需调查下是什么原因并寻求帮助。犊牛应该呈俯位出生（即潜水姿势），否则就需要分析原因，并尽快给予帮助。

最后一个产程即胎衣排出的过程，这个过程要经过 2~12 小时的时间，超过 12 个小时仍未完全排出的即要分析原因并采取措施。

（四）分娩前的准备工作

1. 产前健康监控

产前定期检查奶牛的健康状况，防患于未然，具有重要的意义。研究表明，如果一头牛产后患子宫炎，则产前其干物质采食量就显著下降；产前采食量和采食时间影响产后子宫炎的发病率，产前每天平均采食时间缩短 10 分钟，产后患子宫炎的概率增加 1.9 倍；产前每天采食量降低 1 千克，产后患子宫炎的概率增加 3.0 倍。另据报道，有 10% 的牛产前乳头封闭不紧，易漏奶和感染乳房炎。笔者拜访过南方的某大型奶牛场产前暴发乳房炎，与饲料发霉和漏奶密切相关。在产前两周内，也要每天观察牛只采食和饮水情况，发现剩料量多和呈病态的牛只，及时进行诊治。

要特别关注分娩期奶牛采食情况。奶牛产后最突出的饲养问题就是干物质采食量不足，降低机体抵抗力，造成低血钙、酮病、能量负平衡等营养代谢性疾病，从而引发一系列生产问题。

2. 产前及时转群

设置围产牛舍，产前两个月转入围产牛舍。围产牛舍内饲养密度不能超过 80%，避免拥挤、骚动、滑倒和劈叉造成早产等严重后果。转群时务必耐心，谨慎，避免滑倒，设置专门的转牛通道，避免走牛舍中间的饲喂通道。

必须设置专用的产房。一些大型牧场没有建设专门的产房。奶牛在围产牛舍内卧床上分娩，面积小，其他牛对分娩牛的威胁和应激很大，不利于健康分娩和顺产。新生犊牛抵抗力差，出生后在围产牛舍，卫生状况差，易感染成母牛的疾病。一些牛场接产员观察不到位，犊牛产出后不能及时转至犊牛保育舍，被其他牛践踏致残或致死甚至被刮粪机刮入粪道。

至少提前 5 天转入产房。牛只在牛群中存在竞争位次。一头牛到一个新的牛群中需要通过竞争，甚至打斗去寻找自己的位次和相应的卧床、采食栏位和采食次序、饮水位置和饮水次序等生存资源，这需要几天的时间。奶牛预产期与实际产犊日期往往存在差异，因此为了最大限度地减少应激，让奶牛适应产房的新环境，至少在预产期前5天转入产房。

产房内有分娩征兆的母牛，转入专用的产犊栏位内，每个分娩栏位的面积不低于9米²，每栏一头。奶牛分娩前的征兆：乳房肿大，充满乳汁，乳头肿胀，部分个体有漏奶的情况；外阴部松弛、阴门开张，流出溶解的子宫栓；骨盆松软、开张，尾根与荐坐韧带间出现明显的凹陷；食欲减少或废绝，精神不安，站立不定，频繁排尿、排粪，回首望腹和起卧不安等。

（五）分娩管理

1. 产房管理

（1）产房管理　产房应安静、舒适、避免让奶牛感到应激和威胁（图4-19）。

改善奶牛舒适度，单栏饲养，避免来自其他牛只的骚扰和攻击。若不能单栏饲养，则每头牛所占的面积不低于9米²，否则应激大大增加。

图4-19　良好的产房

（2）重视产房卫生　铺设垫草，而非让牛在水泥地面上分娩，特别是冬季。舒适的垫草会提高奶牛的舒适度。一些产房仅有部分区域有垫料，据观察，奶牛往往选择躺卧在这些区域便证实了这一点。垫草要定期更换，每天消毒，以减少产褥期疾病的发生。

2. 适时助产和科学助产

分娩的原则是让奶牛自然分娩。大量的研究及来自生产实践的数据表明，有80%左右的奶牛可以自然分娩，实现顺产。一般情况下，难产的比例低于10%。例如，英国152 641头牛奶牛分娩记录中难产的发生率为 6.8%。原则是让奶牛自然分娩，但并不意味着接产员撒手不管，而要在 5~10 米的距离内观察，或在操作间随时调用监控录像观察，发现问题，比如对于有难产迹象的牛，还是需要及时采取干预措施。

（1）适时助产的"黄金法则" 羊水破裂 2 小时仍未娩出；牛蹄露出 20 分钟后没有进展；犊牛舌头发紫。

（2）科学助产 从奶牛生理学的角度，合理的助产拉力是 70~95 千克，两个人所提供的拉力足以达到。助产须顺着奶牛怒责和阵缩的节奏进行，当奶牛怒责和阵缩时往外拉，当怒责和阵缩停止时，停止拉。务必谨慎使用助产器，助产器利用机械绞合的原理，可以提供 680~910 千克的拉力；而超过 270 千克的拉力就会导致犊牛腿骨骨折。若要使用助产器，最好用绳子把牛放到，然后再使用，以减少奶牛站立时摆动导致的损伤；最后一根肋骨娩出后，停止助产，让母牛自己娩出犊牛。尽量避免使用大于 95 千克拉力的助产；拴牛的绳索使用双重绳索。助产必须使用润滑剂（国外有专用的助产用润滑剂商品，可用石蜡油或凡士林代替），越多越好。润滑剂可大大降低犊牛身体与产道之间的摩擦力，减少拉倒拉伤或撕裂的概率。见图 4-20 至图 4-22。

图 4-20 借助于器械助产

图 4-21 借助于绳子助产

图 4-22

（3）催产素的科学使用　必须是产道完全开张之后再注射；正常剂量（30~50 国际单位），严禁超量，因为其半衰期只有 3~5 分钟；间隔一段时间可再次给药。

（4）标准的助产流程　做好消毒工作，对器械、水桶、助产绳进行严格的消毒；清洗奶牛后躯，并进行消毒；最好把牛放倒；顺着奶牛怒责和阵缩的趋势助产；进行产道损伤检查；如有产道损伤，使用含消毒液的流水冲洗 10 分钟，必要时进行缝合。

3. 产犊记录

设置专用的产犊记录表，包括且不局限于以下内容：母牛号、分娩时间、产犊难易度、犊牛性别和牛号、是否早产、犊牛健康状况及是否留养、胎衣排出时间及是否胎衣不下等。

产犊难易度与初生犊牛存活率密切相关，必须做好奶牛产犊难易度记录，采用 0~4 分制评分标准。0 分：顺产，不需要助产；1 分：1 人助产；2 分：2 人助产；3 分：2 人以上助产或使用助产器；4 分：剖腹产。

4. 挤奶管理

（1）严防乳房炎　大量研究显示，奶牛乳房炎发病率高达 30%~40%。据报道，英国奶牛乳房炎发病率为 33.2%，乳房炎给奶牛养殖带来巨大的经济损失，而干奶和分娩后是乳房炎的高发阶段。一些奶牛分娩后即患乳房炎等疾病，这与干奶期乳房炎治疗密切相关。干奶时必须进行乳房炎检测，发现患病个体，必须治愈后才可干奶，选择长效的优质干奶药制剂。一些牛场产房卫生状况差，不及时更换垫料和定时消毒，易发乳房炎。钙是肌肉收缩的重要因子，奶牛产后钙离子水平与挤奶后乳头括约肌闭合速度有关，低血钙使奶牛挤奶后乳头闭合推迟（正常情况下挤奶后约半小时闭合，低血钙患牛需要 1~2 个小时才能闭合），从而易发乳房炎。经产牛产后亚临床型低血钙发病率高达 40%~60%，并将持续 2~3 天。产后科学补钙，防治低血钙，有利于降低乳房炎的发病率。

（2）新产牛优先挤奶　随着泌乳日的增加和胎次的增加，乳房炎的发病率和体细胞数（SCC）会随着增加。新产牛特别是头胎牛，乳房健康水平高，往往伴随着生理性水肿，易发乳房炎，因此要优先挤奶，减少交叉感染的概率。

检测抗生素残留：就经产牛而言，干奶时乳区灌注长效的干奶药，预防和治疗干奶期乳房炎。为了提高干奶期保护效果，一些干奶药有效作用时间长达42天，并且需要在分娩后弃奶4天。这就需要在分娩后及时进行抗生素残留检测，对测定结果为阴性的牛只及时转群，交售牛奶。

5. 做好转群工作

实施产后健康监控，至少10天。然后适时转群，从产房转至新产牛舍。转群的条件：

① 胎衣排出；② 无抗生素残留；③ 无产褥期子宫炎，否则转入兽医院治疗；④ 无新产牛乳房炎，否则转入兽医院治疗。

新产牛不宜在产房或兽医院呆很长的时间，一般产后2~3天满足上述条件者即可转入新产牛舍。理论上，头胎牛和经产牛应转入不同的新产牛舍饲养管理。新产牛舍饲养密度不得超过80%，保证每头牛有75厘米的采食栏位宽度。

6. 犊牛饲喂管理

（1）保证初乳质量　一些人认为头胎牛初乳质量差，不能饲喂。然而，对于新建牧场来说，全是头胎牛，并且是批量产犊，没有其他选择。实际上，科学的策略是测定初乳的密度，初乳的密度与质量相关。使用比重计，可以很方便地测定初乳的密度（红色＝质量差不可用；黄色＝质量差勉强可用；绿色＝质量好）。初乳的质量与产量相关，据报道，初乳产量超过8.5千克会降低初乳中IgG水平，并引起被动免疫失败。多余的初乳可储存在冰箱中冷冻备用。

（2）尽早挤初乳并饲喂犊牛　初乳应尽快饲喂，饲喂越早，免疫蛋白吸收效果越好，被动免疫效果越好，1小时内饲喂吸收率可达100%，必要时进行灌服。初乳的饲喂量以犊牛出生重的10%为宜，而非固定为多少千克。犊牛出生后2~3天时，采血测定血清中抗体水平，判定初乳被动免疫效果（>7克/100毫升，犊牛很可能处于脱水状态，犊牛已经生病或其他原因；5.5~7克/100毫升，理想值；5.0~5.4克/100毫升，临界值，可以接受的下限值；<5.0克/100毫升，被动免疫失败）。

奶牛产后非常虚弱，又是疾病高发的阶段，必须精心照料，做好产后健康监控，预防和降低疾病的发生。对高发的乳房炎和子宫炎坚持早发现早治疗；对低血钙等营养代谢性疾病要及早科学补钙，促进干物质采食，减少掉膘，防治真胃变位和酮病。奶牛分娩期的健康与围产后期的健康和生产性能息息相关。本文介绍当今先进的经验和技术，以期指导生产实践；同时，对遇到的一些问题进行探讨和分析。

（六）产后保健

1. 补充营养

奶牛分娩过程中丢失大量的体液和电解质，消耗大量的能量，需要补充营养。中国传统医学非常重视保健和养生，妇女生完孩子后"坐月子"，服用"益母保健汤"等保健汤剂促进产后恢复。一些牧场也有类似的做法，给奶牛服用汤药，促进奶牛产后恢复。但随着奶牛养殖的规模化，牧场的规模越大，越难以执行。一些牧场采用灌服的方式补充酵母、钙、电解质、多种维生素、丙二醇或甘油等营养液。灌服有一定的风险，灌服操作不当或速度过快会有部分液体通过气管进入肺部，导致死亡。一些牧场不时报道相应的事故，某大型牧场曾发生一个月灌死 6 头牛的生产事故。

灌服时的注意事项：灌服器长度和直径合适，做好消毒工作，确保插入瘤胃内，仔细观察奶牛的反应，通过听诊、吹气、放在水面下观察气泡等方式确保插入到正确的位置。灌服时不宜过快，仔细搅拌，使药液或粉末溶于温水中。灌服后缓慢拉出灌服器，防止流入气管液体。

2. 科学补钙，防治低血钙

低血钙影响奶牛的健康水平。研究发现，患亚临床型低血钙的牛产前就表现出不安和应激，分娩前 1 天站立时间比健康的牛长 2.6 小时；产后健康状况糟糕，产后第 1 天站立时间比健康牛短 2.7 小时。一些牛场忽视亚临床型低血钙的危害，实际上，亚临床型低血钙如同水面下的冰山，发病率更高。研究表明，美国规模化奶牛场临床型低血钙（产后瘫痪）的发病率为 5%，而第 2~5 胎牛亚临床型低血钙的发病率分别为 41%、49%、51%、54%（$n=1462$）；一般认为头胎牛不会缺钙,而头胎牛亚临床型低血钙的发病率也高达25%。有报道显示,围产前期饲喂阴离子盐,调节阴阳离子平衡,并不能提高产后血浆中离子钙和总钙水平,也不能降低产后瘫痪的发生。因此,有必要产后进行科学补钙。

3. 产后镇痛

奶牛分娩过程伴随着严重的疼痛,并持续较长的时间,特别是产道损伤、双胞胎的牛和头胎牛。疼痛影响奶牛行为,易卧地不起,降低采食量和饮水量,易感染乳房炎和子宫炎。产后注射非甾体类解热镇痛抗炎药,实施产后镇痛,不仅可以改善奶牛健康状况,还能提高动物福利,另外还有抗炎和退烧的功效。

(七)产后健康监控

实施奶牛产后健康监控的目的在于早发现早治疗,缩短疗程,将疾病控制和消灭在萌芽状态,减少疾病的危害。

1. 防治产道损伤

产后进行产道检查,发现损伤及时采取措施,必要时进行外科手术缝合,涂抹碘甘油等药剂治疗。

2. 防治胎衣不下

很多人问胎衣不下如何治疗,其实对胎衣不下最有效的疗法是预防。重在预防,通过综合预防措施,可降低2/3以上的发病率。

采取注射催产素、雌激素、前列腺素、补钙、维生素E等措施有助于胎衣排出,保持产房舒适的环境,避免应激,可防止胎衣不下的发生。有研究表明,围产期每天补充1 000国际单位维生素E,可显著降低胎衣不下发病率。据报道,胎衣不下牛前列腺素水平显著低于健康牛,提示给予外源性前列腺素有助于促进胎衣排出。一些报道证实,产后给予外源性的催产素能促进胎衣排出,并降低子宫炎的发病率,缩短产犊间隔,一些牧场也在执行相应的处理方案。也有研究表明,是否注射催产素对胎衣排出情况及随后的繁殖性能无影响。

对于胎衣不下的治疗,需要配合体温检测,体温>39.5℃时必须配合抗生素进行治疗。观察和记录胎衣排出情况,胎衣不下与子宫炎密切相关，对造成子宫炎的危险因素研究表明，胎衣不下增加 3.6 倍发病率。

3. 监测体温

Upham（1996）制定了产后 10 天的体温监控计划，研究发现，有 79.8% 的牛在产后 10 天内会发烧（直肠温度 >39.5℃判定为发烧，n=371）。用可充电的电子体温计每天定时监控直肠体温，产后第一周每天测定 2 次，之后每天测定一次，直至连续保持正常（图 4-23）。

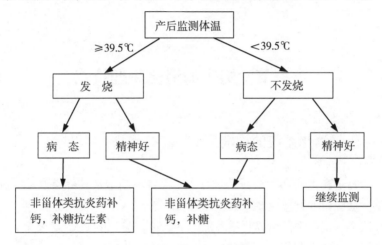

图 4-23 产后健康监控流程

4. 观察行为，及时发现病牛

每天观察奶牛的行为，及时揭发病牛。重点是是否精神沉郁、卧地不起、食欲废绝、耳朵耷拉、耳朵变凉、眼眶深陷、鼻镜干燥、反刍减少、瘤胃充盈度差、粪便稀少、子宫排出物颜色和性状等指标。

5. 监测产奶量

测定产奶量，确保泌乳曲线持续上升。TomOverton 博士（2001）制定了评估产后 20 天的产奶量增长的模型，目标是产后 14天内成母牛日产奶量递增 10%，头胎牛日产奶量递增 8%；产后 20天时，成母牛产奶量应达到 45 千克／天，头胎牛应达到 32 千克／天。发现并找出产奶量降低或异常的牛只，由兽医进行健康检查，发现异常及时采取措施。

第五章

奶牛的营养与饲料

第一节　奶牛的消化生理特点

一、消化系统的构造

奶牛在生命和生产活动过程中，需要不断地从外界摄取营养物质，这些营养物质主要来自饲料和饮水。饲料中的营养物质不能直接被牛体所利用，必须经过消化系统的消化，变成可以被吸收的营养物质之后，才能供牛体利用。饲料中未被吸收的残渣则以粪便的形式排出体外。消化系统由消化道和消化腺两部分组成（图5-1）。

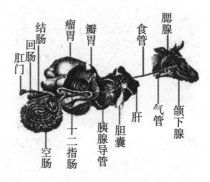

图5-1　消化系统结构

消化道是从口腔起，经咽、食管、胃、小肠（十二指肠、空肠、回肠）、大肠（盲肠、结肠、直肠）到肛门的连续肌质性管道。消化腺包括涎腺、肝脏、胰脏和消化道管壁上的无数小腺体。

（一）消化道的构造

1. 口腔

牛的嘴唇又短又厚，不灵活，不利于采食草料。

牛的舌头又宽、又厚、又长，坚强、灵活，舌面粗糙，在隆起的舌圆枕前有圆锥状乳头，卷舔草料的能力极强。牛的舌黏膜有各种乳头，内含味蕾，可知味道。舌背的黏膜上皮细胞经常角化脱落，形成舌苔。舌苔的干、湿、厚、薄和白、黄、灰等色泽变化，对中兽医舌诊有重要意义。

牛的牙齿长齐是32枚，上颌无门齿和犬齿，有前臼齿和后臼齿各3对；下颌有切齿4对，即有钳齿、内中间齿、外中间齿和隅齿各1对，无犬齿，有前臼齿和后臼齿各3对。牛的切齿呈铲形，臼齿非常强大，可将舌头卷进的草料切断、嚼碎、混合唾液。初生犊牛的齿为乳齿，乳齿到一定年龄即脱落，为恒齿所代替。上、下齿接触的面叫嚼面，牛根据嚼面的变化和其齿根的外露长短和磨损变化程度，可鉴别年龄。

牛的鼻镜有汗腺，经常排出汗液，若无汗或汗不成珠，则表明牛的代谢机能已发生紊乱，可能生病。

2. 食道

食道是连接口腔与胃的通道。哺乳期的犊牛，除了食道之外，还有食道沟，即从瘤胃的入口起，经过网胃和瓣胃，到皱胃的进口止，有一个十分发达的沟状结构，通过该食道沟，可将犊牛所吃的奶汁直接送到皱胃。断奶以后的牛，该食道沟便已退化，仅留下一小小的痕迹。

3. 胃

牛与单胃动物不同，是反刍复胃动物，有4个胃，即瘤胃、网胃、瓣胃和皱胃。通常把前3个胃称为前胃，前胃没有消化腺，不能分泌消化液，只起浸润、揉搓、软化、酸化及发酵作用。把皱胃称为后胃，后胃有消化腺，能分泌消化液，与单胃相似，具有真正的消化作用，故把后胃也称为真胃（图5-2）。

瘤胃是成年牛 4 个胃中最大的一个，约为 175 升，占胃总容积的 80%，占全部消化道容积的 70%，占整个腹腔的左半部。呈椭圆形，上方与食道相连，下方与网胃相通，黏膜有致密的乳头。瘤胃是贮存饲料的"大仓库"，是加工饲料的"大工厂"，是消化饲料和合成营养物质的"大发酵罐"。

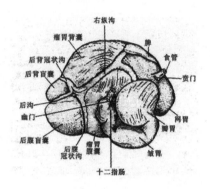

图 5-2　胃结构

网胃是成年牛 4 个胃中最小的一个，约占胃总容积的 5%，上方与瘤胃相连，下方与瓣胃相通，黏膜呈蜂巢状，所以又叫蜂巢胃。其位置较低，与胸膈、心脏相邻（仅相距 1.5 厘米左右）。网胃收缩力强，是贮存致其他组织严重损伤的异物的地方。但当误食了锐利的金属异物时，很容易刺破网胃，并进一步穿过胸膈而刺破心包，从而会造成创伤性网胃炎、膈膜炎和心包炎。因此，应严防金属等异物混入饲料内。

瓣胃约占胃总容积的 8%，呈圆球形，很结实，前边与网胃相连，后边与皱胃相通，黏膜形成许多大小相同的片状物，断面上看很像一叠厚厚的叶片，所以又叫百叶胃。瓣胃能挤压、吸收食糜中的水分，并能继续将食糜磨细。瓣胃的食糜较干，含水分较少。

皱胃约占胃总容积的 7%，呈弯曲的葫芦状，前边与瓣胃相连，后边与小肠相通，黏膜光滑柔软，有贲门腺、幽门腺和胃底腺，能分泌消化液，皱胃的功能与单胃动物的胃相同，具有很强的消化吸收能力，其食糜呈流体状。

4. 小肠

小肠可分为十二指肠、空肠及回肠 3 段。小肠壁上的消化腺、胰腺及胆囊的分泌物一起进入肠道，共同对食糜进行消化。小肠壁还有很强的吸收作用，可将已消化的营养物质吸收到血液中，供机体生命活动或生产活动之需要。

5. 大肠

大肠可分为盲肠、结肠和直肠 3 段。从小肠进入大肠的营养物质，由随食糜进入大肠的消化酶以及存在于大肠的微生物继续进行消化。大肠内的微生物不仅具有消化作用，而且具有合成 B 族维生素和维生素 K 的作用。大肠壁还有很强的吸收作用。

6. 肛门

肛门是消化道的最末端。食物从口腔进入，经胃、肠消化吸收，其代谢产物从肛门排出体外。

（二）主要消化腺

消化腺能分泌消化酶，消化酶分为蛋白分解酶、脂肪分解酶、淀粉分解酶（或糖分解酶）3 类，消化酶能促进或加速饲料的消化或分解。

1. 涎腺

包括腮腺、颌下腺和舌下腺。腮腺位于耳根下方，颌下腺位于颌下部，舌下腺位于舌体两侧、口腔底部黏膜之下。它们都能分泌消化酶，其进入口腔混入唾液，参与饲料的消化。

2. 肝脏

在肝脏下面有一个胆囊和胆管，肝脏能分泌胆汁，在不需要时，胆汁暂时贮存于胆囊中；在需要时，胆汁经胆管进入十二指肠的憩室，参与饲料的消化。

3. 胰脏

胰脏能分泌消化酶，其以胰液的形式进入十二指肠，参与饲料的消化。胰脏还能分泌胰岛素，其通过循环系统到达全身后，参与血糖代谢的调节。

4. 消化道管壁上的小腺体

胃（主要是皱胃）腺、肠（主要是小肠）腺等消化道管壁上的无数个小腺体，都能分泌消化酶，其以胃液或肠液的形式进入胃肠道，参与饲料的消化。

二、成年牛的消化生理特点

牛属复胃、反刍、草食家畜，为了适应变化多端的外界环境和抵御天敌，它利用大容积的前胃采食、消化着大量的纤维性饲料，因而形成了独特的消化生理特点。

（一）牛利用粗饲料的消化生理基础

1. 具有复式胃

牛胃由瘤胃、网胃（蜂巢胃）、瓣胃（百叶胃）和皱胃（真胃）构成。通常把前三个胃称为前胃，前胃起主要作用的是瘤胃，尽管瘤胃无消化腺，不能分泌消化液，但却由于瘤胃微生物的作用，使其能够消化大量的饲草等粗饲料（图5-3）。

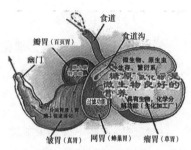

图5-3 奶牛瘤胃系统

2. 瘤胃容积大，是贮存饲料的大仓库

瘤胃容积特别大，占胃总容积的80%，占全部消化道容积的70%，占整个腹腔的左半部。牛把采食的饲草在瘤胃中临时贮存起来，在休息时，再通过反刍慢慢地咀嚼消化。

3. 瘤胃在不断运动，是加工饲料的大工厂

瘤胃通过不断运动，使饲料与微生物充分接触，并使粗硬的饲料变得柔软，易于消化。

4. 瘤胃是消化和合成营养的大发酵罐

瘤胃内寄生着70多种微生物，每克瘤胃内容物中含有300亿~600亿细菌和100万~200万纤毛原虫，这些大量的微生物对饲草的消化具有十分重要的作用。它能将饲草中难以消化的粗纤维素降解为易于吸收的乙酸、丙酸、丁酸等挥发性脂肪酸；能将质量低的植物蛋白质转化为质量高的微生物蛋白质；能将饲料中的非蛋白氮（如尿

素）合成微生物蛋白质；能合成 B 族维生素和维生素 K 等营养物质，供牛体利用。瘤胃内大量繁殖的微生物，随食糜进入皱胃、小肠后，被机体作为蛋白质饲料而消化利用。据测定，牛一昼夜约有 100 克微生物蛋白质进入皱胃内供牛体利用。瘤胃内微生物的活动需要相对稳定的瘤胃内环境，其也在发酵着相应的饲草饲料。日粮类型不同，瘤胃微生物区系不同；瘤胃微生物区系不同，所消化的日粮类型也不同。因此，日粮类型应相对稳定，不可随意变化；若要变化，则应逐渐进行。

5. 具有反刍的功能

牛采食饲料，一般不经充分咀嚼就吞咽入瘤胃，饲料先在瘤胃中与水和唾液混合后被揉磨、浸泡、软化、发酵，经过一段时间再把饲料返回口腔仔细咀嚼，然后再入瘤胃进行消化吸收，这个过程称反刍，俗称"倒沫"。反刍能促进饲料的消化吸收，包括逆呕、咀嚼、混唾液和吞咽 4 个过程，从反刍开始到结束的这段时间叫反刍周期。一般牛在饲喂后 30~60 分钟开始反刍，每个反刍周期持续时间为 40~50 分钟，每个食团咀嚼 50~70 次，1 头牛 1 昼夜出现反刍 15 次左右，因此，1 头牛 1 昼夜的反刍时间为 6~10 小时。反刍一般多集中在晚上，反刍高峰期则多出现在天刚黑以后。犊牛通常在 3 周龄以后开始出现反刍现象。反刍过程有一定的规律性，如果这一规律不正常，反映牛有疾病，首先是瘤胃功能不正常。故观察牛的反刍次数、咀嚼次数，是诊断牛病望诊中的重要内容。

6. 具有分泌唾液的功能

牛一昼夜可分泌唾液 50~60 升；唾液 pH 值为 8.2，碱性较强；唾液中氮的含量为 0.1%~0.2%，其中尿素氮占 60%~80%。唾液可浸泡粗硬的饲料，可中和瘤胃内微生物发酵产生的过量有机酸，以便维持瘤胃内环境稳定；可保持氮素循环，以便提高饲料中氮的利用率。唾液中还有来自腮腺、颌下腺和舌下腺等涎腺所分泌的消化酶，有助于食物的消化。由此可见，唾液对保证正常的消化代谢具有重要的作用。

7. 具有嗳气的功能

瘤胃微生物在发酵瘤胃中的饲料营养成分的过程中，产生了大量的挥发性脂肪酸及各种气体（如二氧化碳、甲烷、硫化氢、氨、一氧化碳等）。这些气体只有通过不断的嗳气动作排出体外，才可避免瘤胃臌气的发生。据测定，奶牛每小时可嗳气 17~20 次。若嗳气发生障碍，就会导致瘤胃臌气等病的发生。

8. 具有长的消化道

牛肠道长 30~36 米，是其体长的 15~18 倍。肠道长，则饲料通过消化道时间也就长，饲料消化吸收率也就高。

9. 舌头卷舔力强

牛舌比较长，舌根宽厚，舌面粗糙，舌尖灵活，运动有力，卷舔力强，是摄取食物的主要器官。

10. 鼻镜经常排汗液

鼻镜内有汗腺，可经常排出汗液，若无汗或汗不成珠，则表明牛的代谢机能已发生紊乱。

（二）粗饲料对牛的重要营养作用

1. 粗饲料是牛体成分和牛乳成分的重要来源

粗饲料中的粗纤维，在瘤胃消化的产物是低级脂肪酸（乙酸、丙酸、丁酸），其中的乙酸是体脂和乳脂合成的重要前体物，丙酸是血糖和乳糖合成的重要前体物，丁酸可以转变为乙酸。低级脂肪酸也是牛体所需能量的重要来源，亦可合成体蛋白质和乳蛋白质。

2. 粗饲料比例对乳脂率有重要影响

日粮中精、粗饲料比例对瘤胃发酵类型有重要的影响，进而影响乳脂率。当日粮中粗饲料比例较大时（大于 60%），瘤胃发酵产生的乙酸和丁酸比例较高，相应地合成乳脂也较多，乳脂率上升。当日粮中粗饲料比例较小时（小于 40%），瘤胃发酵产生的丙酸比例增加，乙酸、丁酸比例减少，相应地合成乳脂也较少，乳脂率下降。

3. 粗饲料比例对粗纤维消化有重要作用

日粮中粗饲料比例影响瘤胃中各类型饲料的通过速度。增加粗饲料比例，瘤胃中小颗粒饲料（主要是精饲料，可被皱胃和肠道消化）通过速度加快，而大颗粒饲料（主要是粗饲料）通过速度减慢，这样能在瘤胃中消化较多的粗饲料，粗纤维的消化率上升。相反，当增加精饲料比例时，粗纤维的消化率下降。

4. 粗饲料对防止酸中毒有重要作用

粗饲料对瘤胃的机械刺激，促进了牛体的反刍，反刍可以吞进大量唾液，唾液为碱性，能中和瘤胃发酵产生的酸，从而保持瘤胃酸度（pH 值）的相对恒定。如果日粮中精料比例过高，会快速产生大量的酸，且粗饲料比例在相应地下降，则反刍减弱，唾液减少，中和瘤胃酸的能力减弱。从而引起瘤胃酸度上升，pH 值下降，一旦 pH 值低于 5.5 时，便会出现酸中毒症状。

5. 粗饲料可以促进幼畜瘤胃消化机能的发育

对反刍动物幼畜提早补饲粗饲料，由于粗饲料的机械刺激和所产生低级脂肪酸的理化作用，可以促进瘤胃消化机能的发育。

6. 粗饲料对塑造种畜的体型有重要作用

饲料是塑造家畜品种的原料，用充足而优质的粗饲料培育的牛，骨架大，采食量大，消化力强，利用年限长，生产性能高。若日粮中精饲料比例高，培育的牛体型小，利用年限短，生产性能低。这是达尔文"环境可以塑造物种"的进化论，在养牛业上的又一生动体现。

三、幼龄牛的消化生理特点

犊牛出生后就靠自己摄取营养来维持生命活动和进行生长发育。但是犊牛胃的结构与成年牛胃的结构有所不同，消化特点也有很大差异。因此，在饲养上特别是饲料组成上，应该与成年牛区别对待。

（一）瘤胃不发达

初生犊牛的瘤胃容积小，只有皱胃的 50% 左右；结构也很不完善，黏膜乳头软、短、小；微生物区系尚未建立。此阶段的营养来源是依靠母乳，其消化器官主要是皱胃和小肠。初生犊牛生长到 3 月龄前后，瘤胃容积已明显增加，较初生时增加约 10 倍；瘤胃黏膜乳头也增大变硬；瘤胃微生物区系已基本建立。到 6 月龄时，瘤胃容积和机能已趋完善，犊牛已能较好地消化植物性饲料（图5-4）。

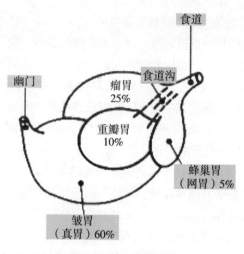

图5-4　犊牛消化系统

牛胃的容积和微生物随年龄增长的状况见表5-1。

表5-1　牛胃容积状况

月龄	瘤胃和网胃容积 （升）	瓣胃容积 （升）	皱胃容积 （升）	瘤胃微生物总数 （亿个/毫升）
初生	1.2	0.2	3.5	0
1	3.5	0.3	4.5	60
3	13	0.5	6.0	300
6	36.0	2.0	10.0	350
12	68	8.5	12.0	400
成年	50~200	7~8	8~20	300~500

植物性饲料能促进瘤胃的生长发育，瘤胃的生长发育又能促进植物性饲料的消化利用。因此，应对犊牛提早饲喂精料和优质干草。由于犊牛的小肠内淀粉酶的含量较低，消化淀粉的能力还跟不上，当喂给淀粉过多时，易出现腹泻。因此，在提早补饲植物性饲料时，应给其一个逐渐增加的过程。

（二）具有食道沟反射的功能

食道沟始于瘤胃入口，经过网胃及瓣胃，止于皱胃入口。它是食道的延续，收缩时成一中空管子或沟，使食物穿过瘤胃、网胃及瓣胃而直接进入皱胃。哺乳期的犊牛，食道沟可以吸吮乳汁而出现闭合，称食道沟反射。食道沟反射能使乳汁直接进入皱胃，以防乳汁溢入瘤胃、网胃及瓣胃而引起细菌发酵和消化道疾病。断奶后的犊牛食道沟反射逐渐消失。

在用盆对犊牛进行人工哺乳时，由于缺乏吸吮刺激，犊牛食道沟闭合不全，往往会使一部分乳汁进入瘤胃。这些停留在瘤胃中的乳汁，因发酵腐败会引起疾病。所以，犊牛应尽量随母牛自然哺乳或用奶瓶人工哺乳。

第二节　奶牛的主要营养物质需要

一、干物质的需要

（一）日粮干物质的进食量

奶牛必须保持一定的干物质采食量，它是奶牛健康和生产必需的营养物质的量化基础。正确或准确地预测干物质采食量对于制定饲料配方，防止营养物质过高或过低的供给以及有效地利用营养物质是非常重要的。高产奶牛一般要比普通奶牛高40%以上，在高产奶牛泌乳盛期，能量往往不能满足其营养需要。

干物质的进食量是配合日粮的一个重要指标，尤其对于产奶牛更是如此。对于高产奶牛如果 DMI（干物质进食量）不能满足，则会导致体重下降，继而引起产奶量降低。

有许多因素影响牛对干物质的进食量，如体重、泌乳阶段、产奶水平、饲料质量、环境条件、管理水平等。日粮中不可消化干物质是反刍动物日粮进食量的主要限制因素，一定限度内，干物质进食量随日粮消化率的上升而增加。当以粗饲料作为日粮的主要成分时，瘤胃的充满程度是干物质进食量的限制因素；当饲喂消化率过高的日粮时，进食能量平稳，而干物质进食量实际上降低，此时代谢率成为干物质进食量的限制因素；干物质消化率在52%~68%时，干物质进食量随

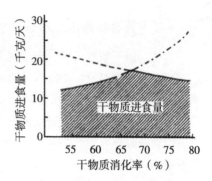

图 5-5　体重 600 千克的母牛日产标准奶 10~40 千克时的干物质进食量

干物质消化率的提高而增加，当消化率超过 68% 时，采食量则与牛的能量需要量相关，而母牛能量需要量主要由它的产奶水平所决定。图 5-5 为体重 600 千克的母牛日产标准奶 10~40 千克时的干物质进食量曲线。

　　奶牛在泌乳早期并不像泌乳晚期消耗那么多的饲料，尽管母牛在这期间泌乳水平可能是相同的。国外学者认为，奶牛的干物质进食量在泌乳的前 3 周比泌乳后期约低 15%，干物质的进食量在泌乳开始的最初几天最低。产奶高峰通常发生在产后 4~8 周，而最大干物质进食量却发生在 10~14 周。最大干物质进食量相对于泌乳高峰的向后延迟可引起泌乳早期能量的负平衡。因此，母牛必须动用体组织，特别是体脂来克服能量的不足，这也就是早期泌乳阶段奶牛体重下降的原因。

　　一般情况下，产犊后 7~15 天每 100 千克体重干物质进食量仅为 1.5~2.0 千克，而泌乳中期可高达每 100 千克体重 3.5~4.0 千克，高产奶牛甚至可高达 4.0~4.5 千克。整个泌乳期平均每 100 千克体重进食 2.0~3.0 千克干物质。

　　当进食量受日粮在牛消化道中充满程度的限制时，不同日粮消化率的干物质进食量可按如下公式计算。

　　偏精料型日粮，即精粗比为 60∶40 时：

DMI［千克／（天·头）］=0.062×体重$^{0.75}$+0.40×标准奶量

偏粗料型日粮，即精粗比为45∶55和日产奶量在35千克以上的高产奶牛，按如下公式计算：

DMI［千克／（天·头）］=0.062×体重$^{0.75}$+0.45×标准奶量

或：DMI=5.4×体重/500×不可消化干物质的百分率

应用这一公式，消化率为52%~75%的日粮，预测干物质的进食量为体重的2.25%~4.32%。

增加日粮中谷物和其他精饲料的比例，将对粗饲料干物质进食量产生巨大影响。实践证明，当精粗料比由0∶100上升到10∶90时，随着谷物饲料的添加，粗料干物质的进食量将会增加，而当日粮中精料比由10%上升到70%时，增加精料会导致粗料干物质进食量的下降。此外，粗料干物质进食量的下降还会导致瘤胃发酵不足，进一步导致乳脂率下降，继而伴随产奶量的下降和"脂肪牛"综合征的发生。

研究还表明，当日粮的主要成分由经过发酵的饲料组成时，干物质的进食量会降低，这些均是由于缩短采食时间和降低采食量而引起的。日粮中水分含量对干物质进食量也有一定影响。资料表明，日粮水分含量超过50%时，总的干物质进食量就会降低，就水分对干物质进食量影响来说，牧草或青刈饲料要比青贮或其他经过发酵的饲料小。

（二）日粮干物质进食需要量

干物质进食量用于维持、产奶及补偿在泌乳早期所失去的体重的产奶净能（NEL）需要。如果母牛没有采食到它们所需要的干物质，而且日粮浓度没有增加时，能量进食量将少于需要量，结果导致体重和产奶量下降；若母牛干物质进食量超过它们的需要量，则母牛会变肥，当然这种情况一般发生在产奶量较低时。为满足泌乳牛中后期及标准增重时维持和产奶的营养供给，干物质进食需要量可参照奶牛饲养标准或高产奶牛饲养管理规范。

（三）干物质进食量的预测

关于奶牛日粮干物质进食量的预测，计算公式较多，而在生产实践中，习惯于用干物质采食量占奶牛体重的百分比来表示。

泌乳早期：DMI［千克 /（天·头）］= 奶牛体重的 2.0%~3.0%

泌乳盛期：DMI［千克 /（天·头）］= 奶牛体重的 2.5%~4.0%

泌乳中期：DMI［千克 /（天·头）］= 奶牛体重的 2.5%~3.5%

泌乳后期：DMI［千克 /（天·头）］= 奶牛体重的 2.5%~3.0%

干奶期牛：DMI［千克 /（天·头）］= 奶牛体重的 2.0%~2.5%

后备期牛：DMI［千克 /（天·头）］= 奶牛体重的 1.5%~2.5%

二、能量需要

饲料中的碳水化合物、脂肪和蛋白质都可以为奶牛提供能量。脂肪的能量浓度是碳水化合物的 2.25 倍，但在饲料中所占比例有限，一般在 4% 左右，即使专门补饲也不超过 10%。蛋白质和氨基酸含有碳架结构，分解后可以提供能量，但正常情况下对奶牛能量的贡献有限，只有在能量严重缺乏的情况下才会利用这一机制满足能量需要，但其代价高昂，而且产生的氨对奶牛有害。因此，应坚持以碳水化合物为主体满足奶牛能量需要的原则，必要的情况下适当补充脂肪。饲料能量在牛体内的利用与消耗见图 5-6。

饲料完全燃烧后所产生的热量被称为总能（GE），总能不可能全部为奶牛所利用。经过消化过程，总能中的一部分会以粪能的形式排出体外，其余已消化养分所含的能量称为消化能（DE）。消化能的一部分以消化道产气和尿能的形式损失掉，其他能够进入机体利用过程的称为代谢能（ME）。代谢能并不能被机体完全利用，有一部分在代谢过程中以热增耗的形式损失掉，为奶牛各种生命活动所利用的部分能量称为净能（NE）。

能量不足会导致泌乳牛体重和产奶量的下降，在严重的情况下，将导致繁殖机能衰退。奶牛能量的需要可以分为维持、生长、繁殖

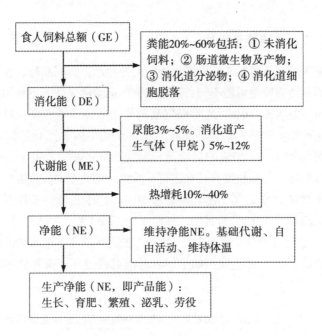

图5-6 能量利用与消耗

（怀孕）和泌乳几个部分。

（一）能量单位

日粮的能量指标包括消化能（DE）、代谢能（ME）、维持净能（NEm）、增重净能（NEg）和产奶净能（NEI）等。目前，世界各国普遍采用净能作为评价奶牛能量需要以及饲料能量价值的指标，其单位有兆焦（MJ）、千焦（kJ）等。奶牛的生命活动包括维持、生长、产奶、妊娠等，NRC（2001）和我国最新修订的饲养标准都统一用产奶净能（NEl）来表示各项生命活动的能量需要。为了使用方便，我国专门规定以奶牛能量单位（NND）作为计量单位。NND是指每千克含乳脂4%的标准乳所含的能量（3 138千焦）。因此，NND和产奶净能之间的转化公式如下：

$$NND = \frac{产奶净能（千焦）}{3\ 138（千焦）}$$

（二）维持能量需要

母牛的维持能量需要量取决于它们的运动，相同品种、相同体重母牛的维持需要量可能不同，甚至在控制运动的条件下也是如此，其变化可高达 8%~10%。通常根据基础代谢估计维持需要，奶牛的绝食代谢产热（千焦）=292.9 × $W^{0.75}$（W 为奶牛体重，千克），在这个值上再增加 10%~20% 的运动量，即为 350 × $W^{0.75}$。由于第一和第二泌乳期奶牛的生长发育还在进行，故第一泌乳期的能量需要在维持基础上增加 20%，第二泌乳期增加 10%。奶牛在低温条件下体热损失明显增加，以 18℃ 为基础，气温平均下降 1℃，牛体产热每 24 小时增加 2.51 千焦 / 千克 $W^{0.75}$。因此，在低温条件下维持的能量需要量将提高。表 5-2 为我国奶牛饲养标准对低温环境推荐的维持能量需要。

表 5-2　我国奶牛饲养标准对低温环境推荐的维持能量需要

环境温度（℃）	维持能量需要（兆焦 /$W^{0.75}$）
5	0.389
0	0.402
-5	0.414
-10	0.427
-15	0.439

（三）生长能量需要

牛的增重净能需要量等于体组织沉积的能量，沉积的总能量是增重与沉积组织的能量浓度的函数，沉积组织的能量浓度受牛生长率与生长阶段或体重的影响。增重的能量沉积用呼吸测热法或对比屠宰试验法进行测定。奶牛生长能量需要可分为非反刍期和反刍期，常用消化能表示。

1. 非反刍期

DE[兆焦 /（头·天）]=0.73636$W^{0.75}$[1+0.58 × 日增重（千克）]

2. 反刍期

根据牛的体重、增重及活重计算：

200~275 千克：DE=0.497 × 2.428G × W$^{0.75}$

276~350 千克：DE=0.483 × 2.164G × W$^{0.75}$

351~500 千克：DE=0.589 × 1.833G × W$^{0.75}$

式中 G——日增重。

根据国内对 6 日龄、9 日龄、12 日龄、15 日龄和 18 月龄的黑白花生长母牛在中立温度区进行的绝食代谢试验结果，生长牛绝食代谢产热（千焦）=532 × W$^{0.67}$，在此计算基础上加 10% 的自由活动量便是维持需要量。对奶用生长牛的增重速度不要求像肉牛那样快，但为了应用方便，奶用生长牛的净能需要亦用产奶净能表示。在确定其产奶净能需要时，在增重净能的基础上，加以调整便能避免误差。

（四）泌乳与繁殖（怀孕）母牛的能量需要

母牛在泌乳期间需要相当大的能量，其需要量仅次于水，奶牛对能量的需要，主要决定于泌乳量和乳脂率两个因素，同时注意奶牛体重的变化情况。我国奶牛饲养标准规定，体重增加 1 千克，可相应增加 8 个奶牛能量单位（NND），失重 1 千克可相应减少 6.55NND。奶牛泌乳时，每产 1 千克含乳脂率 4% 的奶，需要 3.138 兆焦产奶净能，即一个奶牛"能量单位"。这些能量主要来源于饲料中的各种营养物质，特别是碳水化合物饲料，如果饲喂量不足、营养不全、能量供给低于产奶需要时，泌乳牛将会转化自身营养为能量，以维持生命与繁殖需要，保证胎儿的正常生长发育。牛奶的含能量可直接用测热器测得，也可按牛奶养分含量和单位养分的热值进行计算。牛奶的能量可由以下公式计算：

每千克牛奶含能量（千焦 / 千克）=1433.65+415.30 × 含脂率

或 =750.00+387.48 × 含脂率 × 乳蛋白率 +55.02 × 乳糖率

或 =−166.19+249.16 × 乳总干物质

每日产奶净能的需要量 = 每千克牛奶含能量 × 日泌乳量

国外一般采用饲料的净能值表示所产奶中含有的能量。

我国奶牛饲养标准规定，奶牛繁殖期，体重550千克的妊娠母牛，最后4个月（妊娠第6、第7、第8、第9个月）时，每日需要的能量按产奶净能计，分别为44.56、47.49、52.93和61.30兆焦。或根据胎儿生长发育的实际情况，从妊娠的第6个月开始，胎儿的能量沉积已明显增加，由于奶牛妊娠的能量利用效率较低，每4.18兆焦的妊娠沉积能量约需要20.4兆焦的产奶净能。以此计算，妊娠第6、第7、第8、第9个月时，每天应在维持基础上增加1.0、7.11、12.55和20.92兆焦的产奶净能。如妊娠第6个月尚未干奶，则应再增加产奶的能量需要，按每千克标准乳需要产奶净能3.14兆焦供给。

三、粗蛋白质的需要

（一）奶牛的蛋白质营养

蛋白质由多种氨基酸组成，是构成细胞、血液、骨髓、肌肉、抗体、激素、酶、乳、毛及各种器官组织的主要成分，对生长、发育、繁殖及各种器官的修补都是必需的，是生产活动所必需的基础养分，其他养分不能代替。因此，在饲养中，蛋白质应保证供给，特别是处在生长期的幼牛和产奶母牛更应充分满足。

部分资料仍然沿用粗蛋白质作为评价奶牛蛋白质需要的指标。随着对反刍动物蛋白质营养研究的不断深入，发现传统的粗蛋白质或可消化粗蛋白质体系不能完全反映反刍动物蛋白质消化代谢的实质。其主要缺点是没有反映出日粮的蛋白质在瘤胃中降解和转化为瘤胃微生物蛋白质的效率，没有反映出进入小肠的日粮非降解蛋白质的量，也无法确定进入小肠的氨基酸量和各种氨基酸的比例。针对反刍动物传统粗蛋白质体系的缺陷，世界各国逐步将传统的粗蛋白质体系更改为小肠蛋白质体系。

小肠蛋白质体系的核心内容如下。

小肠蛋白质 = 饲料瘤胃非降解蛋白质 + 瘤胃微生物蛋白质

饲料瘤胃非降解蛋白质 = 饲料蛋白质 - 饲料瘤胃降解蛋白质

小肠消化蛋白质 = 饲料瘤胃非降解蛋白质 × 小肠消化率 + 瘤胃

微生物蛋白质 × 小肠消化率

瘤胃微生物蛋白质的合成，必须以饲料在瘤胃发酵后产生的能量和氮源为基础。因此，其合成量受到二者中供给量较低者的限制，保持瘤胃能氮平衡是实现最佳效果的关键。为了使日粮的配合更为合理，以便同时满足瘤胃微生物对能氮的需要，瘤胃能氮平衡计算方法如下。

瘤胃能氮平衡（RENB）= 用 FOM 评定的瘤胃微生物蛋白质量－用 RDP 评定的瘤胃微生物蛋白质量

式中 FOM——瘤胃可发酵有机物；

RDP——瘤胃可降解蛋白。

如果日粮的瘤胃能氮平衡结果为零，则表明平衡良好；如为正值，则说明瘤胃能量有富裕，这时应增加 RDP；如为负值，则表明应增加瘤胃中的能量。

为便于原使用的可消化粗蛋白质体系向小肠可消化粗蛋白质的过渡，在下文维持的蛋白质需要量中，同时列出可消化粗蛋白质和小肠可消化粗蛋白质。

从消化的蛋白质中吸收必需氨基酸对于奶牛的维持、繁殖生长和泌乳至关重要，这些氨基酸来源于非降解的日粮蛋白或瘤胃合成的微生物蛋白。实际上，作为能量来源而饲喂奶牛的粗料与精料中所含有的蛋白质提供了一些非降解日粮蛋白，这些蛋白加上由添加的非蛋白氮所产生的微生物蛋白，足够每天生产 20 千克奶的需要。随着产奶量的增加，较大量的蛋白质来自于蛋白补充料，外加日粮蛋白应该是非降解的，这样才能满足牛对蛋白质的需要。

（二）维持的蛋白质需要量

奶牛维持时的蛋白质需要量，是通过测定奶牛在绝食状态时体内每日所排出的内源性的尿氮（EUN）、代谢性的粪氮（MFN），以及皮、毛等代谢物中的含氮量计算得出的。

根据国内外的试验材料，表明奶牛的维持净蛋白消耗为 $2.1W^{0.75}$，按粗蛋白质消化率 75% 和生物学价值 70% 折合，维持时的可消化粗蛋白质需要量［克/（天·头）］=3.0W$^{0.75}$，粗蛋白质则为4.6W$^{0.75}$。由于各地计算方式不同，推荐数量有一定的差异，有资料指出粗蛋白质需要量为3.35W$^{0.75}$，也有资料报道为5.0W$^{0.75}$~5.6W$^{0.75}$。根据国内氮平衡试验结果，维持的小肠可消化粗蛋白质需要量为2.5W$^{0.75}$~3.0W$^{0.75}$。其中，W为奶牛体重（千克），蛋白质需要量以克为单位计。

（三）生长的粗蛋白质需要量

生长牛的蛋白质需要量取决于体蛋白质的沉积量。由于影响体蛋白质沉积量的因素很多，研究表明，成年牛增加每千克体重需要粗蛋白质320克，可根据下面的公式估计。

增重的蛋白质沉积量：

蛋白质（克/天）=ΔW（170.22−0.1731W+0.00017W^2）×（1.12−0.1258×ΔW）

式中 ΔW——日增重（千克）；W——体重（千克）。

体重100千克以上的生长牛，可消化粗蛋白质的利用效率规定为46%，体重100千克以下的为50%~60%，饲料配制时要求包括维持在内。犊牛哺乳期间其蛋白质水平为22%，犊牛期为18%，3~6月龄犊牛、6~12月龄生长牛、12~18月龄育成牛，其粗蛋白质水平分别为16%、14%和12%。生长牛小肠可消化粗蛋白质用于体蛋白沉积的利用效率，根据国内生长牛的氮平衡试验结果，可采用0.6，幼龄时为0.7。

（四）妊娠的蛋白质需要

妊娠的蛋白质需要按奶牛妊娠各阶段子宫和胎儿所沉积的蛋白质计算。小肠可消化蛋白质的效率按0.75计算。

在维持基础上，妊娠第8个月时每日每头牛增加蛋白质420克，第9个月增加668克。也可根据表5-3蛋白质的沉积量，按42%利用效率计算，在维持基础上可消化的粗蛋白质给量，妊娠6个月时77克，7个月时145克，8个月时255克，9个月时403克。

表5-3 荷斯坦牛怀孕期间子宫及乳腺营养物质的沉积量

| 怀孕天数 | 每天在子宫内的沉积 | | | | 乳腺中蛋白质的沉积 |
	能量（千焦）	蛋白质（克）	钙（克）	磷（克）	（克/天）
100	170	5			
150	420	14	0.1		
200	980	34	0.7	0.6	7
250	2340	83	3.2	2.7	22
280	3930	144	8.0	7.4	44

在维持的基础上，小肠可消化粗蛋白质的给量，妊娠6个月时43克，7个月时73克，8个月时115克，9个月时169克。

（五）奶牛泌乳的蛋白质需要量

蛋白质是产奶母牛所必需的重要营养物质，在成年奶牛的日粮中，喂给蛋白质的数量过多或过少，都会影响其产奶量。日粮中缺少蛋白质时，奶牛食欲不振，体重减轻，泌乳量下降，生活力减弱；日粮中饲喂蛋白质过多时，则会使奶牛肾脏负担过重，尿中含氮量增加，多余的蛋白质在瘤胃内会被分解成氨基酸，经过脱氨基作用生成氨，转入肝脏合成尿素由尿中排出，造成浪费。产奶的蛋白质需要量取决于奶中的蛋白质含量、进食饲料中粗蛋白质的量及可消化蛋白质的量。研究表明，奶牛对日粮中粗蛋白质的消化率为75%，可消化粗蛋白质用以合成乳蛋白的利用率为70%，以每千克标准奶中含奶蛋白34克计，则生产每千克标准奶需粗蛋白质65克或可消化粗蛋白质49克。

奶牛产奶氮平衡试验结果表明，小肠可消化粗蛋白质的利用效率为0.7。所以，产奶的小肠可消化粗蛋白质需要量 = 牛奶的蛋白质量 /0.7。如果以粗蛋白质为指标，生产每千克含4%乳蛋白的牛奶的粗蛋白质需要量为76克，含3.5%乳蛋白的牛奶的粗蛋白质需要量为67克。

四、粗纤维的需要

（一）粗纤维的作用

1. 维持牛的正常消化生理活动

粗纤维含量高的粗饲料具有一定的硬度，能刺激瘤胃胃壁，促进瘤胃蠕动和正常反刍。通过反刍，瘤胃内重新进入的食团中混入了大量碱性唾液，因而使瘤胃环境的 pH 值保持在 6~7，保证了瘤胃内细菌的正常繁殖和发酵。

2. 保持乳脂率

牛在进食饲料时，纤维含量高的粗饲料不仅可增加牛的采食时间，而且也可增加牛的反刍时间。通过这两种咀嚼，可使唾液大量混入瘤胃食糜中，唾液中含有碳酸氢钠，可调节瘤胃食糜的酸度，咀嚼每千克粗纤维可产生 10~15 升的唾液进入瘤胃。为了保持正常的乳脂率，所需的咀嚼时间是每千克干物质 31~40 分钟，每天应为 7~8 小时。若咀嚼时间太长，使采食量减少，则不能满足牛对营养总量的需要；若日粮粗纤维含量过低，则咀嚼时间过短，不利于瘤胃内的酸碱平衡，会降低饲料消化利用率，进而导致产奶量及乳脂率降低，严重时会导致疾病的发生。

（二）粗纤维的需要量

奶牛日粮中要求至少含有 15%~17% 的粗纤维。一般高产奶牛日粮中要求粗纤维应超过 17%，干乳期和妊娠末期奶牛日粮中的粗纤维含量应为 20%~22%。用中性洗涤纤维表示，奶牛日粮中的中性洗涤纤维在 28%~35% 时最为理想。在实际生产中，奶牛日粮干物质中精料比例不应超过 60%，这样才可提供足够数量的粗纤维。

五、矿物质的需要

尽管矿物质在奶牛日粮中所占的比例极小，但它对奶牛机体正常代谢的作用很大。奶牛骨骼和牛奶的形成均需要矿物质，特别是钙和磷。实际饲养条件下，通常需要在日粮中补加几种矿物质元素，以满足奶牛的需要。一些必需的矿物质元素是奶牛机体器官和组织的结构成分、金属酶的组成成分或作为酶和激素系统中的辅助因子，所有的必需矿物质元素，在过量的日粮浓度下都易对动物产生有害的后果。一种矿物质元素的最大耐受水平是指以该水平饲喂动物一定时间不损害动物，且在该动物生产的人类食品中不存在有害的残留物。

矿物质元素可分为两大类，常量元素和微量元素。常量元素指那些需要量较大、在动物体组织内含量较高（大于 0.01%）的元素，如钙、磷、钠、氯、钾、镁和硫等；微量元素即是那些需要量较小、在动物体组织内含量较低（小于 0.01%）的元素，如铜、钴、碘、铁、锰、钼、铬、硒和锌等。

（一）钙

钙是奶牛需要量最大的矿物质元素，为骨骼发育、神经传导、信息传递、肌肉兴奋、心肌收缩和血液凝固等生命活动所必需，也是牛奶中的一种重要成分。奶牛体内大约 98% 的钙存在于骨骼和牙齿中，组织及体液中仅占 2% 左右，血浆中正常的钙浓度为 90~100 毫克/升。钙的排出有 4 条出路，即粪、尿、汗和奶。牛奶中的钙含量始终维持在一个相对稳定的高水平，若饲料中钙的供应不足，奶牛就会动用骨骼中的钙，钙长期严重不足时，则会导致产奶量急剧下降。生长期的动物缺钙时，常发生佝偻病、软骨病等。

钙的利用率随钙进食量的增加而下降，当钙的进食量超过动物的需要量时，不论钙的可利用率如何，其吸收率都会降低。表 5-3 列出钙的沉积量，有效钙的需要量为维持、生长、妊娠和泌乳需要的总和。成年母牛钙的需要量可计算如下：

维持钙（克/天）=（0.0154W）/0.38

产奶时，钙的需要量可计算如下：

产奶钙（克/天）=（0.0154W+1.22FCM）/0.38

式中 FCM——含脂肪 4% 的标准奶（千克/天）；W——体重

（千克）。

成年母牛的维持与最后两个月的妊娠钙需要量计算如下。

钙（克/天）=（0.0154W+0.0078C）/0.38

式中 C——胎儿增重，C=1.23W（克/天）。

生长母牛钙的需要量可计算如下：

体重 90~250 千克：钙（克/天）=8.0+0.0367W+0.00848WG

体重 250~400 千克：钙（克/天）=13.4+0.0184W+0.00717WG

体重 400 千克以上：钙（克/天）=25.4+0.00092W+0.0036WG

式中 W——体重（千克）；WG——日增重（克）。

泌乳期奶牛钙、磷的消耗是不均衡的，泌乳初期奶牛易出现钙、磷负平衡，随着泌乳力下降，钙、磷趋向平衡，到后期，钙、磷有一定沉积。为此应注意在后期适量增加高于产奶和胎儿所需要的钙、磷，以弥补前期的损耗和增加骨组织的贮存。

钙的需要量受奶牛个体情况、生产状况等因素的影响。也可按照奶牛每天每 100 千克体重维持需要的钙为 6 克，产每千克标准奶需要钙量为 4.5 克，生长奶牛每千克增重需要钙量为 20 克计算。

（二）磷

磷除参与骨骼发育外，还是体内许多生理活动和生化反应必不可少的物质，对维持正常的代谢具有重要意义。若磷不足，则会影响生长速度和饲料利用率，导致食欲减退、发情不正常或不发情、胎儿发育受阻、产奶量减少等问题。若磷过量，则可引起骨骼发育异常，更甚者还会导致尿结石等症。由于钙、磷同时参与骨骼组成，所以，当磷不足时同样会使机体发生软骨症、佝偻病等。补充钙、磷时，应注意其比例，一般情况下钙、磷比例应在（1~2）：1 的范围内。

奶牛对磷的需要量因体重、年龄、产乳量等因素的差异而有很大变化。奶牛每天每 100 千克体重维持所需的磷约为 5 克，泌乳后期为 8 克，怀孕后期为 13 克。产每千克标准奶需要磷的量为 3 克。生长奶牛维持所需的磷 5 克/天（按 100 千克体重计）。

（三）钾

钾离子主要存在于细胞内液中，与钠、氯及碳酸氢根离子等共同维持细胞内的渗透压和保持细胞容积。钾还参与维持酸碱平衡，是维持神经和肌肉兴奋性不可缺少的因素。机体缺钾时，表现为生长受阻、肌肉软弱、异食癖、过敏症等。

除玉米外，各种饲料每千克干物质中的含钾量均在 5 克以上，青饲料每千克干物质超过 15 克。所以，常用饲料均能满足动物对钾的需要，尤其是日粮中饲草比例大时，钾的摄入量远远超过需要量，一般情况下不需要额外补充钾。但是，在夏季天气炎热，而且防暑降温措施又不够理想的环境下，在补钠的同时适当补充钾离子对维持奶牛体内电解质平衡、缓解热应激具有积极作用。

（四）钠和氯

钠和氯主要分布于细胞外液，是维持渗透压和酸碱平衡的主要离子，并参与水的代谢。钠和其他离子一起参与维持肌肉神经的正常兴奋性，对心肌活动起调节作用。氯是胃液中主要的阴离子，它与氢离子结合形成盐酸，激活胃蛋白酶，并使胃液呈酸性，具有杀菌作用。氯和钠缺乏时，奶牛无明显的症状，仅表现为生长受阻、饲料转化率降低、产奶性能下降等。植物性饲料中一般含钠较少。因此，奶牛需要补充钠。食盐是由钠和氯组成的，泌乳牛对食盐的需要量较大，一般应该占到日粮干物质的 0.5%，在炎热的季节还应适当增加。对于后备牛和干奶牛，每天的需要量为日粮干物质的 0.2%~0.3%。

分泌到奶中的钠是泌乳牛总钠需要量中一个很大的部分，非泌乳牛的需要量较低，泌乳牛日粮钠的需要量约占日粮干物质的 0.18%（相当于 0.46% 食盐），非泌乳牛的需要量约占日粮干物质的 0.1%（相当于 0.25% 食盐）。

奶牛维持需要的食盐量约为每 100 千克体重 3 克，产每千克标准乳供给 1.2 克。一般钠供给量适当时，氯的需要量也是适当的。

（五）镁

动物体内的镁约有 70% 以盐的形式存在于骨骼和牙齿中。此外，镁是机体内许多酶的活化剂，对糖类和蛋白质的代谢起重要作用。保持血液中一定浓度的镁是神经、肌肉、器官维持其正常机能所必需的，浓度低时神经、肌肉的兴奋性提高，浓度过高则产生抑制作用。反刍动物缺镁的早期症状为外周血管扩张、脉搏次数增加。随后，血液中的镁含量降低，降到一定程度时机体出现神经过敏、颤抖、肌肉痉挛等。镁的缺乏往往带有地区性和季节性特征，春季采食大量青草，可能会出现低镁综合征。通常日粮中的镁都能满足需要，NRC 总结多项研究的结果认为，围产前期奶牛的日粮干物质中镁含量达到 0.4% 时，对预防胎衣不下、产后乳房水肿等具有积极作用。

（六）硫

硫分布于动物体全身的每个细胞中，是含硫氨基酸和硫胺素的重要成分，只有少量呈无机状态。日粮缺硫会引起食欲减退、增重减轻、毛的生长速度变慢、产奶量下降等。奶牛瘤胃的微生物能利用无机硫合成含硫氨基酸和硫胺素。在常规饲料条件下，来自植物性饲料原料中的硫能够满足奶牛瘤胃以及体内的需要，但在日粮中添加了较多的非蛋白氮时，则需补充硫，补充量以每千克干物质饲料不超过 1.5 克为宜。一般认为，日粮中氮硫比以 5:1 为宜。

（七）铜

铜为血红蛋白的必需成分之一，是制造红细胞所需辅酶的主要成分和体内许多酶的激活剂。红细胞的生成、骨的构成、被毛色素的沉着等都需要铜。缺铜会出现营养性贫血、被毛粗糙、毛色变浅。缺铜过多，还会导致严重下痢、骨骼异常、老牛"对侧步"等病理问题和发情率低或延迟、难产、胎盘恢复困难等繁殖问题。

按采食的日粮干物质计，奶牛对铜的需要量为 10~20 毫克 / 千克，在应激条件下增加到 30~50 毫克 / 千克。国内许多地区的奶牛日粮都缺铜，可以补充硫酸铜、碳酸铜等无机铜，也可以采用赖氨酸铜、蛋氨酸铜等适口性和稳定性更好的有机铜。

（八）铁

铁是血红蛋白、肌红蛋白、细胞色素和多种酶系统的必需成分。动物体内的铁约有 70% 存在于血液和肌肉中，还有一部分铁与蛋白质结合形成铁蛋白，贮存于肝、脾及骨髓中。铁的主要功能是作为氧的载体，保证体组织内氧的正常输送。缺铁的表现为营养性贫血症，尤其是幼龄家畜，生长速度下降，皮肤和黏膜苍白，泌乳牛的产奶量下降。

日粮干物质的铁含量达到 50 毫克 / 千克，就能满足除犊牛以外的各种牛的需要，而犊牛的需要量以日粮干物质计为 100 毫克 / 千克。以日粮干物质计，建议干奶牛铁需要量为 13~18 毫克 / 千克，泌乳牛为 15~22 毫克 / 千克。所以，实际生产中很少发生缺铁的问题，一般只需要给高产奶牛和犊牛补充少量铁即可。牛对铁的耐受量为 1 000 毫克 / 千克（按干物质计）。

（九）锰

锰的主要功能是维持大量酶的活性，对骨骼、牙齿的形成具有重要作用。保持奶牛繁殖功能、生长发育以及碳水化合物和脂肪代谢正常都需要锰的参与，锰还对中枢神经系统发挥作用。缺锰会导致牛的生长速度下降，骨骼变形，繁殖机能紊乱，怀孕母牛流产。按日粮干物质计，泌乳牛和干奶牛对锰的需要量为 17~21 毫克 / 千克，犊牛和后备母牛的需要量为 30~40 毫克 / 千克。通常奶牛日粮中都需要补充锰。

（十）锌

锌分布于牛的肌肉、皮毛、肝脏、精液、前列腺和牛奶中，是核酸代谢、蛋白质合成、碳水化合物代谢等 100 多种酶系的成分和胰岛素的组成成分，与肌肉生长、被毛生长、组织修复和繁殖机能密切相关。锌缺乏时，奶牛产奶量和乳品质下降，犊牛生长发育受阻，饲料采食量下降、蹄肿胀、呈鳞片状损伤，被毛易脱落，皮肤角质化。奶牛妊娠期间缺锌，会导致犊牛免疫力下降、生长发育迟缓等。在现代奶牛生产中，一般都会给日粮添加锌。按采食的干物质计，建议干奶牛锌需要量为 23 毫克 / 千克，泌乳牛为 54~65 毫克 / 千克，犊牛和后备牛为 40 毫克 / 千克。

（十一）碘

碘在体内含量甚微，但功能非常重要。碘是合成甲状腺素的关键物质，而甲状腺素是体内能量代谢的调控物质。缺碘时，动物代谢降低，甲状腺肿大，发育受阻。按采食的干物质计，建议干奶牛碘需要量为 0.4 毫克 / 千克，泌乳牛为 0.65 毫克 / 千克，犊牛和后备牛为 0.25 毫克 / 千克。给奶牛补碘时，可以选择碘化钾、碘酸钙或加碘食盐。

（十二）硒

硒分布于全身所有组织，是谷胱甘肽过氧化物酶的主要成分，硒和维生素 E 具有相似的抗氧化作用，能分解组织脂类氧化所产生的过氧化物，保护细胞膜免受自由基的损害。若硒不足，则可引发白肌病、肝坏死、生长迟缓、繁殖力下降等。缺硒的主要原因是土壤中缺乏硒，从而导致种植的粮食和饲草中硒的含量低。我国绝大部分土壤和水中都缺硒，因而需要在动物日粮中补充硒。NRC（2001）建议的奶牛硒需要量为 0.11 毫克 / 千克（按采食的干物质计），这一水平足以发挥硒对奶牛产后胎衣不下和乳房感染的预防效果，同时，也是保证维生素 E 发挥作用的前提。亚硒酸钠和硒酸钠都可以作为补硒的选择，但其纯品为毒物，使用时要慎重，最好使用经过 100 倍稀释的产品。

（十三）钴

钴是反刍动物所必需的微量元素之一，其主要功能是作为维生素 B_{12} 的成分。反刍动物瘤胃微生物能够利用钴合成维生素 B_{12} 所以，当缺乏钴时，会出现维生素 B_{12} 的缺乏，表现为营养不良、生长停滞、消瘦、贫血等。由于奶牛体内贮存的钴不能为瘤胃微生物所用，所以奶牛日粮中必须持续补充钴，每日的补给量按采食的干物质计以 0.1 毫克 / 千克为宜。奶牛对钴的最大耐受量为 10 毫克 / 千克。

六、维生素的需要

维生素不是构成奶牛组织器官的主要原料，奶牛每天的绝对需要量很少，但却是维持正常代谢所必需的。维生素具有参与代谢、免疫和基因调节等多种生物学功能，对牛的健康、繁殖、生产具有重要意义。严重缺乏会导致各种具体的缺乏病，长期临界缺乏则会使动物的生产表现与健康达不到最佳水平。

维生素分为脂溶性和水溶性两大类。脂溶性维生素包括维生素 A、维生素 D、维生素 E 和维生素 K。一般对于牛仅补充维生素 A、维生素 D、维生素 E 即可，维生素 K 可在瘤胃中合成。水溶性维生素包括 B 族维生素和维生素 C，瘤胃微生物均能合成。但近来研究表明，在现代奶牛生产体系中，仅仅依靠瘤胃合成，某些水溶性维生素可能不能满足高产奶牛的需要。

（一）维生素 A

维生素 A 为合成视紫红质所必需，对保持各种器官系统的黏膜上皮组织的健康及其正常生理机能，维持机体生长、发育和正常的繁殖机能具有重要作用。维生素 A 缺乏症表现为上皮组织角质化，食欲减退，随之而来的是多泪、角膜炎、角膜软化、干眼病、角膜云翳，有时会发生永久性失明。妊娠母牛缺乏维生素 A 会发生流产、早产、胎衣不下，产出死胎、畸形胎儿或瞎眼犊牛。荷斯坦奶牛血浆中维生素 A 的含量若低于 0.20 毫克 / 升，则可认为已存在缺乏症；当含量降至 0.10 毫克 / 升时，标志着肝脏中贮存的维生素 A 已降到临界点。

维生素 A 只存在于动物体内，植物性饲料中含有维生素 A 的前

体物质 β–胡萝卜素，可在动物体内转化为维生素 A，但一般情况下转化率很低。而且，植物性饲料的维生素 A 含量受到植物种类、成熟度和贮存时间等多种因素的影响，变异幅度很大。因此，在大多数情况下，尤其是在高精料日粮、高玉米青贮日粮、低质粗料日粮、饲养条件恶劣和免疫机能降低的情况下，都需要额外补充维生素 A。

在不考虑基础日粮的前提下，按体重计，后备母牛对维生素 A 的需要量为 24 微克 / 千克，成年奶牛对维生素 A 的需要量为 33 微克 / 千克。以日粮干物质为基础表示，犊牛的维生素 A 需要量为 1 140 微克 / 千克，生长牛为 600 微克 / 千克，干奶牛和泌乳牛为 1 200 微克 / 千克，维生素 A 的安全摄入上限是 19 800 微克 / 千克。

（二）维生素 D

维生素 D 是产生钙调控激素 1, 25–二羟基维生素 D 的一种必需前体物，这种激素可提高小肠上皮细胞转运钙、磷的活性，并且增强甲状腺旁激素的活性，提高骨钙吸收，对于维持体内钙、磷状况的稳定，保持骨骼和牙齿的正常具有重要意义。1, 25–二羟基维生素 D 还与维持免疫系统的功能有关，通常可促进体液免疫而抑制细胞免疫。维生素 D 缺乏会降低奶牛维持体内钙、磷平衡的能力，导致血浆中钙、磷浓度降低，使幼小动物出现佝偻病，成年动物出现骨软化，主要是由于骨中有机物不能矿物质化而造成的。在幼小动物中，佝偻病可导致关节粗大、疼痛。在成年动物中，跛足病和骨折都是维生素 D 缺乏的常见后果。

大部分动物包括奶牛的皮肤能够在光照作用下将 7–脱氢胆固醇转化为维生素 D_3，在植物中，紫外线辐射能够引起由麦角固醇生成维生素 D_2 的光化学反应。由皮肤或日粮提供的维生素 D 迅速转运到肝脏并进一步转化，血液维生素 D 的正常浓度为 1~2 毫克 / 毫升。

很难准确界定奶牛的维生素 D 需要量。通常在采食晒制干草和接受足够太阳光照射的条件下，奶牛不需要补充维生素 D，而青绿饲料、玉米青贮料和人工干草的维生素 D 含量也比较丰富。但给高产奶牛和干奶牛、公牛补充维生素 D，可提高产奶量和繁殖性能。NRC

建议泌乳牛日粮的维生素 D 添加水平按干物质计为 275~300 微克 /
千克，而犊牛、生长牛分别为 150 微克 / 千克和 75 微克 / 千克。

（三）维生素 E

维生素 E 是一系列称为生育酚的脂溶性化合物的总称。其中，
a– 生育酚的活性最强，是饲料中最普通的存在形式。维生素 E 的主
要功能是作为脂溶性细胞的抗氧化剂，参与细胞膜维护、花生四烯酸
的代谢以及增强免疫功能和生殖功能。白肌病是典型的维生素 E 临
床缺乏病，繁殖紊乱、产乳热和免疫力下降等问题也与维生素 E 存
在不同程度的关系。在奶牛分娩前后，日粮添加或注射维生素 E 可
增强中性粒细胞和巨噬细胞的功能。当硒元素充足时，给干奶期的奶
牛添加维生素 E，可降低胎衣不下、乳腺感染和乳房炎的发生率。

饲料中维生素 E 的含量变化很大，新鲜牧草可达 40~118 微克 /
千克（以干物质计）。植物被收割后，α– 生育酚的浓度迅速下降；
延长暴露在空气和阳光中的时间，可进一步加剧维生素 E 活性的损
失；精料中含维生素 E 很少，加热处理大豆几乎破坏了所有的 a– 生
育酚。常用于奶牛的商品维生素 E 添加剂是 DL–a– 生育酚乙酸酯。

关于维生素 E 的需要量，NRC 建议妊娠最后 60 天的干乳牛和后
备奶牛的维生素 E 添加量按体重计为 0.94 微克 / 千克，泌乳牛的维
生素 E 补充量按体重计为 0.47 微克 / 千克。对以新鲜饲草为基础的
日粮（鲜草占日粮干物质的 50%），与含相同比例的贮存饲草相比，
为满足奶牛需要添加的维生素 E 可以少 67%；奶牛体内硒状况不佳
时，可增加维生素 E 的需要量；饲喂保护性不饱和脂肪酸时，应该
额外添加维生素 E；在免疫功能低下时（分娩前后），额外添加维生
素 E 可能有用；大量添加维生素 E（>588 微克 / 天），可降低乳中的
氧化味道。

（四）水溶性维生素

所有年龄的牛对水溶性维生素都有生理的需求，但由于瘤胃微生
物能够合成绝大部分的水溶性维生素（生物素、叶酸、烟酸、泛酸、

维生素 B_1、核黄素、维生素 B_6、维生素 B_{12}），而且，大部分饲料中这些维生素的含量都很高。因此，奶牛真正缺乏这些维生素的情况很少见。对于犊牛，哺乳期间的水溶性维生素需求可以通过牛奶满足，而使用代乳料或早期断奶时，则需要补充全部维生素。此外，最近关于高产奶牛水溶性维生素的研究显示，添加烟酸、生物素、胆碱等水溶性维生素在某些特殊情况下可能具有积极作用。不过，现在还没有足够的数据来量化大部分水溶性维生素的生物学效率、瘤胃合成以及确定奶牛的需要量。

1. 生物素

生物素是羧化反应中许多酶的辅助因子。正常情况下，瘤胃微生物能够合成生物素，瘤胃液中生物素的浓度可超过 9 微克 / 升。在日粮精料比例大时，瘤胃酸度增加，可抑制瘤胃合成生物素，因此可能需要添加生物素。血清中生物素的浓度与奶牛临床跛足病的发病率呈负相关，日粮中添加生物素 1~2 毫克 / 千克（按干物质计），可使动物的蹄叶正常发育。

2. 烟酸

烟酸是吡啶核苷酸电子载体 NAD 和 NADP 的辅酶，在线粒体呼吸链和碳水化合物、脂类与氨基酸的代谢过程中具有重要作用。对犊牛而言，烟酸是必需的维生素，代乳料中的建议添加量为 2.6 毫克 / 千克（按干物质计）。成年牛的瘤胃能合成足够的烟酸，但现有的部分研究显示，奶牛在泌乳早期由于产后食欲减退、瘤胃合成不足和产奶需要量大等因素，可能需要补充烟酸。对于高产奶牛，建议于产前 2 周至产后 8~12 周期间每天补充 6~12 克烟酸。此外，烟酸具有抗酯解活性，对预防和治疗脂肪肝和酮病有作用。对患酮病牛的预防量为每天 6 克，治疗量为每天 12 克。

3. 胆碱

从传统意义上讲，胆碱并不是一种维生素。因为它不是酶系统的一部分，而且，胆碱的需要量是以克计的。胆碱在体内的作用主要是作为甲基供体，缺乏症包括肌无力、脂肪肝、肾出血等。目前，估计犊牛对胆碱的需要量为 1 000 毫克 / 千克（按采食干物质计）。

无论是天然存在于饲料中还是以氯化胆碱形式添加到日粮中的胆碱，在瘤胃内都被大量降解，小肠几乎检测不到胆碱。因此，补饲未加保护的胆碱一般没有用。但在日粮蛋氨酸缺乏的情况下，胆碱可以在瘤胃微生物合成蛋氨酸时提供甲基，从而对奶牛生产具有潜在价值。饲喂经过保护的胆碱或瘤胃后灌注胆碱的试验结果显示，每天补充 15~90 克胆碱，使日产奶量增加了 0~3 千克，效果不稳定。这可能与蛋氨酸的供给量有关系，可吸收蛋氨酸高的日粮，可减弱胆碱的效应。

七、水的需要

（一）水的营养作用与代谢

水是奶牛最重要的营养素。生命的所有过程都需要水的参与，比如营养物质和其他化合物向细胞内外的转运，养分的消化与代谢，废弃物通过尿、粪和汗的排出，热量从机体的散发，维持机体的体液和离子平衡以及为胚胎发育提供体液环境等，机体损失的水超过 20% 时就会有生命危险。

牛机体含水量占其总体重的 56%~81%，分为细胞内和细胞外两部分，细胞内的占机体总水分的 2/3。奶牛每天需要摄入大量的水，主要由饮水、饲料中的水以及机体营养物质代谢产生的水来满足，尤其是前两个来源。机体水损失的途径包括泌乳、排尿、排粪、出汗和肺部蒸发。产奶牛通过奶损失的水分占总摄入水的 25%~35%，粪中水分的损失占 30%~35%，尿中水分的损失占 15%~20%，通过出汗、唾液和蒸发损失的水分占 18% 左右。

（二）影响饮水量的因素

奶牛的饮水量受干物质进食量、气候、日粮组成、水质和生理状况等多种因素的影响。一般情况下，大体形牛的饮水量高于小体形牛，犊牛高于成年牛，产奶牛高于干奶牛。在适宜的温度条件下，按采食的日粮干物质计，成年牛的饮水量估计为 3~5 升 / 千克，犊牛为

4~6升/千克。炎热季节奶牛的饮水量会大幅度增加，按采食的日粮干物质计，超过30℃后，奶牛的饮水量可达8~15升/千克，而温度低于5℃后，奶牛的饮水量只有4升/千克。日粮中盐、碳酸氢钠和蛋白质含量过高会增加水的摄入。高饲草日粮也会增加水的需要量，主要是由于通过粪、尿排出的水增加了。

奶牛每天要饮水多次，通常与采食和泌乳有关。奶牛主要在白天饮水，圈内拴系式饲养的泌乳奶牛平均每天饮水4次。在圈内散养方式下，泌乳奶牛平均每天饮水6.6次，水的摄入量与总干物质采食量和采食次数呈正相关。饮用水的温度对奶牛的饮水行为和生产性能只是略有影响，炎热的夏季，饮用水的温度降到10℃左右对降低体温有一定的作用，但对产奶量没有明显影响。在可以自由选择水温的情况下，奶牛愿意饮用温度适中的水（17~28℃），而不是过凉或过热的水。

（三）奶牛饮水的质量要求

水的质量对奶牛生产和健康而言是一个重要问题。在评价人类和家畜饮用水的质量时，通常会考虑5个指标：气味特性、理化特性（pH值、总可溶固体物、总溶解氧和硬度）、有毒物质（重金属、有毒金属、有机磷和碳氢化合物）存在与否、矿物质或化合物（硝酸盐、钠、硫和铁）是否过量以及细菌存在与否。

对奶牛而言，水中总可溶盐的安全水平为1 000毫克/升，超过3 000毫克/升就可能会对生产表现产生不利的影响。硝酸盐能够在瘤胃内作为合成微生物蛋白质的氮源而被利用，但也会被还原成亚硝酸盐，吸收入机体内后降低血红蛋白的携氧能力，严重情况下造成窒息，急性硝酸盐或亚硝酸盐中毒症状为：窒息，呼吸无力，脉搏加快，流涎，痉挛，口鼻部发紫，眼睛周围也发紫和发绀。程度较轻的硝酸盐中毒会影响生长，出现繁殖障碍，引起流产、维生素A缺乏以及其他一些普遍不适症状。通常水中硝酸态氮的安全剂量是小于10毫克/升，硝酸盐小于44毫克/升。

奶牛饮用水中的有毒有害物质和污染物的安全剂量见表5-4。

表 5-4　奶牛饮用水中的有毒有害物质和污染物的安全剂量

项目	上限值（毫克/升）
铝	0.5
砷	0.05
硼	5.0
镉	0.005
铬	0.1
钴	1.0
铜	1.0
氟	2.0
铅	0.015
锰	0.05
汞	0.01
镍	0.25
硒	0.05
矾	0.1
锌	5.0

（四）奶牛饮水量的计算

气温升高，饮水量增加，温度达到 27~30℃，泌乳母牛的饮水量发生显著的变化，母牛在高湿条件下的饮水量比低湿条件下要少。但干物质进食量、产奶量、环境温度和钠进食量是影响饮水量的主要因素，泌乳母牛每日水的需要量以下列公式计算：

饮水量（千克/天）=15.99+［（1.58±0.271）× 干物质进食量（千克/天）］+［（0.90±0.157）× 产乳量（千克/天）］+［（0.05±0.023）× 钠进食量（克/天）］+［（1.20±0.0106）× 每天的最低温度）］

第三节　奶牛的饲草料加工技术

一、奶牛的饲料分类

奶牛的饲料种类分为：粗饲料、精饲料、多汁饲料、矿物质饲料和饲料添加剂等几大类。

（一）粗饲料

干物质中粗纤维含量大于或等于18%（CF/DM ≥ 18%）的饲料统称粗饲料，主要包括干草、秸秆、青绿饲料、青贮饲料四种。

1. 干草

为水分含量小于15%的野生或人工栽培的禾本科或豆科牧草，如野干草（秋白草）、羊草、黑麦草、苜蓿等。

2. 秸秆

农作物收获后的秸、藤、蔓、秧、荚、壳等，如玉米秸、稻草、谷草、花生藤、甘薯蔓、马铃薯秧、豆秸、豆荚等，有干燥和青绿两种。

3. 青绿饲料

为水分含量大于或等于45%的野生或人工栽培的禾本科或豆科牧草和农作物植株，如野青草、青大麦、青燕麦、青苜蓿、三叶草、紫云英和全株玉米青饲等。

4. 青贮饲料

是以青绿饲料或青绿农作物秸秆为原料，通过铡碎、压实、密封，经乳酸发酵制成的饲料。含水量一般在65%~75%，pH值4.2左右。含水量45%~55%的青贮饲料称低水分青贮或半干青贮，pH值4.5左右。

（二）精饲料

干物质中粗纤维含量小于18%（CF/DM<18%）的饲料统称精饲

料。精饲料又分为能量饲料和蛋白质补充料。干物质粗蛋白含量小于20%（CP/DM<20%）的精饲料称能量饲料。干物质粗蛋白含量大于或等于20%（CP/DM≥20%）的精饲料称蛋白质补充料。精饲料主要有谷实类、糠麸类、饼粕类3种。

1. 谷实类

粮食作物的籽实，如玉米、高粱、大麦、燕麦、稻谷等为谷实类，一般属能量饲料。

2. 糠麸类

各种粮食干加工的副产品，如小麦麸、玉米皮、高粱糠、米糠等为糠麸类，也属能量饲料。

3. 饼粕类

油料加工的副产品，如豆饼（粕）、花生饼（粕）、菜籽饼（粕）、棉籽饼（粕）、胡麻饼、葵花籽饼、玉米胚芽饼等为饼粕类。以上除玉米胚芽饼属能量饲料外，均属蛋白质补充料。带壳的棉籽饼和葵花籽饼干物质粗纤维量大于18%，可归入粗饲料。

（三）多汁饲料

干物质中粗纤维含量小于18%，水分含量大于75%的块根、块茎、瓜果、蔬菜类及粮食、豆类、块根等湿加工的副产品即糟粕料称多汁饲料，如胡萝卜、萝卜、甘薯、马铃薯、甘蓝、南瓜、西瓜、苹果、大白菜、甘蓝叶属能量饲料。糟粕料中的淀粉渣、糖渣、甜菜渣、酒糟属能量饲料；豆腐渣、酱油渣、啤酒糟属蛋白质补充料。

（四）矿物质饲料

可供饲用的天然矿物质，称矿物质饲料，以补充钙、磷、镁、钾、钠、氯、硫等常量元素（占体重0.01%以上的元素）为目的，如石粉、碳酸钙、磷酸钙、磷酸氢钙、食盐、硫酸镁等。

（五）饲料添加剂

为补充营养物质、提高生产性能、提高饲料利用率、改善饲料品质、促进生长繁殖、保障奶牛健康而掺入饲料中的少量或微量营养性或非营养性物质，称饲料添加剂。奶牛常用的饲料添加剂主要有：维生素添加剂，如维生素 A、维生素 D、维生素 E、烟酸等；微量元素（占体重 0.01% 以下的元素）添加剂，如铁、铜、锌、锰、钴、硒、碘等；氨基酸添加剂，如保护性赖氨酸、蛋氨酸；瘤胃缓冲、调控剂，如：碳酸氢钠、脲酶抑制剂等；酶制剂，如淀粉酶、蛋白酶、脂肪酶、纤维素分解酶等；活性菌（益生素）制剂，如乳酸菌、曲霉菌、酵母制剂等；饲料防霉剂，如双乙酸钠等；抗氧化剂，如乙氧喹（山道喹），可减少苜蓿草粉胡萝卜素的损失，二丁基羟基甲苯（BHT）、丁羟基茴香醚（BHA）均属油脂抗氧化剂。

（六）添加剂预混料

添加剂预混料是由一种或数种添加剂微量成分组成，并加有载体和稀释剂的混合物，如维生素预混料、微量元素预混料及维生素和微量元素预混料。维生素和微量元素预混料一般配成 1% 添加量（占混合精料的比例）。

（七）料精及浓缩料

料精是由添加剂预混料成分（如维生素和微量元素）及补充钙、磷的矿物质、骨粉和食盐混合组成的，可配成 5% 添加量（占混合精料的比例）。

浓缩料是由料精成分（维生素、微量元素添加剂及补充钙、磷的矿物质、骨粉和食盐）与蛋白质补充料、瘤胃缓冲剂等混合组成的。即混合精料中除能量饲料以外的饲料成分，加上能量饲料（玉米、麸皮）即为混合精料，一般配成 30%~40% 添加量（占混合精料的比例）。

（八）精料混合料（混合精料）

将谷实类、糠麸类、饼粕类、矿物质、动物性饲料、瘤胃缓冲剂及添加剂预混料按一定比例均匀混合，称精料混合料或混合精料。在实际生产中，奶牛的饲料包括粗饲料、精料混合料、多汁饲料三种。

（九）全混合日粮（TMR）

根据牛群的营养需要，按照日粮配方，将粗饲料、精料混合料、多汁饲料等全部日粮用搅拌车进行大混合，称全混合日粮（TMR）。饲喂全混合日粮适合奶牛的采食心理，是比较先进的饲喂方法。

二、青贮饲料的加工调制

青贮饲料是将含水率为65%~75%的青绿饲料经切碎后，在密闭缺氧的条件下，通过厌氧乳酸菌的发酵作用，抑制各种杂菌的繁殖，而得到的一种粗饲料。青贮饲料气味酸香、柔软多汁、适口性好、营养丰富、利于长期保存，是家畜优良饲料来源。

青贮饲料有3种类型：一是由新鲜的天然植物性饲料调制的青贮饲料，或在新鲜的植物性饲料中加入各种辅料（如小麦麸、尿素、糖蜜）或防腐剂、防霉剂调制成的青贮饲料，一般含水量在65%~75%；二是含水量45%~55%的半干青绿植株调制成的青绿饲料；三是以新鲜高水分玉米籽实或麦类籽实为主要原料的谷物湿贮，其水分含量在28%~35%范围内，湿贮后可防止霉变，保持营养质量。

（一）青贮原理

青贮就是利用青绿饲料中存在的乳酸菌，在厌氧条件下对饲料进行发酵，使饲料中的部分糖源转变为乳酸，使青贮料的pH值降到4.2以下，以抑制其他好氧微生物如霉菌、腐败菌等的繁殖生长，从而达到长期贮存青饲料的目的。青贮发酵的机理是一个复杂的微生物活动和生物化学的变化过程。青贮料成败的关键，是能否满足乳酸菌生长繁殖的3个条件：无氧环境、原料中足够的糖分，再加上适宜的含水量，三者缺一不可。为保证无氧环境，青料收割后，应尽可能在短时期内切短、装窖、压实、封严，这是保持低温和创造厌氧的先决条件。切短是便于压实，压实是为了排除空气，密封是隔绝空气。否则，如有空气就会使植物细胞继续呼吸，窖温升高，不仅有利于杂菌繁殖，也引起营养物质大量损失。为保证乳酸菌的大量繁殖，必须有适当的含糖量。

（二）青贮的种类与特点

1. 种类

（1）一般青贮　也称普通青贮，即对常规青饲料（如青刈玉米），按照一般的青贮原理和步骤使之在厌氧条件下进行乳酸菌发酵而制作的青贮。

（2）半干青贮　也称低水分青贮，具有干草和青贮料两者的优点，是近20年来在国外盛行的方法。它将青贮原料风干到含水量40%~55%时，植物细胞渗透压达到5 500~6 000千帕。这样便于使某些腐败菌、丁酸菌甚至乳酸菌的生命活动接近于生理干燥状态，因受水分限制而被抑制。这样，不但使青贮品质提高，而且还克服了高水分青贮由于排汁所造成的营养损失。一般青贮法中认为不易青贮的原料（如豆科牧草）也都可以采用半干青贮法青贮。

（3）特种青贮　指除上述方法以外的所有其他青贮。青贮原料因植物种类、生长阶段和化学成分不同，青贮程度亦有不同。对特殊青贮植物如采取普通青贮法，一般不易成功，需进行一定处理，或添加某些添加物（添加剂青贮），才能制成优良青贮饲料，故称之为特种青贮。

2. 特点

（1）青贮饲料营养损失较少　青饲料适时青贮，其营养成分一般损失10%左右。而自然风干过程中，由于植物细胞并未立即死亡，仍在继续呼吸，就需消耗和分解营养物质，当达到风干状态时，营养损失30%左右。如在风干过程中，遇到雨雪淋洗或发霉变质，则损失更大。青贮对维生素的保存更为有利，如甘薯中每千克青贮饲料有胡萝卜素94.7毫克，而自然风干后仅为2.5毫克。其他营养成分也有类似趋势。

（2）青贮饲料适口性好，消化率高　青饲料经过乳酸发酵后，质地柔软，具有酸甜清香味，牲畜都很喜食。有些植物如菊芋、向日葵茎叶和一些蒿属植物风干后，具有某种特殊气味，而经青贮发酵后，异味消失，适口性增强。青贮饲料饲喂家畜，各种营养成分的消化率也有提高。

（3）青贮饲料单位容积内贮量大　1米³青贮饲料的重量为450~700千克，其中干物质150千克。而1米³干草仅为70千克，约含干物质60千克。1吨苜蓿青贮的体积为1.25米³，而1吨苜蓿干草的体积为13.3~13.5米³。

（4）青贮饲料可以长期保存　不受气候和外在环境的影响，青贮饲料不仅可以常年利用，保存条件好的可达20年以上，可以以丰补歉。同时不受风、霜、雨、雪及水、火等自然灾害的影响。而干草即使在库房内堆放，也会受鼠虫或霉变的危害。

（5）牲畜饲喂青贮饲料，毛光亮，可减少消化系统和寄生虫病的发生　青贮饲料由于营养丰富，乳酸和维生素含量丰富，可以提高其他饲料的消化率。实践证明，饲喂青贮饲料的牲畜，消化道疾病较少。饲料经发酵后，寄生虫及其虫卵被杀死，故可减少内寄生虫病的发生。一些杂草种子也因发酵而失去发芽能力，可减少牲畜粪便传播杂草的机会。

青贮饲料由于具有上述特点和作用，所以许多畜牧业发达国家，不仅冬春寒冷地区大量制作青贮饲料（如美国、俄罗斯、加拿大），就是一些气候温暖的国家，如日本、英国、荷兰等，也广泛利用青贮饲料，甚至常年喂用。他们认为，利用青贮饲料机械化程度高，饲料成本低于青割饲料，饲料供应稳定，牲畜营养平衡，可以持续、稳定高产。青贮的缺点是建筑青贮窖一次性投资大，需要管理技术高，饲料维生素D含量低。

（三）青贮饲料的制作方法

1. 青贮场地的选择

不论哪种建筑形式的青贮设施，都应选地势较高、地下水位低的地方，以免雨季被水淹没或被污水污染。距厩舍要近，以免浪费人力、物力。土质要求紧密，以防下沉，对土窖尤为重要。距池塘、粪池、厕所等要远，以保证青贮质量。

2. 修建青贮窖

青贮窖样式很多，有圆、方、长方、马蹄等形状，根据地下水位高低，分别建成地下窖、半地下窖和地上窖。容量大小随牲畜的

数量而定，最好建成砖石水泥结构的永久窖。临时的平地青贮容易使四周的青贮饲料霉烂，营养也容易损失。青贮窖的形状：青贮量少可建成圆形；青贮量大可建成长方形，呈上宽下窄倒梯形，这样便于压实。同时还要利于排水，不可使雨水进去，造成

图 5-7　青贮窖样式

腐烂。根据原料多少计算窖的体积，一般 1 米^{3}可青贮 500 千克。其设计形状见图 5-7。

3. 青贮饲料的制作要点

（1）选取原料　青绿饲料、野草、野菜、作物秸秆、树叶等均可青贮。鲜草含糖量高于 3%，较易青贮，豆科牧草含糖量低于 3%，难于青贮，青贮时可将两类饲草混合青贮，配比为 2 : 1 或 1 : 1。

（2）适时刈割　在适当的时候对青贮原料进行刈割，可以获得最高产量和最佳养分含量。通常豆科牧草为孕蕾后期至开花初期刈割；禾本科牧草为孕穗期到开花期刈割。玉米秸青贮，以留 1/2 的绿色叶片最佳。红薯蔓要避免霜打或晒成半干状态，以含水率 70% 为宜。

（3）控制原料水分含量　一般青贮饲料适宜的含水量为 65%~75%。以豆科牧草作为原料时，其含水量以 65%~70% 为宜。如果含水量过高，则糖分被过分稀释，不适宜乳酸菌的繁殖；含水量过低时，则青贮物不宜被压缩，残留空气太多，霉菌和其他杂菌滋生蔓延，产生更高的热度，会使饲料变褐，降低蛋白质的消化性，导致青贮原料腐败变质，甚至有发生火灾的可能。

一般来说，将青贮的原料切碎后，握在手中，手中感到湿润，但不滴水，这个时机较为相宜。如果水分偏高，收割后可晾晒一天再贮。

青贮原料如果含水量不足，可以添加清水。加水数量要根据原料的实际含水多少，计算应加水的数量。加水数量计算公式为：以100千克原料与加水量之和为分母，原料中的实际含水量与加水量之和为分子，相除所得商，即为调整后的含水量。

　　（4）清理青贮设备　青贮原料入窖前，要清洁青贮设备。在使用之前应将原有的青贮窖、壕、塔中及墙壁上附着的脏土铲除，拍打平滑，晾干后再用。装填青贮原料要快捷迅速，避免空气分解而导致腐败变质。青贮窖、壕的窖底须铺一层10~15厘米厚的切断的秸秆软草，以便吸收青贮汁液。窖壁四周要衬一层塑料薄膜，以加强密封性能和防止漏渗水。

　　（5）适度切碎青贮原料　青贮原料切碎便于压实，能增加饲料密度，提高青贮窖的利用率。切碎有利于除掉原料间隙中的空气，使植物细胞渗出汁液湿润饲料表面，有利于乳酸菌的繁殖和青贮饲料品质的提高，同时还便于取用和家畜采食。带果穗全株青贮，切碎过程中可将籽粒打碎，以提高饲料利用率。切碎的程度可根据原料的粗细、硬度、含水量、家畜种类和铡切的工具等决定。茎秆比较粗硬的应切短些，便于装窖踩实和牲畜采食。茎秆柔软的可稍长一些。例如玉米、甜高粱、向日葵等，切碎长度以1~2厘米为宜，可以把结节崩开，提高利用率。大麦、燕麦、牧草等茎秆柔软，切碎长度为3~4厘米。青贮原料切短与否，可影响青贮的pH、乳酸含量及干物质的消化率。将牧草切成0.5~2.0厘米为宜。切碎工具有青贮联合收割机、青贮料切碎机和滚筒铡碎机等。青贮原料铡切见图5-8。

图5-8　铡切青贮

　　高水分原料短切，pH值低，乳酸含量高，挥发性脂肪酸含量少，干物质消化率高。原料含水量60%~70%时切短与否，差异不太显著。

（6）青贮原料的填装与压实　切短的原料应立即装填入窖，以防止水分损失。如果是土窖，窖的四周应铺垫塑料薄膜，以避免饲料接触泥土被污染和饲料中的水分被土壤吸收而发霉。砖、石、水泥结构的永久窖则不需铺垫塑料薄膜，窖底可用砖平铺而不要水泥刮面。原料入窖时应有专人将原料摊平。如遇有风天气，往往茎叶分离，应及时把茎叶充分混合。装填的原料，含水率要达到65%~70%，水分不足时，要及时添加清水，并与原料搅拌均匀。水分过多时，要添加一些干饲料（如秸秆粉、糠麸、草粉等），把含水率调整到标准水分。

在装填原料的同时，进行踩压和机械压实。中小型窖需要人工踩实，原料踩得越实，窖内残留空气越少，有利于乳酸菌的繁殖生长，抑制和杀死有害微生物，对提高青贮饲料质量有至关重要的作用。大型青贮壕或地面上的青贮堆，要用履带式拖拉机反复压实（图5-9）。无论机械或人工压实，都要特别注意四周及四个角落处机械压不到的地方，用人工踩实。青贮原料装填过程应尽量缩短时间，小型窖应在1天内完成，中型窖2~3天，大型窖3~4天。

图5-9　青贮压实

（7）青贮的密封和覆盖　青贮设备中的原料装满压实以后，使原料高出窖口40~50厘米，长方形窖形成鱼脊背式，圆形窖呈馒头状，然后进行密封和覆盖。密封和覆盖的方法：可先盖一层细软的青草，草上再盖一层塑料薄膜，并用泥土压靠在青贮窖或青贮壕壁处，然后用适当的盖子将其盖严；也可在青贮料上盖一层塑料薄膜，然后盖上30~50厘米的湿土；如果不用塑料薄膜，需要在压实的原料上盖上约3~5厘米厚的软青草，再在上面覆盖一层35~45厘米厚的湿土并很好地踏实。窖四周要把多余泥土清理好，挖好排水沟，防止雨水流入窖内。封窖后应每天检查盖土下沉的情况并将下沉时盖顶上所形成的裂缝和孔隙用泥抹好，以保证高度密封。在青贮窖无棚的情况下，窖顶的泥土必须高出青贮窖的边缘，并呈圆形顶，以免雨水流入窖内（图5-10）。

图5-10 青贮密封

（四）青贮饲料的品质鉴定及应用

1. 青贮饲料的成熟与品质鉴定

青贮原料一般经过4~6周完成发酵过程即可取出喂饲。

青贮饲料品质鉴定的方法有现场评定和实验室评定。最常用的是现场评定法，从感官上看，良好的青贮饲料呈黄绿色，有光泽，近于原色，有酒酸味或略有刺鼻酸味，结构紧密、湿润，茎脉保持原状、清晰、易分离。劣质青贮呈黄色、褐色和暗绿色，有特殊刺鼻腐臭或腐烂味，腐烂、污泥状，质地黏滑或干燥，结块，结构不清。

2. 青贮饲料的应用

青贮饲料在微生物发酵中产生乳酸、醋酸、琥珀酸及醇类，具有芳香气味，适口性好，易于反刍家畜消化吸收，提高繁殖率、增重速度、泌乳力，是发展奶牛不可缺少的优质饲料来源。近年来，随着我国农业调整的不断深入，反刍动物生产在畜牧业中的比例逐渐增加，青贮饲料不仅营养丰富而且原料的来源广泛，因此在畜牧业生产中应用越来越普遍。

青贮是奶牛日粮中采食量最大的饲料，其品质的优劣及营养价值的高低是影响奶牛生产性能、牛奶品质和饲养成本的重要因素。大量的研究表明，玉米秸+青贮玉米秸可有效替代青草饲喂奶牛，降低

饲养成本，而不降低泌乳性能。奶牛饲喂青贮饲料后在一定程度上能够改善牛奶品质。

利用全株玉米青贮饲料饲喂奶牛，其适口性、消化率以及营养价值均优于去穗秸秆青贮，且省时省力，提升青贮饲料的质量，提高养殖业的经济效益。

3.饲喂及保存

秸秆青贮饲料饲喂牛，其饲喂量为每百千克体重 3~5 千克。喂饲青贮料时需要搭配一些其他饲料，如玉米，豆粕等精饲料以及干草等粗饲料，以利于牛的生长发育。

开始饲喂时家畜不太喜欢吃，要进行调教，可以撒一些牛爱吃的草料，让牛慢慢适应。喂量要由少到多，逐渐增加，一般情况下每头牛每天最多采食 20 千克。不可单喂青贮料，应与牧草或与其他干草搭配饲喂。冬季如果饲料结冰，应溶化后再喂。

良好的青贮饲料若管理得当，可贮存多年，甚至可达 20~30 年。青贮饲料一开窖，不可能一次用完。因此，取料应从一角开始，自上而下，取用量以满足当天采食为准，用多少取多少，以保证青贮料新鲜，取后仍要注意密封。尽量减少空气侵入，防止二次发酵，避免饲料变质。取出的青贮料应尽快饲喂，饲槽中牛没吃完的青贮料要及时清除，以免腐败。

三、青干草的加工调制

干草是指利用收割（在适宜时期）的天然草地或人工种植的牧草及禾谷类饲料作物，经自然或人工干燥调制的能长期保存的草料。干草的特点是营养性好、容易消化、成本比较低、操作简便易行、便于大量贮存。在草食家畜的日粮组成中，干草起到的作用越来越被畜牧业生产者所重视，它是秸秆、农副产品等粗饲料很难替代的草食家畜饲料。新鲜牧草只限于夏秋季节应用，制成干草可以一年四季都用，因此，制成干草有利于缓解草料在一年四季中供应不均衡的矛盾，干草也是制作草粉、草颗粒和草块等其他草产品的原料。制作干草的方法和所需设备可因地制宜，既可利用太阳能自然晒制，也可采用大型的专用设备进行人工干燥调制，调制技术比较容易掌握，制作后使用方便，是目前常用的饲草加工保存的有效方法。

（一）自然风干或晒干与加工烘干的区别

牧草自然风干和人为调制是有区别的，牧草收割后水分含量一般在90%左右，表面看起来牧草已经枯萎死亡，但植物细胞仍处于呼吸状态，牧草的生理活性并没有立即停止。这就意味着，植物本身仍在消耗营养物质，牧草的营养价值在下降。而通过人为控制自然或人工烘干的干牧草是处于生理干燥状态，细胞呼吸和酶的作用迅速减弱甚至停止，这样就避免了饲草的养分丢失，同时，饲草的这种干燥状态也防止了其他有害微生物对牧草所含的养分进行分解而发生霉变现象，以达到长期保存的目的。制作好的干草见图5-11。

图5-11 制作好的干草

（二）饲草调制的阶段

饲草由湿到干的调制过程一般可分为两个变化阶段，每个阶段的衡量指标是以水分含量为依据的。

第一阶段，从饲草收割到水分降至40%左右。这个阶段的特点是：细胞尚未死亡，呼吸作用继续进行，此时饲草养分分解作用很大，为营养物质损失阶段，此期时间越长，损失越大。为了减少此阶段的养分损失，则必须尽快使水分降至40%以下，以促使细胞及早死亡，这个阶段养分的损失量一般为5%~10%。牧草收割后如果自然晾干，这阶段的持续时间长，如果遇到阴雨天时间会更长，营养成分损失就更大。而用人工干燥，这阶段的时间就短。

第二阶段，饲草水分从40%降至17%以下。这个阶段的特点是：饲草细胞的生理作用停止，多数细胞已经死亡，呼吸作用不再进行。但仍有一些酶参与一些微弱的生化活动，养分受细胞内酶的作用而被分解，仍有少量营养物质被损失。当牧草的水分低于14%时，微生物已处于生理干燥状态，繁殖活动也已趋于停止，牧草处于可储备时期，此期牧草的养分损失很少。

（三）适合制作干草的牧草

从理论上讲，几乎所有人工栽培牧草、野生牧草均可制作干草。但在实际操作中，一般要选择那些茎秆较细，叶面适中的饲草品种，即通常所说的豆科和禾本科两大类饲草。如果茎秆太粗、叶面太大，茎秆和叶面不协调，或者说是秆粗叶小，这些因素都会影响干草的调制效果和质量。

1. 豆科牧草

有紫花苜蓿、沙打旺、红豆草、小冠花、红三叶及格拉姆柱花草等。

（1）紫花苜蓿　是目前世界上分布最广的豆科牧草，广泛种植

图 5-12　紫花苜蓿

于我国的北方地区，苜蓿被称为"牧草之王"。这不仅是由于它的草质优良、营养丰富，而且它的适应性非常广泛。苜蓿的茎叶柔软，适合调制干草，调制干草适宜的收割期为初花期，优质苜蓿干草粗蛋白质的含量是16%~20%，粗脂肪含量是3%~4%，如果收割过晚会使营养成分下降，干草质地粗硬。收获过早会影响产量。生长的紫花苜蓿见图5-12。

（2）沙打旺　也叫直立黄芪，属于多年生草本植物（图5-13）。沙打旺在初花期收割，调制干草比较适宜，沙打旺干草粗蛋白质含量为12%~17%，粗脂肪2%~3%。沙打旺晾干后茎秆比较粗硬，用整株饲喂动物利用率较低，最好是粉碎后和其他饲料搭配使用，可以提

高利用率，并使营养平衡。

图 5-13 沙打旺

图 5-14 红豆草

（3）红豆草 也叫驴食豆、驴喜豆，也属于多年生草本植物，其饲用价值与苜蓿相近，有"牧草皇后"之称（图 5-14）。开花期的红豆草适于调制干草，因为此时茎叶水分含量较低，容易晾晒，但要注意防止叶片脱落。开花期的红豆草制成干草，粗蛋白质含量14%~16%，粗脂肪 2%~5%，干草消化率在 70% 左右。

（4）小冠花 豆科小冠花属草本植物，原产于南欧及东地中海一带。调制干草宜在花蕾至始花期收割，干草饲喂各种家畜都很安全，盛花期的粗蛋白质含量为 19%~22%，粗脂肪 1.8%~3%，粗纤维含量较低，为 21%~32%。

（5）红三叶 也叫红车轴草，为豆科三叶草属多年生牧草，原产小亚细亚与东南欧，广泛分布于温带及亚热带地区。调制干草一般为现蕾盛期至初花期，现蕾期收割制成干草的粗蛋白质含量为20.4%~26.9%，而盛花期仅为 16%~19%，粗脂肪含量 4%~5%。红三叶的叶量大，茎秆中部是空的，且所占比例小，易于调制干草。

（6）格拉姆柱花草 是近年来澳大利亚推出的一个热带豆科柱花草新品系。调制干草的干燥率 23%~25%，干物质粗蛋白质含量15%~17%，粗纤维 33%~40%。干物质消化率 48.4%，蛋白质消化率 52.6%。

豆科牧草的种类很多，以上所讲是一些典型品种。此类牧草以开花初期到盛花期收割最好。因为，此时牧草养分比其他任何时候都要丰富，牧草的茎、秆的木质化程度很低，有利于草食家畜的采食、消化。用于制作干草的牧草多为人工种植，这类牧草一般生长到开花期时茎秆逐渐变得粗硬光滑，木质化程度提高，由此调制的青干草饲用价值下降。

2. 禾本科牧草

常用于做干草的品种有：羊草、芒麦、披碱草、苇状羊茅及黑麦草等。

（1）羊草　也叫碱草，是一种广泛用于奶牛、羊饲养中常见的牧草（图5-15）。我国的羊草主要分布于东北、西北、华北和内蒙古等地，俄罗斯、朝鲜、蒙古等国也有分布。羊草不仅适于放牧各种牲畜，而且是最适于调制干草的禾本科牧草品种之一。其干草粗蛋白质含量7%~13%，

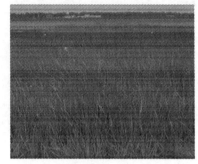

图5-15　羊草

粗脂肪2.3%~2.5%，叶片多而宽长，适口性好。

（2）芒麦　也叫垂穗大麦草、西伯利亚碱草，芒麦为多年生牧草，是在北半球北温带分布较广的野生牧草，我国主要分布在东北、西北和内蒙古一带。芒麦的叶子所占比例很大，幼嫩时适于放牧，在抽穗至始花期收割，调制干草品质较好，粗蛋白质含量11%~13%，粗脂肪2%~4%。

（3）披碱草　也叫野麦草、直穗大麦草，是广泛分布于温带和寒带草原地区的优良牧草，我国主要分布在"三北"（东北、华北、西北）地区。调制干草的适宜收割期宜在抽穗至开花前进行，粗蛋白质含量7%~12%，粗脂肪2%~3%。

（4）苇状羊茅　也叫苇状狐茅，为多年生草本植物，起源于欧洲和亚洲，主要分布在温带与寒带的欧洲、西伯利亚西部及非洲北部。我国主要分布在"三北"（东北、华北、西北）地区。苇状羊

茅调制干草在抽穗期收割，干草粗蛋白质含量 13%~15%，粗脂肪 3%~4%，如果收割过晚，则干草质地粗糙，适口性差。

（5）黑麦草 原产于西南欧、北非及西南亚，现为我国亚热带高海拔地区广泛栽培的优良牧草，至今已经培育成不同特点的品种 60 余个。其干草质地柔软，黑麦草的叶子含量较多，所有草食家畜、家禽、鱼都喜欢采食。调制干草是在初穗盛期，干草的粗蛋白质含量 9%~13%，粗脂肪 2%~3%。由于叶片多而柔软，是牲畜的优质干草。

以上是几种禾本科牧草的代表，禾本科类牧草一般应以抽穗初期至开花初期收割为宜。此类牧草主要是天然草地、荒山野坡、田埂以及沼泽湖泊内所生长的无毒野草和人工种植的牧草，其特点是茎秆上部柔软，基部粗硬，大多数茎秆呈空心，上下较均匀，整株均可饲用，抽穗初期收割其生物产量、养分含量均最高，质地柔软，非常适于调制青干草。但一旦抽穗开花结实，茎秆就会变得粗硬光滑，此时牧草的生物产量、养分含量、可消化性等均受到影响，再用于调制青干草，其饲用价值也会明显降低。

（四）调制牧草的方法

调制干草主要有自然干燥法和人工干燥法两种，不论采用哪种方法，干燥的过程越短越好，因为干燥的越快，损失的营养物质越少。干燥方法不同，牧草中所含的养分有所不同，其中以人工快速干燥和阴干法效果最好。目前，我国的一些大型草业集团和国外的大型企业多采用机械化收割、烘干、打捆的程序化方式制备干草。对于广大农户和养殖户来说，大型机械作业是不合适的，适合小规模或农户晾制干草的方法主要是自然干燥法。

1. 自然干燥法

目前，国内外多数的青干草调制采用自然干燥法，此法是指利用阳光和风蒸发饲草中的水分。自然干燥法的特点是：简便易行、成本低，无须特殊设备。一般时间较长，容易受气候、环境的影响，比如水分降到 40% 所需要的时间较长，容易造成较大的养分损失。

（1）地面干燥法　将收割后的牧草在原地或运到地势较干燥的地方进行晾晒。通常收割的牧草需干燥4~6小时使其水分降到40%~50%，然后用搂草机搂成草条继续晾晒，使其水分降至35%~40%。这时牧草的呼吸作用基本停止，然后用集草机将草集成草堆，保持草堆的松散通风，直至牧草完全干燥。

（2）草架干燥法　在凉棚、仓库等地搭建若干草架，将收获的牧草一层一层放置于草架上，直至饲草晾干，由于草架中部是空的，空气便于流通，有利于牧草水分散失，可大大提高牧草干燥速度，减少营养物质的损失。该方法适合于空气干燥的地区或季节调制青干草，养分尤其是胡萝卜素比晒制法损失要少得多。

（3）发酵干燥法　是介于调制青干草和青贮料之间的一种特殊干燥法。将含水为50%左右的牧草经分层夯实压紧堆积，每层可撒上饲草重量0.5%~1%的食盐，防止发酵过度，使牧草本身细胞的呼吸热和细菌、霉菌活动产生的发酵热在牧草堆中积蓄，草堆温度可上升到70~80℃，借助通风手段将饲草中的水分蒸发使之干燥。这种方法牧草的养分损失较多，多属于阴雨天等无法一下子完成青干草调制时不得不使用的方法。

2．人工干燥法

人为控制牧草的干燥过程，主要是加速收割牧草的水分的蒸发过程，能在很短的时间内将刚收割的饲草水分迅速降到40%以下，可以使牧草的营养损失降到最低，获得高质量的干草。牧草的人工干燥有用吹风干燥的，低温、高温、物理化学方法干燥的，还有用压裂草茎方法干燥的。

（1）吹风干燥法　利用电风扇、吹风机对草堆或草垛进行不加温的干燥，这种常温鼓风干燥适合用于牧草收获时期的昼夜相对湿度低于75%，而温度高于15℃的地方使用。如在特别潮湿的地方，鼓风机中的空气可适当加热，以提高干燥的速度。

（2）低温干燥法　将刚收割的饲草置于较密闭的干燥间内，垛成草垛或搁置于漏缝草架上，从底部吹入50℃左右的干热空气，上部用排风扇吸出潮湿的空气，经过一定时间后，即可调制成青干草。此法适合于多雨潮湿的地区或季节。

（3）高温干燥法　将收割后的新鲜饲草切短，随即用烘干机在50~80℃的温度下烘干5~30分钟，迅速脱水，使牧草水分含量降至17%以下，即调制青干草。

（4）压裂草茎干燥法　整株牧草干燥所需要的时间与牧草茎秆的水分蒸发有直接关系，因为叶片干燥的速度快，茎秆的干燥时间慢。如豆科牧草，当叶片水分降到15%~20%时，其茎梗的水分含量为35%~40%。为了使牧草茎叶干燥保持一致，减少叶片在干燥中的损失，常利用牧草茎秆压裂机先将茎秆压裂、压扁，加快茎中水分蒸发的速度，最大限度地使茎秆与叶片的干燥速度同步进行。压裂茎秆干燥需要的时间可比不压裂茎秆的时间缩短30%~50%，因为此法减少了牧草的呼吸作用、光化学作用和酶的活动时间，从而减少了牧草的营养损失，但由于压扁茎秆使细胞壁破裂而导致细胞液渗出，其营养也有损失。采用机械方法压扁茎秆对初次收割的苜蓿的干燥速度影响较大，而对于以后几次刈割苜蓿的干燥速度影响不大。

（5）化学添加剂干燥法　将一些化学物质添加或者喷洒到牧草（主要是豆科牧草）上，经过一定的化学反应使牧草表皮的角质层破坏，以加快牧草株体内的水分蒸发，加速干燥的速度。这种方法不仅可以减少牧草干燥过程中叶片损失，而且能够提高干草营养物质消化率。在生产实践中，可以根据具体情况确定采用哪种方法，一般讲来，压裂草茎干燥法需要的一次性投资较大，而化学添加剂干燥法则可根据天气情况灵活运用，也可以两种方法同时采用。

（五）制作干草的不同时期注意事项

1. 前期

对豆科类牧草在收割前，最好用干燥剂处理一下，这种方法适宜于人工干燥。处理时选择合适的干燥剂，按照要求配制成溶液喷洒到牧草上。试验证明，干燥剂有助于缩短新鲜饲草调制成干草的时间，降低营养物质损失。但对于禾本科牧草，干燥剂效果不是很明显，在生产实践中谨慎使用。

2. 中期

根据场地条件，对刚收割牧草采取压扁、切短等措施，主要目的是加快牧草的干燥速度。如利用机械收割，有些收割机就包含有压扁的工序。自然干燥法中压扁干燥比普通干燥的牧草干物质损失减少 1/3~1/2 倍，碳水化合物损失减少 1/3~1/2 倍，粗蛋白质损失减少 1/5~1/3 倍。

3. 干燥晒制期

为了使植物细胞迅速死亡，停止呼吸，减少营养物质的损失，一般选晴朗的天气，将刚收割的饲草在原地或附近干燥地铺成又薄又长的条暴晒 4~5 个小时，使鲜草中的水分迅速蒸发，由原来的 75% 以上减少到 40% 左右，完成晒干的第一阶段目标。随后继续干燥使牧草水分由 40% 减少到 14%~17%，最终完成干燥过程，然后改变晾晒的方式。因为如果此时仍采用平铺暴晒法，不仅会因阳光照射过久使胡萝卜素大量损失，而且一旦遭到雨淋后养分损失会更多。因此，当水分降到 40% 左右时，应利用晚间或早晨的时间进行一次翻晒，这时田间空气湿度相对较大，进行翻晒时可以减少苜蓿叶片的脱落，同时将两行草垄并成一行，或将平铺地面的半干青草堆成小堆，堆高约 1 米，直径 1.5 米，重约 50 千克，继续晾晒 4~5 天，等全干后收贮。

（六）干草打捆

牧草干燥后为便于运输和贮藏需要打捆，牧草打捆通常有以下三个过程。

1. 原地打捆

饲草收割后在晴天阳光下晾晒 2~3 天，当苜蓿草的含水量在 18% 以下时，可在晚间或早晨进行打捆，这样做是为了减少苜蓿叶片的损失及破碎（图 5-16、图 5-17）。在打捆过程中，应该特别注意的是不能将田间的土块、杂草和霉变草打进草捆里。调制好的干草应具有深绿色或绿色，闻起来有芳香的气味。

图5-16　打捆

图5-17　原地制成的草捆

2. 草捆贮存

草捆打好后，应尽快将其运输到仓库里或在贮草坪上码垛贮存。码垛时草捆之间要留有通风间隙，以便草捆能迅速散发水分。但要注意底层草捆不能与地面直接接触，应垫上木板或水泥板。在贮草坪上码垛时垛顶要用塑料布或防雨设施封严。制作的草捆见图5-18。

图5-18　制作的草捆

3. 二次压缩打捆

草捆在仓库里或贮草坪上贮存20~30天后，当其含水量降到12%~14%时即可进行二次压缩打捆，两捆压缩为一捆，其密度可达350千克/米^{3}左右。高密度打捆后，体积减少了一半，降低了运输和贮存的成本。

（七）干草制作时的水分测定

水分含量是牧草晾干和储存的一个重要指标，制成的干草含水量一般为14%~17%。干草的水分含量过高，容易发生霉变，不能贮存；水分含量过低，会造成叶片脱落，降低草的品质。所以掌握水分的含量是制作干草的关键。晒制好的干草应尽可能地保持原料的色泽和完整，并力求最大限度地减少营养物质的损失。测定水分含量有水分分析仪测定法和人工感官法。

1. 水分分析仪进行测定

适用于成剁或成捆干草水分的测定。方法是将测定仪的探头插入草垛或草捆内部的不同部位，不同部位数据的平均值就代表了干草的含水量。

2. 人工感官测定

（1）40% 左右含水量的测定　取一束晒制干草于手中，用力拧扭，此时草束虽能拧成绳，但不形成水滴。

（2）17% 左右含水量的测定　取一束干草贴近脸颊，不觉凉爽，也不觉湿热；或干草在手中轻轻摇动，可听到清脆的沙沙声；手工揉搓不能使其脆断，松开后干草不能很快自动松散，此时草的水分含量为 14%~17%。若脸颊有凉感，抖动时听不到清脆的沙沙声，揉团后缺少弹性，松散慢，说明含水量在 17% 以上，应继续降低水分。

（八）干草的贮存

调制好的干草应及时妥善收藏保存，若青干草含水比较多，其营养物质容易发生分解和破坏，严重时会引起干草的发酵、发热、发霉，使青干草变质，失去原有的色泽，并有不良气味，使饲用价值大大降低。具体收藏方法可因具体情况和需要而定，但不论采用什么方法贮藏，都应尽量缩小与空气的接触面，减少日晒雨淋等影响。

1. 散干草的贮存

（1）露天堆垛　这是一种最经济、较省事的贮存青干草的方法。选择离动物圈舍较近，地势平坦、干燥、易排水的地方，做成高出地面的平台，台上铺上树枝、石块或作物秸秆约 30 厘米厚，作为防潮底垫，四周挖好排水沟，堆成圆形或长方形草堆。长方形的草堆，一般高 6~10 米，宽 4~5 米；圆形草堆，底部直径 3~4 米，高 5~6 米。堆垛时，第一层先从外向里堆，使里边的一排压住外面的梢部，如此逐排向内堆排，成为外部稍低、中间隆起的弧形。每层 30~60 厘米厚，直至堆成封顶。封顶用绳子横竖交错系紧。堆垛时应尽量压紧，加大密度，缩小与外界环境的接触面，垛顶用薄膜封顶，防止日晒漏雨。处理不好牧草会发生自动燃烧现象，为了防止这种现象发生，上垛的干草含水量一定要在15%以下。堆大垛时，为了避免垛中产生的热量难以散发，应在堆垛时每隔50~60厘米垫放一层硬秸秆或树枝，以便于散热。

（2）草棚堆藏　在气候湿润或条件较好的牧场应建造简易的干草棚或青干草专用贮存仓库，避免日晒、雨淋。堆草方法与露天堆垛基本相同，要注意干草与地面、棚顶保持一定距离，便于通风散热，也可利用空房或屋前屋后能遮雨地方贮藏（图5-19）。

图5-19　草棚堆藏

2.压捆青干草的贮藏

散干草体积大，贮运不方便，为了便于贮运，损失减至最低限度并保持干草的优良品质，生产中常把青干草压缩成长方形或圆形的草捆，然后一层一层叠放贮藏。草捆垛的大小可根据贮存场地加以确定，一般长20米，宽5米，高18~20层干草捆，每层应有0.3米^{3}的通风道，其数目根据青干草含水量与草捆垛的大小而定。

3.干草贮存中的注意事项

青干草在贮存中应注意控制含水量在17%以下，并注意通风和防雨。这是由于青干草仍含有较高水分，发生在青干草调制过程中的各种生理变化并未完全停止。如果不注意通风，周围环境湿度大或漏雨，致使干草水分升高，引起酶和微生物共同作用会导致青干草内温度升高，当温度达72℃以上时，会引起青干草自动燃烧。因此应特别注意青干草含水量的问题。

牧草干燥后，通常水分保持在15%左右。在存放过程中应注意防水、防潮，更要注意防止小动物的破坏，比如防止老鼠类动物在干草中拉尿、生息繁衍，造成污染。干草的营养素含量会随时间的延长而损失。干草经过长期贮存后，干物质的含量及消化率会降低，胡萝卜素被破坏，草香味消失，适口性也差。因此，制备好的干草长时间贮存或是隔年贮藏的方法是不适宜的，最好是当年收获的牧草当年使用。

（九）优质干草的品质

品质优良的干草，应该是茎叶完整、保持绿色、有清香味，营养物质含量达到正常标准，某些维生素和微量元素含量较丰富。优质的青干草应是质地柔软、气味芳香、养分含量丰富，适口性好，可以为草食家畜提供优质的蛋白质、能量物质、矿物质和维生素的营养物质，尤其是以舍饲为主的育成草食家畜是必不可少的。

1. 干草的叶片

保有较多的叶片，叶片中含有丰富的营养物质，且各种养分的消化率高，优质青干草叶片比例高。因此，在青干草的调制过程中，应尽量避免叶片过多脱落。

2. 干草的颜色

优质青干草应为青绿色，一般认为青干草中的胡萝卜素含量与其叶片的颜色有关，绿色越深，胡萝卜素的含量越高。

3. 干草的柔软性

质地柔软，牧草应在抽穗至开花期收割，是调制青干草的最佳原材料，只要调制得法，就可得到质地柔软的优质青干草了。牧草在抽穗至开花期后收割，再在烈日下过分暴晒，会导致青干草质地坚硬。

4. 干草的气味

制作和保存良好的青干草闻起来具有特殊的、令人舒服的芳香味，这是饲草中一些酶和青干草轻微发酵共同作用的结果。

5. 纯净度

优质的青干草不应混有泥土、枯枝和生活垃圾等杂物及明显的虫害痕迹。

（十）干草的饲喂

为了提高饲喂效果，饲喂前最好将干草进行处理。用于喂牛，可以将干草铡短成 3~5 厘米的短草，通常奶牛每日饲喂干草 5 千克左右。

草捆在使用前要经过解捆、铡短、粉碎处理，草块使用前需要用水浸泡，使其松散，便于饲喂。使用牧草、牧草粉或草块喂家畜时一定要注意营养搭配，特别是要注意矿物质的平衡才能收到效果。比如苜蓿干草的钙含量为 1.4%~2.0%，磷含量为 0.24%；羊草的钙含量为 0.37%，磷含量为 0.18%；披碱草含钙 0.3%，含磷 0.1%，野干草含钙 0.61%，含磷 0.20%。这些都说明一个问题，即牧草中的矿物质不平衡，或者钙的含量高，磷的含量低，或者钙和磷都满足不了动物生长发育的需要。如果只喂干草，不进行矿物质平衡，将不利于动物正常生长和取得好的生产效益。

四、秸秆的加工调制

我国是一个农业大国，谷物作为农业生产的必然产物，是一种十分宝贵的资源，据粗略统计，每年约产农作物秸秆 6 亿吨以上。对秸秆进行饲料开发，既可保护环境，又能节约资源，增加畜产品供给。

（一）秸秆饲料的特点

1. 秸秆的结构特点

（1）秸秆的结构及碳水化合物的合成　秸秆的主要成分是纤维物质和少量的粗蛋白、粗脂肪，这三种成分在干物质中的含量一般在 75%~85%、2.5%~8.0% 和 1.0%~2.5%，另外还有 4.5%~10% 的粗灰分，可见秸秆的最主要成分是粗纤维。

（2）粗纤维　是饲料中所有不溶于一定浓度的稀酸、稀碱、乙醇有机物质的总称，包括纤维素、半纤维素、多缩戊糖及镶嵌物质（木质素、角质）等。纤维素属木质化天然纤维，其结晶度和聚合度均很高，是植物细胞壁的主要构成成分，也是自然界中最大的有机物质。

秸秆之所以很难在常规条件下降解，主要是因为秸秆中纤维素、半纤维素与木质素的结合方式。木质素与半纤维素经共价键形式结合，将纤维素分子包埋在中间，使降解纤维素的酶不易与纤维素分子接触；木质素的水不溶性、复杂的化学结构，也给降解带来了很大困难。所以，要彻底降解纤维素，必须首先运用微生物解决木质素的降解问题。

2. 秸秆饲料的营养特点

籽实收获后晒干的三大秸秆（玉米、小麦和水稻）的粗脂肪含量低，有效能含量不足，它们的代谢能含量比青干草、全株玉米青贮料、能量饲料、蛋白质饲料分别低 14.64%、25.06%、52.07%、56.24%。秸秆饲料的粗蛋白质含量为 2%~7% 低于动物粪便中的粗蛋白质含量。上述 3 种秸秆在牛瘤胃内 24 小时粗蛋白质的消化率在 30% 左右，仅相当于苜蓿干草的 50%。如果将这些秸秆不加处理作为唯一饲料使用，即使用于牛羊也满足不了它们的需要。秸秆饲料严重缺乏维生素、矿物质元素，如钙、磷含量低，且硅酸盐含量高，粗纤维含量高，干物质中粗纤维含量为 31%~45%，酸性洗涤纤维（ADF）的含量在 50% 以上。然而，奶牛等反刍动物由于消化生理的要求，必须供给一定量的粗纤维素，才能保证其消化代谢的正常进行。

（二）充分认识农作物秸秆的地位和作用

农作物光合作用的产物一半在籽实中，一半在秸秆里。长期以来，人们一直把秸秆看做是农作物的副产品，存在重粮食利用，轻秸秆利用的观念。随着现代加工技术发展，对农作物秸秆认识应有一个转变，秸秆和籽实同样都是重要的农产品。加强农作物秸秆综合利用对加快农村经济发展具有重要作用。

秸秆作为重要的生物质资源，总能量基本和玉米、淀粉的总能量相当。秸秆燃烧值约为标准煤的 50%，秸秆蛋白含量约为 5%，纤维含量在 3% 左右，还含有一定量的钙、磷等矿物质，1 吨普通秸秆的营养价值平均与 0.25 吨粮食的营养价值相当。专家测算，每生产 1吨玉米可产两吨秸秆，每生产 1 吨稻谷和小麦可产 1 吨秸秆。我国每年可产农作物秸秆 6 亿多吨，如全部用作饲料，折算相当于 1.5 亿吨粮食。经过科学处理，秸秆的营养价值还可以大幅度提高。

（三）秸秆的处理方法

农作物秸秆是农区草食畜的主要粗饲料。秸秆加工的目的是改变原来的体积和理化性质，便于牛的采食，提高适口性，减少饲料浪费，提高其营养价值。到目前为止，行之有效的加工方法主要有物理方法、化学方法和生物学方法。

1. 物理加工方法

物理加工即对秸秆进行切短或粉碎、制成颗粒、碾青、热喷等。这种方法一般不能改善秸秆的消化率，但可以改善适口性，提高利用率，减少浪费。

（1）切短　秸秆经切短后可便于采食和咀嚼，并易于与精料拌匀，防止牛挑食，从而减少饲料浪费，提高采食量。切短的长度一般为 1.5~2.5 厘米。

（2）粉碎　粗饲料经适当粉碎，可提高采食量。多采食的部分能补偿粗饲料本身所含能量的不足，但要注意粉碎粒度。用于养牛时，不宜粉得太细。

（3）制颗粒　粗饲料经粉碎后可与其他饲料配成平衡饲粮，然后制成颗粒。颗粒料的适口性好，营养平衡，粉尘少，颗粒大小适宜，便于咀嚼，从而提高了采食量。用单纯的粗饲料或优质干草经粉碎制成颗粒饲料，可减少粗饲料的体积，便于贮藏和运输。

（4）碾青　将秸秆铺在地面上，厚度为 30~40 厘米，上铺同样高度的青饲料，最上面再铺秸秆，然后用石磙碾压，此过程称为碾青。青饲料流出的汁液被上、下两层秸秆吸收。经过该处理，可缩短青饲料晒制的时间，并提高粗饲料的适口性和营养价值。

（5）热喷　将初步破碎或不经破碎的粗饲料装入压力罐内，用1.47~1.95 兆帕的压力，持续 1~30 分钟，然后，突然减至常压喷放，即可得热喷饲料。经过该处理，可提高牛对粗饲料的采食量和有机物质的消化率。

2. 化学处理

化学处理是利用化学试剂对粗饲料进行处理，使其内部化学结构发生改变，从而使其更易被瘤胃微生物所消化，主要有碱化法、氨化法等。

（1）碱化法 是利用强碱液处理秸秆，破坏植物细胞壁及纤维素构架，从而释放出与之关联的营养物质。这种方法能大幅度地提高秸秆的消化率，但处理成本高，环境污染严重。

① 氢氧化钠处理。传统的方法也称湿法处理，具体方法是用 8 倍于秸秆重量的 1.5% 的氢氧化钠溶液浸泡秸秆 12 小时，然后用水冲洗至中性。该法处理的秸秆，牛喜食，有机物质消化率在原有基础上提高了 24%。缺点是费力费时，需水量大，且营养物质随水洗流失较多，还会造成环境污染。为克服湿法的这些缺点，目前已对该法进行了改进，主要包括半干处理和干处理。半干处理是秸秆经氢氧化钠溶液浸泡后不用水洗，而是通过压榨机将秸秆压成半干状态，然后烘干饲喂。干处理是将秸秆切短，通过螺旋

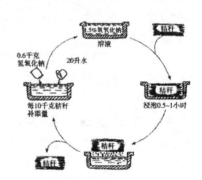

图 5-20 化学处理

混合器加入 30% 的氢氧化钠溶液，混匀，使秸秆含氢氧化钠的量为其干物质的 3%~5%。然后，将这种秸秆送入颗粒机压成颗粒，冷却后饲喂，处理流程见图 5-20。

② 石灰液处理。按秸秆与生石灰 100：1 备料，先将生石灰按 1 千克加水 20 千克溶解，去沉渣。然后，用该石灰液浸泡切短的秸秆 24 小时，捞取晾干饲喂。该法效果比氢氧化钠差，且秸秆易发霉。但原料易得，成本低，方法简便，能提高秸秆的钙质。也可再加入 1% 的氨，以防止秸秆发霉。

（2）氨化法　是利用液氨、尿素、碳铵和氨水等，在密闭的条件下对秸秆进行氨化处理。其优点是操作简便、成本低廉，可提供一定的氮素营养，能明显提高秸秆的消化率和粗蛋白质水平，改善适口性，提高采食量，对环境基本无污染。因此，氨化处理秸秆在世界范围内得到了广泛应用。具体流程见图5-21。

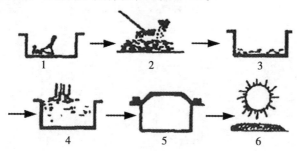

图5-21　氨化处理流程

1—清扫；2—拌料；3—入窖；4—稍踩实；5—密封；6—晒干

① 无水液氨处理。多采用"堆垛法"，将秸秆垛起，上盖塑料薄膜，底边四周用泥土密封，其内安置多孔导管与液氨罐相连；开启罐上的压力表，按秸秆干物质重量的3%通进液氨，氨气很快遍及全垛。氨化处理时间取决于气温，气温低于5℃时，需8周以上；5~15℃时，需4~8周；15~30℃时，需1~4周。启封后通风12~24小时，待氨味消失后，即可饲喂。

② 氨水氨化处理。可用含氨量15%的农用氨水，按秸秆重10%的比例，把氨水逐层均匀喷洒于秸秆上。喷洒完氨水后，用塑料薄膜将垛封严（图5-22）。该方法在气温不低于20℃时，5~7天氨化完成，启封后12~24小时，待氨味消失后即可饲喂，也可按上述液氨的堆垛法处理。

③ 尿素氨化处理。按秸秆量的3%加入尿素，即将3千克尿素溶解于60千克水中，逐层均匀地喷洒在100千克秸秆上。用塑料薄膜压紧、封严。秸秆中含有脲酶，在该酶的作用下，尿素分解放出氨，从而可达到氨化的目的。

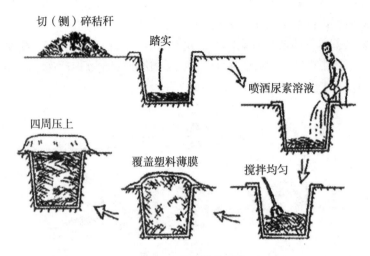

图 5-22　氨化池处理法

3. 生物处理

秸秆的生物学处理又称微生物发酵，即利用微生物在发酵过程中分解秸秆中的半纤维素、纤维素等，再连同菌体喂牛。生物处理对改善秸秆的营养价值、提高粗蛋白质含量有一定效果。目前，在养牛生产中广泛应用的秸秆发酵技术主要有秸秆微贮和制酒发酵。

（1）秸秆微贮的技术操作

① 菌种复活。在处理秸秆前，先将一袋发酵活干菌倒入 2 千克水中充分溶解，然后，在常温下放置 1~2 小时，使菌种复活。

② 菌液配制。将复活好的菌种倒入充分溶解的 0.8%~1.0% 的食盐水中拌匀。食盐水和菌液量计算参照表 5-5。

表 5-5　微贮菌剂用量与菌液配制计算

秸秆种类	秸秆重（千克）	发酵活干菌用量(千克)	食盐用量（千克）	水用量（千克）	贮料含水量（%）
麦秸稻草	1000	3	9~12	1200~1400	60~70
干玉米秸	1000	3	6~8	800~1000	60~70
青玉米秸	1000	1.5		适量	60~70

③ 贮存。在砖窖或土窖的四周，铺衬塑料膜。将秸秆铡成 2~3 厘米，装入窖中，30~50 厘米厚为一层；然后，在秸秆上均匀喷洒菌液水，同时加入占秸秆质量 60%~70% 的水，并碾压或踩压紧实；在最上层均匀洒上食盐，食盐用量为 250 克 / 米^2，最后，用塑料膜封顶，四周压严，上部用土或其他重物压实。封顶后一周内经常检查窖顶变化，若发现裂缝或凹坑，则应及时处理，以防漏气腐败。

④ 开窖。一般在窖内贮藏 21~30 天后才能取出，取出时要从一角开始，从上至下逐渐取用，每次用量以在当天喂完为宜。取料后一定要将窖口封严，以免雨水进入引起变质。微贮料要与其他草料混合饲喂，也可与精料同喂。饲喂时应有一段适应过程，逐渐加量，一般每头牛每天以 10~15 千克为宜。

（2）酿酒酵母发酵　按照常规酿酒技术，把秸秆切碎，作为酿酒的蓬松剂，与其他原料混合、发酵，蒸馏酒后，用作牛的饲料。其优点主要有如下 3 个方面。

① 在酿酒过程中，与其他制酒材料混合，增加了部分营养成分，使秸秆饲料的营养成分得到了改善。

② 在酒精发酵过程中，使得秸秆中部分动物难以消化利用的纤维素类成分得到了预分解，同时产生了一定的发酵产物，增加了秸秆饲料的芳香味，提高了动物的适口性和消化利用率。

③ 通过酒精发酵和蒸馏，使粗硬的秸秆得到了软化，增加了菌体蛋白，在改善适口性、提高利用率的同时，还增加了部分过瘤胃营养物质。

酒精发酵秸秆饲料与酒糟饲料的不同之处在于：酒糟是酿酒过程中的副产品，而在酒精发酵饲料过程中，发酵饲料是主产品。这一技术虽目前已广泛应用，得到了饲养场（户）的认可，但其具体机理仍在研究探索之中。酒精发酵饲料势必残留部分醇类，应当限量饲用，建议饲喂量为每头每天 10 千克以下。

五、精饲料的加工调制

（一）籽实饲料的加工调制

1. 籽实类饲料的营养

籽实饲料一般均作为高能量或高蛋白饲料应用。与饲草相比，不仅可利用的养分含量高，而且各养分含量稳定，变异不大。由于牛有很强的利用非蛋白氮的能力，因此除犊牛饲料外，蛋白质含量很高的豆类饲料很少在养牛业中应用。用于饲养成年牛的籽实饲料多为能量饲料，其粗蛋白质在 8%~12%（占物质的百分比），85%~90% 为真蛋白。除籽实的荚壳外，70% 的糖类物质为淀粉，纤维素和木质素是荚壳的主要成分。为提高籽实饲料的消化利用，用前须破碎。籽实饲料一般含钙低，含磷高；含维生素 E 高、维生素 D 低；除黄玉米外，一般含胡萝卜素很少。

籽实饲料的养分消化率高，其中有机物的消化率可达 75%~85%，粗蛋白达 70%~80%，无氮浸出物达 85%~90%。

2. 加工调制

（1）粉碎　是籽实饲料最普通的加工方法，也最便宜。粉碎可以提高一些小而硬的籽实的消化率，但粉碎不宜太细，太细的粉状饲料不利于牛胃，尤其是第三胃（瓣胃）的消化利用。

（2）干碾压　相当于粗略的粉碎，颗粒大小可以有很大的不同。牛喜食用这种方式加工的籽实饲料。

（3）制粒　须先粉碎并与其他饲料相配合，最好通以蒸汽，浸软和糊化，然后使饲料通过厚厚的钢模，将其挤压成不同大小、长度和硬度的颗粒。牛比较喜欢采食这类饲料，并由于制粒还增加了饲料密度，降低了灰尘。

（4）焙炒　可以提高籽实饲料的适口性。试验表明，焙炒玉米提高了牛日增重和饲料利用率。对于豆类，焙炒或经其他热处理可以破坏其对热不稳定的生长抑制因子，并有助于提高蛋白质的利用率。

（5）蒸汽压片和加压蒸煮　这是 20 世纪 60 年代以来国外较广

泛采用的籽实料加工方法。把籽实在碾压前通上 3~5 分钟的蒸汽，比干碾所产生的粉尘少，但饲养结果与干碾无大差异。后来又把通汽时间延长至 15~30 分钟，把籽实水分提高到 18%~20%，然后压成片状，牛最喜欢吃这样的饲料。

（6）高水分谷物的加工　当谷物水分达 20%~35%，一般干燥成本过高，又因天气不好不容许田间干燥时，可采用这种方式。把干燥谷物有时再加水再按高水分谷物贮存法加工称"复新"，主要贮存于筒仓，筒仓的氧气量受到控制。饲喂时再把高水分谷物取出碾压。这样加工的缺点是所需设备费高，优点是可省干燥费用，而且碾压容易。

（7）酸保存　把整粒及粉碎较粗的高水分籽实料与 1%~1.5% 的丙酸或丙酸乙酯、丙酸甲酯混合物彻底混合，这样的谷物可以保存数月不坏。

（二）饲料的糖化

为了提高奶牛的营养，增加甜度，使牛爱吃，可把含淀粉多的高粱面、玉米粉、麸皮及稻谷糠等各种精饲料糖化后饲喂，可使一部分淀粉变成麦芽糖，饲料中的糖含量就可从 1% 增加到 10%。可增加饲料甜味，给牛提供速效能源，易消化，吸收快，牛爱吃，能显著增加牛的采食量。这种使饲料糖化的方法在畜牧业发达的国家已普遍采用，我国养牛业发达省份也常用这种糖化方法调制喂牛，无论大型牛场、养牛户都很适用。

1. 糖化饲料的调制方法

先把需要糖化的玉米、高粱等多种饲料粉碎后，装入不漏水的木桶或缸内，再添加适量食盐及矿物质混合均匀。每装 0.5 厘米厚左右时，用 1 份饲料加 2~2.5 份比例烧开的热水，一面烫一面搅拌均匀，平整后再逐层装入。装满后，在饲料的最上面盖满一层稻谷糠或麻袋片，封闭盖好以保温，最好放于温暖的室内，促进糖化。如能在糖化饲料内再添加些大麦芽，能使饲料加快糖化。

2. 调制糖化饲料应注意的问题

饲料糖化时要注意保温，保持缸内温度在 55~65℃时，一般 3~4

小时就能糖化成功。如室温低，就要向后推迟饲喂时间。饲料糖化好后（以饲料变为甜酸为标准），要立即饲喂，防止酸败。根据其糖化快的特点，在制作糖化饲料时，应根据牛数和一天的喂量及室温情况来灵活掌握，分批进行，一批接一批，有计划地供应，饲喂不断。如制作的糖化饲料不能在当天用完，也不要废弃，可作为发酵饲料的原料。

（三）饲料的发酵

饲料经发酵后易消化，营养增加，尤其能保持所有的维生素。调制发酵饲料方法有3种。

1. 引子发酵法

因为发酵的酵母种价格高，在大批发酵饲料前，先做些酵母种，留做饲料引子发酵，可降低饲料调制成本。以100千克饲料为例，先取0.6~1千克面包酵母，加进40~50℃温水45~50升稀释，撒入玉米、高粱、糠麸等精料20千克，拌和均匀。间隔20~30分钟搅拌一次，经过4~6小时室温发酵即做好引子。再加入100~150升水及剩余的80千克精料，每经过1小时搅拌一次，需要6~9小时做成发酵饲料。

2. 直接发酵法

先向发酵槽内加水160~200千克，加进面包酵母（0.5~1千克酵母加5升温水）稀释，再加入100千克精料，每30分钟搅拌一次，经过6~9小时做成发酵饲料，是最简便的一种直接发酵法。

3. 酵母发酵法

也是一种先用酵母制作酵酶而后发酵的方法。如在40千克糖化饲料中（糖化饲料制法见上题糖化法）加进1千克酵母，每间隔20~25分钟搅拌一次，酵酶制做需6小时即成功。然后取出20千克酵酶加进110~150升温水中，再加80千克饲料进行发酵。剩下的20千克酵酶，可再加入20千克糖化饲料进行搅拌制成酵酶，这样可连续发酵5次。

第四节　奶牛的常用饲料原料与选购

一、常用饲料原料

适合喂奶牛的饲料很多，包括粗饲料（干草、秸秆等）、青绿饲料（牧草、蔬菜、块根块茎类）、青贮饲料，多汁饲料；精饲料：能量饲料（玉米、麸皮、小麦、大麦、燕麦、高粱、米糠、次粉等）、蛋白质饲料（豆饼、豆粕、菜籽饼、棉籽粕、花生粕、向日葵粕、胡麻粕等）；其他饲料：矿物质饲料（主要补充一般饲料原料含量不足的钙、磷、钠、氯等常量元素）和添加类等。

奶牛是草食动物，青、粗饲料可占奶牛采食干物质总量的50%~90%。对于育成期奶牛、空怀奶牛和非繁殖期成年种牛等生产力较低的牛，可以只供给青、粗饲料，不仅可以充分利用饲料资源，降低饲养成本，而且也适合奶牛的采食特性和生理特征。因此，青饲料、青贮饲料和干草是饲喂奶牛的最主要的饲料，但在奶牛怀孕期、产奶期、繁殖期，要适当补充精料。根据奶牛在产奶各阶段的营养需要，如果将切短的粗饲料、精饲料和各种添加剂进行充分混合，制成营养相对平衡的日粮，即所谓全混合日粮，用来饲养奶牛，可以达到科学、经济、方便的效果。

（一）奶牛的粗饲料

干物质中粗纤维含量大于或等于18%的饲料统称粗饲料。粗饲料主要包括干草、秸秆、青绿饲料、青贮饲料4种。

1. 干草

为水分含量小于15%的野生或人工栽培的禾本科或豆科牧草，如野干草（秋白草）、羊草、黑麦草、苜蓿等。

2. 秸秆类

为农作物收获后的秸、藤、蔓、秧、荚、壳等，如玉米秸、稻草、谷草、花生藤、甘薯蔓、马铃薯秧、豆荚、豆秸等，有干燥和青绿两种。

3. 青绿饲料

水分含量大于或等于45%的野生或人工栽培的禾本科或豆科牧草和农作物植株，如野青草、青大麦、青燕麦、青苜蓿、三叶草、紫云英和全株玉米青饲等。

4. 青贮饲料

是以青绿饲料或青绿农作物秸秆为原料，通过铡碎、压实、密封，经乳酸发酵制成的饲料。含水量一般在65%~75%，pH值4.2左右。含水量45%~55%的青贮饲料称低水分青贮或半干青贮，pH值4.5左右。

（二）奶牛的精饲料和精料补充料

奶牛的精饲料与单胃动物的全价配合饲料有所不同，重在补充粗饲料的营养不足，其营养含量应根据粗饲料的质与量，以及动物的生产性能而定，故称为精料补充料。奶牛饲养主要以青粗饲料为主，精料补充料是包含能量饲料、蛋白质饲料、钙磷补充料、食盐和各种添加剂，能补充青粗饲料养分含量不足的配合饲料。

1. 蛋白质饲料

蛋白质饲料是指饲料干物质中粗蛋白质含量＞20%、粗纤维含量＜18%的一类饲料。植物性蛋白饲料是最广泛使用的蛋白质饲料，如豆类（含20%~40%粗蛋白）、饼粕类（含33%~50%粗蛋白），以及糟渣类都是蛋白质饲料。动物性蛋白质饲料粗蛋白含量虽然高达85%，但由于反刍动物对蛋白质饲料消化利用的特点，以及疯牛病、饲喂动物性蛋白质饲料后可能对牛奶品质（滋味）等的影响，所以，奶牛饲料中不允许使用。此外，非蛋白氮（主要包括尿素、缩二脲、异丁叉二脲和铵盐）严格讲不是蛋白质饲料，但由于它能被奶牛瘤胃中的微生物利用合成菌体蛋白，微生物又被奶牛的第四胃（又称真胃或皱胃）和肠道消化，所以，奶牛能间接利用非蛋白氮。可以在奶牛饲料中适当添加非蛋白氮，以替代部分饲料蛋白质。

2. 能量饲料

能量饲料是指干物质中粗纤维含量 < 18%、粗蛋白含量 < 20% 的一类饲料。这些饲料含水量低，有机物中主要是可溶性淀粉和糖（一些籽实饲料中还含有较多脂类），有机养分的消化率高，可利用能量高，以提供奶牛能量为主的饲料。能量饲料消化率高达90%（糠麸类除外）；粗蛋白含量低（3.7%~14.2%），除某些糠麸类粗纤维达 17% 外，干物质中粗纤维含量低；粗脂肪在糠谷类中最高可达 19%；B 族维生素含量较丰富，缺乏维生素 A 和维生素 D（但黄玉米含胡萝卜素）；钙少磷多，钙磷比例严重失调。能量饲料的种类主要有：谷实类，如玉米、麦类、高粱、稻谷与糙米等；粮食加工副产品，如米糠、麸皮、玉米种皮等；淀粉质块根块茎、瓜果类饲料干制品；饲用油脂。

（三）多汁饲料

干物质中粗纤维含量小于 18%，水分含量大于 75% 的饲料称多汁饲料，主要有块根、块茎、瓜果、蔬菜类和糟渣类两种。

1. 块根、块茎、瓜果、蔬菜类

如胡萝卜、萝卜、甘薯、马铃薯、甘蓝、南瓜、西瓜、苹果、大白菜、甘蓝叶等均属能量饲料。

2. 糟渣类

如粮食、豆类、块根等湿加工的副产品为糟渣类，如淀粉渣、糖渣、酒糟属能量饲料；豆腐渣、酱油渣啤酒渣属蛋白质补充料。甜菜渣因干物质粗纤维含量大于 18%，应归入粗饲料。

（四）矿物质类

可供饲用的天然矿物质称矿物质饲料，以补充钙、磷、镁、钾、钠、氯、硫等常量元素（占体重 0.01% 以上的元素）为目的，如石粉、碳酸钙、磷酸钙、磷酸氢钙、食盐、硫酸镁等。

（五）添加剂类

为补充营养物质、提高生产性能、提高饲料利用率，改善饲料品质，促进生长繁殖，保障奶牛健康而掺入饲料中的少量或微量营养性或非营养性物质，称饲料添加剂。奶牛常用的饲料添加剂主要有：维生素添加剂，如维生素 A、维生素 D、维生素 E、烟酸等；微量元素（占体重 0.01% 以下的元素）添加剂，如铁、锌、铜、锰、碘、钴、硒等。氨基酸添加剂，如保护性赖氨酸、蛋氨酸；瘤胃缓冲调控剂，如碳酸氢钠、脲酶抑制剂等，酶制剂，如淀粉酶、蛋白酶、脂肪酶、纤维素分解酶等；活性菌（益生素）制剂，如乳酸菌、曲霉菌、酵母制剂等；另外还有饲料防霉剂或抗氧化剂。

二、饲料原料的选购

（一）粗饲料的选购

对于粗饲料最好依靠当地解决，因为粗饲料体积大，不易运输，长途运输成本较大。青贮原料、青绿多汁饲料原料等季节性较强，新鲜、保持期短，不适合于长距离贩运，主要在当地选购。

1. 青贮原料

因奶牛对青贮饲料需求量大且又具有季节性供应，青贮饲料原料最好与农民协议订购，采用订单式生产。

（1）适宜的含糖量　青贮原料的含糖量只有达到不低于青贮原料鲜重的 1.0%~1.5%（青贮中以干物质计含糖量不应少于 10%~15%）时，才能取得良好的青贮效果。

玉米秸秆、高粱秸秆、青草、甘薯藤蔓、甜菜、白菜等，是较为优良的青贮原料。豆科如苜蓿、苕子、三叶草、草木樨、蚕豆和青割大豆等，含糖量或可溶性碳水化合物较少，而且粗蛋白质的含量较多，为不易青贮的原料，最好与禾本科植物混合青贮（以 1∶1.3 为宜），或收割后晒至含水量 45%~55%，成半干青草时再青贮，效果较好，更全面。

（2）适宜的含水量　乳酸菌活动要求最适宜的含水量为 65%~75%。但青贮原料适宜含水量因质地不同而有差别，质地粗硬的原料要达到 78%~82%，幼嫩多汁柔软的原料含水量低一些，以 60% 为宜。

2. 干草

因水分含量少，打捆后占地少，易保存，可以从外地选购。

（二）精饲料原料的选购

1. 根据原料的相对价值

选择相对价值较高的原料品种，即营养成分高、价格适中。在同一类原料里，营养成分互相之间是可以替代的，因此，根据综合价值来选择原料。

2. 正确认识每一批原料

主要包括原料的物理特性、营养价值及变化范围，特殊情况及加工工艺合理使用。以提高、稳定饲料质量。以棉粕为例，产地、品种、工艺、加工不同，营养价值相差很大，粗蛋白质 38%~40%。

3. 要有较好的适口性

较好的适口性是一个好饲料产品必备的首要条件，饲料能量水平、饲料消化率都影响饲料采食量，当饲料营养水平恰当且营养成分平衡时，不同原料成为影响奶牛采食的最主要因素。

（三）选购方法

1. 感官判定

凭经验，从原料的外观来判定饲料的质量。

2. 仪器检测

目前，有许多先进的电子设备可以帮助人们来判定饲料的状况，如含水量、比重等。

3. 分析化验

取样进行化验，分析其各项指标。

4. 商家信誉

信誉级别高的大型企业，能够提供商品的信息，各项指标，使客

户可以放心购买。

（四）注意事项

1. 能量饲料

在选择玉米等原料时，要注意是否发霉，以防黄曲霉毒素中毒。

2. 蛋白质饲料

在选择蛋白质饲料（鱼粉、豆粕等）时，要防止三聚氰胺等提高氮含量的添加物的掺入；在选择棉粕时，要注意棉粕中棉酚的含量。

3. 添加剂

如抗菌促生长剂、抗球虫剂、抗氧化剂、防霉剂、诱食剂等，要注意其残留时间和停药期，同时要严格按照相应标准正确使用添加剂。

三、允许在饲料中使用的添加剂

添加剂饲料主要是化学工业生产的微量元素、维生素和氨基酸等饲料，通常分为营养性添加剂和非营养性添加剂两大类。非营养性添加剂虽然不具备营养作用，但对奶牛的饲料有保质作用，也有的可改善牛的适口性。营养性添加剂本身就是奶牛生长活动所必需的。总之，使用添加剂可显著改善奶牛的生理活动，提高其生产性能。在应用添加剂时，必须考虑符合无公害食品生产的饲料添加剂使用准则。使用的添加剂必须是无残留、无污染、无毒副作用的绿色添加剂。泌乳期奶牛一般禁用抗生素添加剂，同时严格控制激素、抗生素等有害人体健康的物质进入乳品中，严禁使用药物添加剂。要严格遵守中华人民共和国农业部公告第 2045 号《饲料添加剂品种目录（2013）》（以下简称《目录（2013）》）中的有关事项（附《饲料添加剂品种目录（2013）》）。

（一）青贮添加剂

青贮过程中常加入一些添加剂以提高青贮的质量和适口性。常用的添加剂有：非蛋白氮、酶制剂、细菌接种剂和防腐剂。非蛋白氮制剂主要有尿素和硫酸铵。添加非蛋白氮后，青贮料的颜色和气味要差一些，但用此料喂牛，可增加奶产量和乳脂含量。添加复合酶制剂能显著改善青贮稻草的发酵品质，并以麸皮（6%~9%）和复合酶（1.3g/千克DM）同时添加的效果最好。添加乳酸菌制剂后可以提高玉米青贮乳酸含量并降低乙酸含量；对于苜蓿青贮，则可明显降低pH值及丁酸和氨态氮含量，明显改善青贮品质。近年来研制的绿汁发酵液，作为一种纯天然的乳酸菌接种剂，在无氧条件下，可使野生乳酸菌大量繁殖，表现出更高的发酵稳定性。添加甲酸类防腐剂可显著提高苜蓿青贮干物质、粗蛋白、中性洗涤纤维、酸性洗涤纤维的有效降解率。

（二）维生素类添加剂——胆碱

胆碱通常被归类于B族维生素。饲料原料中一般都存在天然胆碱，但其含量可因栽培条件不同而不同。大多数动物都具有合成胆碱的能力，但这种能力受到动物体内与胆碱合成和分解有关的酶的活性的影响。在奶牛营养中，胆碱的作用包括将脂肪肝的发病率降至最低、改善神经传导和作为甲基的供体等。添加胆碱还具有节省蛋氨酸的作用，否则，饲料中的蛋氨酸将用于胆碱的合成。动物缺乏胆碱，会出现呼吸障碍、行为紊乱、无食欲、生长减慢等症状。

（三）氨基酸类添加剂

近年来的研究表明，奶牛也存在小肠氨基酸不平衡的问题，主要是赖氨酸和蛋氨酸不能满足奶牛的需要。而通过改变小肠氨基酸模式，可以提高反刍动物的生产表现和蛋白质利用率。奶牛维持小肠可消化氨基酸的需要量为 2.3 克 $/W^{0.75}$，每千克奶（含3.0%~3.3%粗蛋白）的小肠可消化氨基酸需要量为41~45克，日产奶30千克以上的高产奶牛，其赖氨酸、蛋氨酸需要量的最低值分别为小肠可消化总氨基酸的6.5%和2.0%。由于瘤胃微生物对氨基酸的降解作用，给奶牛补充氨基酸必须选择经过保护处理的产品。目前，市场上已经有过瘤胃保护赖氨酸和蛋氨酸产品。

（四）瘤胃缓冲剂

在精料比例高、酸性青贮料和糟渣类饲料用量大的情况下，瘤胃 pH 值容易降低，导致微生物发酵受到抑制，使奶牛健康受到影响。在这种情况下，添加瘤胃缓冲剂可以使瘤胃保持利于微生物发酵的环境，保证奶牛的生产和健康。常用的缓冲剂有小苏打、氧化镁和乙酸钠。小苏打是缓冲剂的首选，一般要求添加量占干物质采食量的 1%~1.5%。对于高产奶牛，可在此基础上再添加 0.3%~0.5% 的氧化镁。乙酸钠的理想添加量为 300 克／（头·天）。乙酸钠进入瘤胃后，可以分解产生乙酸根离子，在对瘤胃起缓冲作用的同时，还为乳脂合成提供前体。

（五）饲用酶制剂

酶是由活化细胞产生的、催化特定生物化学反应的一种生物催化剂。酶制剂是酶经过提纯、加工后的具有催化功能的生物制品。饲用酶制剂是指添加到动物日粮中，以提高营养消化利用、降低抗营养因子或产生对动物有特殊作用的功能成分的酶制剂。饲用酶制剂包括：① 单酶制剂。其中又分为消化酶（淀粉酶、糖化酶、蛋白酶、脂肪酶）制剂和非消化酶（纤维素酶、半纤维素酶、果胶酶）制剂。② 复合酶制剂。当前，利用酶制剂提高饲料原料的消化利用率，对解决我国饲料原料资源严重匮乏问题及减少环境污染有重要意义。如：在犊牛日粮中添加酶制剂，可显著提高日粮中淀粉、粗蛋白的消化率；添加复合酶制剂可显著提高日增重、降低腹泻率。育成牛和成年牛饲喂纤维素酶，粗饲料采食量提高 8%~10%，粪便中氮由初始减少 30% 到一周后降低 70%，尿中氮含量下降 60%。在奶牛日粮中添加纤维素酶复合酶 53 克／（头·天），奶牛平均日产奶量提高 4.5%，料奶比下降 4.32%，对乳成分无影响。

（六）酵母培养物

酵母培养物是包括活酵母细胞和用于培养酵母的培养基在内的混

合物。米曲霉和酿酒酵母是目前国内外制备酵母培养物的常用菌种。酵母培养物有刺激瘤胃纤维素菌和乳酸利用菌的繁殖、改变瘤胃发酵方式、降低瘤胃氨浓度和提高微生物蛋白产量及饲料消化率的作用。在热应激状态下，日粮中添加酵母培养物能降低奶牛直肠温度。在奶牛日粮中添加酵母培养物，能提高日产奶量 1~1.5 千克，乳脂率和乳蛋白率也有不同程度提高。

（七）活菌制剂

活菌制剂又称为直接饲喂微生物，是一类能够维持动物胃肠道微生物区系平衡的活微生物制剂，主要有芽孢杆菌、双歧杆菌、链球菌、拟杆菌、消化球菌等。活菌制剂的剂型包括粉剂、丸剂、膏剂和液体等。活菌制剂在奶牛上应用可提高产奶量 3%~8%，减少应激和增强抗病能力。

（八）瘤胃素

瘤胃素又称莫能菌素，属聚醚类抗生素，是用以改变瘤胃发酵类型的常用离子载体。最早应用于肉牛，对育成牛和初产母牛的试验表明，可提高增重 6%~14%，而对繁殖性能、产犊过程和犊牛初生重无任何不良影响。由于生长速度加快，青年母牛可提前配种、产犊，因而节省大量饲料费用。在奶牛中应用，可降低瘤胃中乙酸、丁酸、甲烷的产生量，提高丙酸的产生量，合成更多的葡萄糖，提供更多的用于乳糖合成的前体物，从而提高奶牛产奶量。瘤胃素提高反刍动物生产性能的机制与其改变瘤胃中挥发酸产生比例和减少甲烷产生量有关，生产上的反应是提高饲料转化效率、减少热增耗、缓解热应激、节省蛋白质、改变瘤胃充满度和瘤胃食糜外流速度。

第五节　奶牛的饲养标准和饲料配合

饲养标准是实行科学养牛、增加产奶量、提高饲料利用效率、扩大奶牛业经济效益的基本技术依据。日粮配合是按照饲养标准科学地搭配草料，以满足奶牛生长和生产的需要，从而达到经济高效养殖之目的。奶牛尤其是泌乳牛一定要按照饲养标准进行饲养，否则，会扰乱奶牛的正常生理机能，影响营养物质的转化和利用，导致营养代谢失调，产生各种疾病，降低经济效益。

一、奶牛的饲养标准

饲养标准是建立在动物最低营养需要量基础上的，以达到提高饲料效率、节约饲料成本和发挥奶牛最大生产潜力为目的。随着奶牛能量代谢、蛋白质和氨基酸营养、维生素和微量元素营养以及中间代谢等方面知识的日益丰富，饲养标准也几经修改、日趋完善。饲养标准是通过消化试验与平衡试验，取得的有关饲料消化与利用方面的数据。饲料能量为可消化养分的总能量，即蛋白质、脂肪与糖类 3 种养分的能量之和。而蛋白质具有特殊的生理功能，故在饲养标准中单独列项，对反刍家畜过去一直用粗蛋白质，新版已改用降解蛋白质与非降解蛋白质，即小肠蛋白新体系。维生素和一些必需微量元素的需要量，可通过饲养试验或有关生化测定方法求得。以表格形式表示，表上列明一头奶牛每日所需各种养分的量。饲养工作者以此为依据，参照饲料的来源、价格、养分含量和适口性等，选择搭配，组成全价饲料使用。饲养标准中奶牛的营养需要量概括为维持需要量、生产需要量和妊娠后期需要量三大部分（参见附录）。

二、饲料配方设计

（一）奶牛日粮配制原则

饲料的合理搭配（饲料配方设计）是指将所掌握的关于动物营养需要量、饲料营养成分及特性、饲料加工技术等知识相综合，把各种原料按一定的比例搭配在一起，从而为动物设计出营养平衡而价格低廉的全价日粮，以充分发挥动物的生产潜力并获得最大经济效益。合理搭配饲料是畜牧生产中非常重要的技术环节，饲料搭配的合理与否，直接影响到动物的健康、生产性能、生产成本及养殖业的经济效益。但配方的设计绝非简单的数字运算，它的质量反映着一个企业或配方设计者的技术素质、管理水平和预测能力。

饲料配方设计必须遵守以下原则。

1. 饲料配方的先进性与科学性

一个优良的饲料配方包含和容纳了现代营养、饲养、原料特性与分析、质量控制等方面的先进知识。其各种营养指标必须建立在能够满足动物的营养需要，而且各指标之间的配比关系必须合理，从而使生产出的饲料具有良好的适口性和较高的利用效率。对已具有的配方，也应该根据新的知识及生产中各种因素的改变加以适当的修正，从而更符合实际。

2. 必须注意经济原则

在畜牧业生产中，饲料费用通常占总生产成本的一半以上，因此在进行饲料搭配时，必须注意经济原则。使生产出的饲料既能满足动物的营养需要，同时又尽可能地降低成本，防止片面的追求高质量。为达到这一要求，所用原料应尽量选择当地生产量较大、价格又较低廉的饲料，而少用或不用昂贵的饲料。另外，饲料搭配时还应考虑产品环境的影响，尽量减少动物废弃物中氮、磷、铜及药物等对人类生态环境造成的不利影响。

3. 饲料配方的可操作性

可操作性即生产上的可行性。因为一个合理的配方必须选择特定原料通过一定的生产工艺才能生产出合格的产品，所以设计饲料配方时必须同时考虑其可操作性。例如：所选用原材料必须是可以买到或生产的，原料的质量及其配比应是相对稳定的，各种原料的比例应尽量是整数比，其所需加工工艺必须与企业条件相配套等。另外，产品的种类与阶段划分也应符合养殖业生产的要求。

4. 饲料搭配的市场性

配合饲料本身就是一件商品，所以在饲料搭配时必须以市场为目标，应明确产品的档次、客户范围，现在以及将来市场对本产品认可程度与接受前景等，还应特别注意同类竞争产品的特点。例如：为农户散养放牧的牛设计精料配方时应该与集约化饲养时有所区别。又如当农户在拥有丰富的能量饲料时，可为其提供浓缩饲料。

5. 注意配合饲料产品的合法性

合法性是指按配方设计出的产品应符合国家有关规定。为规范国内的配合饲料生产，国家近十年来颁布了一系列的技术标准，这些标准中既有推荐性标准，又有强制性标准。虽然有的规定项目不尽合理或落后于科学，需要进一步完善或修正，但在一些关键性的强制性指标上必须认真执行。因为饲料产品都要接受质量监督部门的管理。有的饲料生产企业为了提高产品质量，还制定了企业标准。但企业标准制定后，必须通过合法途径进行注册登记并在生产中严格执行，要严格控制无标生产和违标生产的现象发生。

（二）奶牛日粮配制技术

饲料搭配技术是动物营养学、饲料学与现代应用数学相结合的产物。它是实现饲料合理搭配，获得高效益、低成本饲料配方的重要手段，是发展配合饲料、实现动物饲养业现代化的一项基础工作。尤其是随着电子计算机的日益普及，越来越多的饲料生产企业将借助于电子计算机来优选最佳饲料配方，这对降低动物生产成本，提高配合饲料质量，推动饲料工业和养殖业的发展，无疑将起到越来越重要的作用。但从目前情况看，利用电子计算机优化饲料配方技术仅在一些大型或部分中型饲料企业中采用，而在广大的养殖场（户）及多数中小型饲料厂仍采用手工配合的方法。另外，电子计算机设计饲料配方的程序，也必须遵循常规饲料配方计算的基本知识和技能。因此这里仅对饲料配方设计的常规方法加以介绍，关于电子计算机计算饲料配方的程序和方法可参考其他资料。

1. 试差法

该法又称凑数法或瞎子爬山法，是目前中小型饲料企业和养殖场（户）经常采用的方法。

其具体做法是：首先根据经验初步拟出各种饲料原料的大体比

例，然后用各自的比例乘以该原料所含各种养分的百分含量，再将各种原料的同种养分相加，就得到该配方的每种养分总含量。将所得结果与饲养标准相比较，若有某种养分超过标准或不足时，可通过减少或增加相应的原料比例进行调整和重新计算，直到所有的营养指标都基本满足饲养标准时为止。这种方法简单易学，且学会后可以逐步深入，掌握各种配料技术，因而广为应用。但缺点是计算量大，比较繁琐，且盲目性大，不易筛选最佳配方，成本也可能较高。

例：一头体重 600 千克、日产乳脂率为 3.5% 的乳 20 千克、怀孕 6 个月的二胎牛，舍饲，环境温度为 0℃。现有饲料种类是：玉米秸、花生蔓、青贮玉米秸、玉米、麸皮、豆饼、棉籽饼、磷酸氢钙、贝壳粉、食盐、碳酸氢钠、复合微量元素添加剂及反刍动物维生素添加剂。以此为例说明奶牛日粮配合的方法和步骤。

第一步，查奶牛营养需要表，列于表 5-6。

表 5-6　营养需要

营养需要	日粮干物质（千克）	奶牛能量单位（NND）	可消化粗蛋白（克）	钙（克）	磷（克）	胡萝卜素（毫克）	维生素 A（千单位）
维持需要	7.52	13.73	364	36	27	64	26
产奶需要	8.20	18.60	1060	84	56		
环境温度需要	$13.73 \times 18 \times 0.6/85 = 1.74$						
二胎需要	0.752	$13.73 \times 10\% = 1.37$	36.4	3.6	2.7		
怀孕需要	$8.27 - 7.52 = 0.75$	$15.07 - 13.73 = 1.34$	$414 - 364 = 50$	$42 - 36 = 6$	$29 - 27 = 2$		
合计	17.22	36.78	1510.4	129.6	87.7		

第二步，首先满足奶牛粗饲料的需要量。根据经验如果每天喂干草 5 千克（玉米秸 70%，花生蔓 30%），青贮玉米秸 25 千克，则可获得如下营养，见表 5-7。

表 5-7　干草和青贮玉米秸营养含量

饲料种类	NND	DCP（克）	Ca（克）	P（克）
3.5 千克玉米秸	$3.5 \times 1.21 = 4.24$	$3.5 \times 18 = 63$		
1.5 千克花生蔓	$1.5 \times 1.54 = 2.31$	$1.5 \times 28 = 42$	$1.5 \times 24.6 = 36.9$	$1.5 \times 0.04 = 0.06$

续表

饲料种类	NND	DCP（克）	Ca（克）	P（克）
25千克青贮玉米秸	25×0.06=9.0	25×10=250	25×1.0=25	25×0.06=1.5
总计	15.55	355	61.9	1.56
尚缺营养	21.23	1155.40	67.7	86.1

第三步，不足营养用精料补充。每千克精料按含2.4NND计算，其精料量为21.24÷2.4=8.85（千克），如喂以玉米4.5千克，麸皮2.5千克，豆饼0.85千克，棉籽饼1.0千克，其营养列入表5-8。

表5-8　混合精料营养含量

饲料种类	NND	DCP（克）	Ca（克）	P（克）
玉米	4.5×2.76=12.42	4.5×56=252	4.5×0.9=4.05	4.5×1.8=8.1
麸皮	2.5×1.89=4.725	2.5×90=225	2.5×1.4=3.5	2.5×5.4=13.5
豆饼	0.85×2.64=2.244	0.85×272=231.2	0.85×3.4=2.89	0.85×7.7=6.5
棉籽饼	1.0×2.34=2.34	1.0×211=211	1.0×2.7=2.7	1.0×8.1=8.1
粗饲料总计	15.55	355	61.9	1.56
精粗饲料总计	37.28	1274.2	75.04	37.76
与需要比较	+0.50	-236.2	-54.56	-49.94

由上表可知，上述日粮除NND（能量）已满足需要外，DCP、Ca、P的需要量不足。

第四步，以豆饼替换等量玉米满足DCP的需要，替换量为236.2÷（272-56）=1.09（千克）。

第五步，补充矿物质，以磷酸氢钙先满足磷的需要（豆饼替换等量玉米引起的磷的变化忽略不计），其需要量为49.94÷220=0.23千克。同时钙也得到满足（0.23×290=66.7）。因此基本上获得平衡日粮，即该奶牛的平衡日粮为玉米秸3.5千克，花生蔓1.5千克，青贮玉米秸25千克，玉米3.41千克，麸皮2.5千克，豆饼1.94千克，棉籽饼1.0千克，磷酸氢钙0.23千克。

第六步，补充食盐（胡萝卜素已满足需要）。食盐的需要量按每100千克体重给3克，每产1千克奶给1.2克，共42克。最后按每千克精料加 1.5% 的磷酸氢钙约 130 克，还要按产品说明添加微量元素添加剂 1%，约 90 克。如此精料的组成比例大致为：玉米 36.5%，麸皮 27%，豆饼 21%，棉籽饼 10%，磷酸氢钙 2.5%，食盐 0.5%，碳酸氢钠 1.5%，微量元素添加剂 1%。

利用试差法设计饲料配方时一般需要一定的配方经验，应注意以下事项。

① 初拟配方时，可先将矿物质、食盐及预混料等原料的用量确定。

② 对原料的营养特性要有一定的了解，对含有毒素、营养抑制因子等不良物质的原料，可根据生产上的经验将其用量固定。

③ 通过观察对比各原料的营养成分，来确定相互取代的原料。

④ 矿物质不足或过高时应首先以含磷的原料调整磷的含量，并计算其钙含量。若钙仍有不足或过高，再以含钙的原料（如石粉、贝壳粉、蛋壳粉等）加以调整。

⑤ 为防止由于原料质量问题而导致产品中营养成分的不足，配方营养水平应稍高于饲养标准。

⑥ 为了配料上的称量方便和准确，所用原料的配比最好为整数，若非有小数不可，应使带小数的原料种类越少越好。

2. 设计饲料配方应注意的几个问题

（1）计算标准或执行标准的确定　饲养标准是进行饲料搭配的重要依据，但它又有局限性。目前，世界上许多国家都建立了自己的饲养标准（如美国 NRC，英国 ARC，法国 APC，日本、欧盟地区、前苏联及我国标准）。许多著名动物育种公司的饲养管理手册上，又有自己的标准，因此，究竟选择哪一个标准，往往使配方设计者无所适从。针对上述情况，建议：

① 对已有品种标准的动物，应尽量以其品种标准为参考。

② 对未有品种标准者，可参考国家标准及美国 NRC、英国 ABC 等标准，但这些标准多为最低需要量。在进行饲料搭配时，应根据饲养动物的品种、饲养方式及水平、饲料生产及加工条件等因素而予以适当修正。

③ 应考虑环境因素对设定标准的影响。多数饲养标准都是以一个近似的采食量为基础的，而环境因素尤其是温度对采食量有很大影响。因此配方设计者必须依据采食量水平设计饲料中营养成分的水平，其一般原则是寒冷季节营养水平可适当下降，而高温季节则应予以提高。

④ 营养指标的确定。现有饲养标准中规定的指标很多，但若考虑指标过多，往往找不到最优解。因此，进行饲料搭配时，通常把主原料与添加剂分开设计。主原料设计时，一般仅选用能量、蛋白质（粗蛋白、可消化粗蛋白、过瘤胃蛋白等）、钙、磷、盐、粗纤维等，其他成分在添加剂中补充。

（2）原料中营养成分的确定　由于原料的变异及分析条件的限制，如何确定使用原料的营养成分是配方设计的又一大难题。虽然许多营养成分表都给出了参考数值，但成分表很多，而且数字变异可能很大。如《中国饲料数据库》（1995）与《FEED STUFF》（1996）就存在很大差异。因此，在进行配方设计时应该做到如下几项。

① 对一些易于测定的指标，如粗蛋白质、水分、钙、磷、盐、粗纤维等最好进行实测。

② 对一些难于测定的指标，如能量、氨基酸等，可参照国内的数据库，但此时必须注意样品的描述。只有样本描述相同或相近，且易于测定的指标（粗蛋白质、水分、钙、磷、粗纤维、粗脂肪等）与实测值相近时才能加以引用。

③ 对于维生素和微量元素等指标，由于饲料种类、生长阶段、利用部位、土壤及气候因素等影响较大，主原料中含量可不予考虑，而作为安全系数。

第六节　奶牛的全混合日粮（TMR）技术

TMR 技术是根据奶牛不同泌乳阶段的营养需要，把粗饲料、精饲料和各种常量元素、微量元素等添加剂按照适当的比例进行充分混合，配成营养相对平衡的日粮进行饲喂的饲养技术。该技术可以针对大小奶牛群在恰当的阶段，都能够采食适量的平衡的营养，达到后备牛最大的瘤胃发育、最大的生长速度、最大的体高生长、成母牛最高的产量、最佳的繁殖率和最大的利润。

一、奶牛 TMR 饲养方式的优点

（一）提高干物质采食量

TMR 饲养技术便于控制精料粗料的营养水平和比例，提高干物质采食量，使动物可从低能量日粮中获得所需的各种营养物质，即可降低精粗比，从而降低了饲粮成本。TMR 饲养技术应用卢德勋（1993）提出的系统整体营养调控理论和技术来优化饲料配方，对干物质摄取量、粗蛋白、过瘤胃蛋白、能量、粗纤维、有效粗纤维、矿物质中常量元素和微量元素、阴阳离子平衡、维生素及缓冲剂等各项营养指标及日粮的精粗比均可逐一予以调整，同时又可有效地防止牛的挑食。

（二）TMR 饲养技术可有效地防止消化系统机能紊乱

奶牛每次吃进的 TMR 干物质中，含有营养均衡、精粗比适宜的养分，瘤胃内可利用碳水化合物与蛋白质分解利用更趋于同步；同时又可防止反刍动物在短时间内因过量采食精料而引起瘤胃 pH 值的突然下降；能维持瘤胃微生物（细菌与纤毛虫）的数量、活力及瘤胃内环境的相对稳定，使发酵、消化、吸收及代谢正常进行，因而有利于饲料利用效率及乳脂率的提高；并减少了一些疾病（如瘤胃积食、真胃移位、酮血症、乳热、瘤胃酸中毒、食欲不良及营养应激等）发生的可能性。

（三）TMR 饲养技术有利于开发和利用当地尚未利用的饲料资源

应用 TMR 饲养技术，使农副产品（如秸秆、谷草）及工业副产品（如酒糟、玉米酒精蛋白、玉米淀粉渣）等一些有异味或较差的粗料，经 TMR 搅拌车混合之后可避免这种情况，提高饲料利用率，从而配制相应的最低成本日粮。

（四）规模化生产

使用 TMR 饲养技术可进行大规模工厂化生产（图 5-23），使饲喂管理省工省时，提高了规模效益及劳动生产率。另外，也减少了饲喂过程中的饲草浪费。

图 5-23　TMR 规模化生产

（五）保证饲料结构

TMR 饲养技术除简单易行外，尚可保证反刍动物稳定的饲料结构，同时又可顺其自然地安排最优的饲料与牧草组合，从而提高草地的利用率。

（六）保持较高的 pH 值

采食 TMR 的反刍动物，与同等情况下精粗分饲的动物相比，其瘤胃液 pH 值稍高，因而更有利于纤维素的消化分解。

（七）有利于奶牛围产期饲养

就奶牛而言，TMR 饲养技术的使用有利于发挥其产乳性能，提高其繁殖率，同时又是保证后备母牛适时开产的最佳饲养体制。另外，在不降低高产奶牛生产性能（产奶量及乳脂率）的前提下，TMR 中纤维水平可较精粗分饲法中纤维水平适当降低。这就允许泌乳高峰期的奶牛在不降低其乳脂率的前提下，采食更高能量浓度的日粮，以减少体重下降的幅度，因而最大限度地维持了奶牛的体况，同时也有利于下一期受胎率的提高。

（八）TMR 饲养技术有助于控制生产

它可根据牛奶内含物的变化，在一定范围内对 TMR 进行调节，以获得最佳经济效益。

（九）饲喂程序简化

TMR 的使用，使过去饲喂不同阶段、不同产奶量奶牛的复杂过程简单化。

二、奶牛 TMR 技术的应用与注意事项

（一）TMR 日粮调配

1. 根据不同群别配制

考虑 TMR 制作的方便可行，一般要求调制五种不同营养水平的 TMR 日粮，分别为：高产牛 TMR、中产牛 TMR、低产牛 TMR、后备牛 TMR 和干奶牛 TMR。在实际饲喂过程中，对围产期牛群、头胎牛群等往往根据其营养需要进行不同种类 TMR 的搭配组合。

2. 根据特殊牛群的配制

对于一些健康方面存在问题的特殊牛群，可根据牛群的健康状况和进食情况饲喂相应合理的 TMR 日粮或粗饲料。

3. 配制说明

① 考虑成母牛规模和日粮制作的可行性，中低产牛也可以合并为一群。② 头胎牛 TMR 推荐投放量按成母牛采食量的 85%~95% 投放。具体情况根据各场头胎牛群的实际进食情况做出适当调整。③ 哺乳期犊牛开食料所指为精料，应该要求营养丰富全面，适口性好，给予少量 TMR，让其自由采食，引导采食粗饲料。断奶后到 6 月龄以前主要供给高产牛 TMR。

（二）TMR 饲喂技术的几种模式

从运作形式上讲，可以将 TMR 搅拌车分为固定式和移动式两种类型。

1. 固定式

就是将搅拌车固定到饲料加工车间或牛场的某一位置，青贮、干

草、精料等各种TMR配料通过人工或辅助机械加入搅拌车，生产好的TMR再由人工或一些运载工具运入牛舍饲喂（图5-24）。

图5-24 固定式机械

图5-25 移动式饲喂

2. 移动式

包括牵引式和自走式两种类型，牵引式主要由拖拉机提供动力，自走式自带动力驱动系统。移动式搅拌车可以移动到原料存贮处装取原料，然后将加工好的TMR直接撒到牛舍食槽供奶牛采食。移动式搅拌车因可以简化饲喂管理、减少物料搬运，所以较固定式可节省工人数量（图5-25）。

（三）TMR的质量检测

常可以通过以下3种方法：直接检查日粮，宾州筛过滤法，观察奶牛反刍。运用以上方法，坚持估测日粮中饲料粒度大小，保证日粮制作的稳定性，对改进饲养管理、提高奶牛健康状况、促进高产十分重要。

1. 直接检查日粮

随机的从牛全混日粮（TMR）中取出一些，用手捧起，用眼观察，估测其总重量及不同粒度的比例。一般推荐，可测得3.5厘米以上的粗饲料部分超过日粮总重量的15%为宜。有经验的牛场管理者通常采用该评定方法，同时结合牛只反刍及粪便观察，从而达到调控日粮适宜粒度的目的。

2. 宾州筛过滤法

美国宾夕法尼亚州立大学的研究者发明了一种简便的，可在牛场用来估计日粮组分粒度大小的专用筛（图5-26）。这一专用筛由两个叠加式的筛子和底盘组成。上面的筛子孔径是1.9厘米，下面的筛子孔径是0.79厘米，最下面是底盘。这两层筛子

图5-26　宾州筛检查

不是用细铁丝，而是用粗糙的塑料做成的，使长的颗粒不至于滑过筛孔。具体使用步骤：奶牛未采食前从日粮中随机取样，放在上部的筛子上，然后水平摇动两分钟，直到只有长的颗粒留在上面的筛子上，再也没有颗粒通过筛子。这样，日粮被筛分成粗、中、细三部分，分别对这三部分称重，计算它们在日粮中所占的比例。下面是美国宾夕法尼亚州立大学针对TMR日粮的粒度推荐值：

饲料种类	一层（%）	二层（%）	三层（%）	四层（%）
泌乳牛 TMR	15~18	20~25	40~45	15~20
后备牛 TMR	40~50	18~20	25~28	4~9
干奶牛 TMR	50~55	15~30	20~25	4~7

另外，这种专用筛可用来检查搅拌设备运转是否正常，搅拌时间、上料次序等操作是否科学等问题，从而制定正确的全混日粮调制程序。

宾州筛过滤法是一种数量化的评价法，但是到底各层应该保持什么比例比较适宜，与日粮组分、精饲料种类、加工方法、饲养管理条件等有直接关系。目前，三元绿荷引进三套宾州筛过滤正在进行相关研究，以尽快确定适合我国饲料条件的不同牛群的TMR制作粒度推荐标准。

3. 观察奶牛反刍

奶牛每天累计反刍7~9个小时，充足的反刍保证奶牛瘤胃健康。

粗饲料的品质与适宜切割长度对奶牛瘤胃健康至关重要，劣质粗饲料是奶牛干物质采食量的第一限制因素。同时，青贮或干草如果过长，会影响奶牛采食，造成饲喂过程中的浪费；切割过短、过细又会影响奶牛的正常反刍，使瘤胃 pH 值降低，出现一系列代谢疾病。观察奶牛反刍是间接评价日粮制作粒度的有效方法。记住有一点非常重要，那就是随时观察牛群时至少应有 50%~60% 的牛正在反刍。

（四）注意事项

1. TMR 分群

使用 TMR 技术必须进行分群，牛群如何划分，理论上讲，牛群划分得越细越有利于奶牛生产性能的发挥。但是在实践中我们必须考虑管理的便利性，牛群分得太多就会增加管理及饲料配制的难度、增加奶牛频繁转群所产生的应激；划分跨度太大就会使高产牛的生产性能受到抑制、低产牛营养供过于求造成浪费。

那么如何分群，对于大型牛场可分为：（3~6 月龄）犊牛群、（7~12 月龄）育成牛群、（13 月到产前）青年牛群，干奶牛可分干奶前期（停奶到产前 21 天）和干奶后期（产前 21 天到产犊），产奶牛可分为产后升奶群（产犊至产后 30 天）、高产群、中产群、低产群，有条件的牛场头胎青年牛可以单独划分，中小型牛场可以根据实际情况具体确定。一般来说，牛群的头数不宜过多（100~200 头），同性状的牛可以分组饲喂；群间的产奶差距不宜超过 9 千克。

分群前要进行摸底，测定每头牛的产奶量、查看每头牛的产奶时间、评估奶牛的膘情。首先根据产奶量粗略划分，然后进行个别调整，刚产的牛（产后 1 月内）即使产奶量不高，因其处在升奶期，尽可能将其分在临近的高产群；偏瘦的牛为了有效恢复膘情要上调一级。

2. 使用 TMR 饲料搅拌车应注意

① 根据搅拌车的说明，掌握适宜的搅拌量，避免过多装载，影响搅拌效果。通常装载量占总容积的 70%~80% 为宜。

② 严格按日粮配方，保证各组分精确给量，定期校正计量控制器。

③ 根据青贮及副饲料等的含水量，掌握控制 TMR 日粮水分。

④ 添加过程中，防止铁器、石块、包装绳等杂质混入搅拌车，造成车辆损伤。

三、实施 TMR 技术的配套措施

（一）牛舍的建筑

便于 TMR 机械设备应用，牛舍建筑应达到：跨度 10 米以上，长度 60~120 米，饲喂道宽 4~4.5 米。全自动化的牵引式 TMR 机械，要求饲槽应是就地式，便于饲草的投放和清理及牛的采食；对于卧式 TMR 机械，饲槽可灵活掌握。

（二）青贮窖舍及干草棚

窖口要宽大，便于取草车出入；干草棚要有一定的高度，不妨碍机械运作。

（三）适用的 TMR 设备

具备能够进行彻底混合饲料的搅拌设备和用于称量及分发日粮的专业设备。TMR 的配制要求所有原料均匀混合，并用专用机械设备进行切短或揉碎。为了保证日粮营养的平衡，要求具备性能良好的混合和计量设备。TMR 通常由搅拌车进行混合，并直接送到奶牛饲槽，需要一次性投入成套设备。

（四）稳定的饲料原料结构和种类

科学设计奶牛 TMR 配方，原则上青贮占 40%~50%、精饲料 20%、干草 10%~20%、其他粗饲料 10%。要求适宜的粗纤维含量与长度，日粮含水量控制在 45%~50%。

（五）分群饲养

奶牛需要根据生理阶段、生产性能进行分群饲喂，每一个群体的日粮配方各不相同，需要分别对待。特别是在泌乳早期，如果 TMR 的营养浓度不足，高产奶牛的产奶高峰则有可能下降；在泌乳中后期，低产奶牛如不及时转到 TMR 营养浓度较低的牛群，奶牛则有可能变肥，不能维持良好体况。

第六章

奶牛的饲养管理技术

第一节　犊牛的饲养管理

一、犊牛的消化生理特点

（一）犊牛的消化道结构

刚出生的犊牛消化系统还没有发育完善，消化系统功能和单胃动物一样，真胃是犊牛唯一发育完全并具有功能的胃。出生后几天内犊牛仅能食用初乳和牛奶。

犊牛的食道沟（又称网胃沟）将食道和瓣胃口直接相连，从而使食道直接与真胃相通。食道沟由两片肌肉组织构成，当这两片肌肉收缩时可形成类似食道样的管道结构。

食道沟对各种刺激反应不同，许多因素（如牛

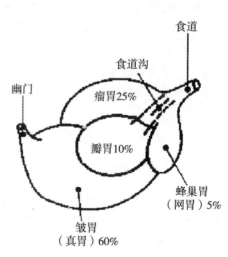

图 6-1　犊牛消化系统

奶的温度、犊牛吸吮或喝进牛奶以及牛奶质量）可以影响食道沟的封闭状态。在封闭完全的情况下，食道沟可使牛奶完全避过瘤胃直接进入真胃。初生犊牛的瘤胃很小且柔软无力，仅占4个胃总容积的30%~35%。而皱胃却很发达，占胃总容积的50%~60%，与成年反刍动物有着较大的区别（图6-1）。

（二）犊牛的消化特点

犊牛在吮奶时，体内产生一种自然的神经反射作用，使前胃的食管沟卷合，形成管状结构，避免牛奶流入瘤胃，使牛奶经过食管沟直接进入瓣胃以后进行消化。犊牛3周龄时开始尝试咀嚼干草、谷物和青贮饲料，瘤胃内的微生物体系开始形成，内壁的乳头状突起逐渐发育，瘤胃和网胃开始增大。由于微生物对饲料的发酵作用，促进瘤胃发育。随着瘤胃的发育，犊牛对非奶饲料包括对各种粗饲料的消化能力逐渐增强，才能和成年牛一样具有反刍动物的消化功能。所以，犊牛出生后头3周，其主要消化功能是由皱胃（其功能相当于单胃动物的胃）行使，这时还不能把犊牛看成反刍家畜。在此阶段，犊牛的饲养与猪等单胃动物十分相似。

犊牛哺乳期生长速度快，但对周围环境适应能力较弱，易受外界环境影响而死亡。据统计，犊牛的总死亡头数中差不多有50%是在出生后10天内死亡的。犊牛经常发生腹泻、肺部感染，严重影响其生长。造成犊牛腹泻、肺部感染的原因很多，最主要的是营养非标准化以及管理上失误所致。

二、犊牛的出生管理

（一）犊牛的接生

母牛分娩时，应先检查胎位是否正常，遇到难产及时助产。胎位正常时尽量让其自由产出，不强行拖拽。犊牛出生后应立即清除口鼻黏液，尽快使小牛呼吸，并轻压肺部，以防黏液进入气管。

（二）脐带消毒

在离犊牛腹部约 10 厘米处握紧脐带，用大拇指和食指用力揉搓脐带 1~2 分钟，然后用消毒的剪刀在经揉搓部位远离腹部的一侧把脐带剪断，无需包扎或结扎，用 5% 的碘酒浸泡脐带断口 1~2 分钟。

（三）母、犊隔离与哺食初乳

犊牛身上其他部位的胎液最好让母牛舔干净（图 6-2），应尽快与母牛隔离，以免认犊，不利于挤奶。母牛迅速挤奶，给犊牛喂初乳。

图 6-2　母牛舔犊

三、犊牛初乳期的饲养管理

（一）初乳的重要性

犊牛初生后，生活环境发生了大的转变，此时犊牛的组织器官尚未发育完全，对外界环境的适应能力很差。加之胃肠空虚，缺乏分泌反射，蛋白酶和凝乳酶也不活跃，真胃和肠壁上无黏液，易被病原微生物穿过侵入血液，引起疾病。此外，出生犊牛的皮肤保护机能差，神经系统尚不健全，易受外界因素影响引起疾病甚至死亡。要降低犊牛的死亡率，培养健康犊牛，就必须重视让犊牛早吃并吃好初乳。

母牛分娩一周内所分泌的乳汁为初乳，它具有特殊的生物学特性，是新生犊牛不可缺少的食物。初乳首先是有代替胃肠壁上黏液的作用，覆盖在胃肠壁上，能阻止病原微生物的入侵。同时初乳的酸度较高，可使胃液变成酸性，不利于病原微生物的繁殖。初乳中还含有溶菌酶和抗体蛋白质，有很好的提高抵抗力之作用。从营养角度看，初乳的营养成分特别丰富，与常乳比较，干物质总量多一倍以上，蛋白质多 4~5 倍，乳脂多 1 倍左右，维生素 A、维生素 D 多 10 倍。初乳中还含有较多的镁盐，有轻泻的作用，有利于排出体内的胎便。初乳对初生犊牛的成活率至关重要。

但是，初乳中的营养物质、抗体和酸度是逐日发生变化的，一般 6~8 天后就接近常乳的特性和成分。而且，由于犊牛肠道生理特点，随着时间增加，对初乳中的抗体吸收率迅速下降。因此，应尽早让犊牛吃上吃足初乳，一般在生后 30~60 分钟，当犊牛能站立时，即可饲喂初乳。

（二）母牛产犊后无奶（乳汁不足）的办法

母牛产犊后无奶（乳汁不足）时，可请兽医治疗，并给以催乳药物。但最迫切的是尽快解决犊牛吃初乳的问题。

一种方法是用同时期产犊的其他母牛的初乳喂给；另一种补救办法是用健康母牛的全血 100 毫升皮下注射于初生犊牛，这样可以激活犊牛体内产生免疫球蛋白的机制，使其增强对疫病的抵抗能力。此外还可以配制人工初乳，方法是：用新鲜鸡蛋 2~3 个，鱼肝油 9~10 克，加入煮沸后并冷却至 40~50℃的水中，搅拌均匀（或加入 0.75 千克牛奶中并搅匀，加热至 38℃，效果更佳）。在犊牛初生 7 日内，按犊牛体重每千克喂给 8~10 毫升，每日 7~9 次，每次 15 分钟左右。无母乳的犊牛经 7 日上述方法处理后，可以喂以其他母牛的常乳至断奶。

（三）新生犊牛期的饲养方法

大致有两种：一种是出生后的犊牛立即与母牛分开人工哺喂初乳；另一种是犊牛生后留在母牛身边（或隔栏内）共同生活 3~4 天，自行吸吮母乳。前者虽然用的人力多些，但是犊牛的初乳量可以人工控制，定量能严格把握。后者虽能节约劳力，畜主

图 6-3　人工哺乳

不必时刻惦记犊牛，但对犊牛能否及时吃上初乳没有十分把握。据检测，后者犊牛血中免疫球蛋白的浓度比人工哺乳者低。另外，犊牛吃奶时的动作容易引起乳房事故，在母牛习惯于犊牛吸吮后再人工挤奶就十分不方便。因此，生产中宜采用人工哺乳（图6-3）。

（四）初乳喂量与贮存

1. 人工饲喂初乳的量

一般是按犊牛出生重的1/10来掌握，第一次喂给2千克（要参照犊牛出生重的大小与生活力的旺盛情况，灵活掌握）。以后每天5~7次，每次1.5千克，一般喂到第5天。

2. 多余初乳的应用

母牛产后6天左右的初乳是不能做商品奶出售的，而累计的分泌量在80~120千克，犊牛只能消耗40%左右。多余的初乳可做如下处理：一是把初乳（冷藏）作为没有初乳的母牛所生的犊牛用奶；二是当做常乳使用，由于初乳营养浓度是常乳1.5倍，为防止犊牛下痢，喂时可兑入适量温水；三是把初乳发酵后喂牛。当产犊集中、多余初乳量大时可进行发酵贮存，陆续喂牛。

3. 初乳发酵及饲喂的方法

（1）发酵方法　初乳用纱布过滤，加温至70~80℃，维持5~10分钟，装入洁净干燥的奶桶加盖冷却至40℃，然后倒入经消毒处理的发酵罐或塑料桶内，再按照初乳量的5%~8%（天热少用、天冷多用）加入发酵剂或市售酸奶，混匀，加盖，在无阳光直射的房内放置3~5天，待乳汁呈半凝固状态时即可饲用。

制作时温度不可过高，否则会破坏一些营养物质，过低又达不到消毒的效果。初乳发酵属于乳酸发酵法，好的发酵乳呈淡黄白色，带有酸甜芳香味，若呈灰色、黑色，有腐败酸味或霉味，说明受到了杂菌污染、已变质，切不可喂养犊牛。

（2）饲喂方法　一是要控制数量，因发酵初乳中干物质、蛋白质和脂肪含量较高，每日用量应低于3.6千克，并按1：1的比例用水稀释，以免犊牛消化不良；其次，发酵初乳贮存时间不要超过2~3

周，否则蛋白质易分解腐败，引起犊牛发病。

（五）初乳期的饲养管理要点

1. 出生后的犊牛应及时喂给初乳

出生后 1 小时以内最好，每天喂 5~7 次，每次 1.5~1.7 千克，保证足够的抗体蛋白质量。

2. 适宜的温度

新生犊牛最适宜的外界温度是 15℃。因此，应给予保温、通风、光照及良好的舍饲条件。

3. 饲喂犊牛过程中一定要做到"四定"

一是定质。喂给犊牛的奶必须是健康牛的奶，忌喂劣质或变质的牛奶，也不要喂患乳房炎牛的奶。二是定量。按体重的 8%~10% 确定。哺乳期为 2 个月时，前 7 天 5 千克，8~20 天 6 千克，31~40 天 5 千克，41~50 天 4.5 千克，51~60 天 3.7 千克，全期喂奶 300 千克。如果哺乳期为 3 个月，全期喂奶 500 千克。三是定时。要固定喂奶时间，严格掌握，不可过早或过晚。四是定温。指饲喂乳汁的温度，一般夏天掌握在 34~36℃，冬天 36~38℃。

4. 如果用奶桶喂初乳时应人工予以引导

一般是人将干净手指伸在奶中让犊牛吸吮，不论用什么工具喂奶都不得强行灌入，以免灌入肺中。体弱牛或经过助产的牛犊，第一次喂奶大多数反应很弱，饮量很小，应有耐心在短时间内多喂几次，以保证必要的初乳量。

四、常乳期的饲养管理

（一）饲养方法

犊牛出生 6 天后从哺喂初乳转入常乳阶段，牛也从隔栏放入小圈内群饲，每群 10~15 头。哺乳牛的常乳期为 60~90 天（包括初乳阶段），哺乳量一般在 300~500 千克，日喂奶 5~7 次，奶量的 2/3 在前 30 天或 50 天内喂完。全期平均日增重 670~730 克，期末体重 170 千克。喂奶量 500 千克的犊牛全期耗精料 200 多千克，而喂 200~350 千克奶的犊牛全期耗精料量 250~300 千克。前者耗中等质量的饲料 230 千克左右，后者耗 280 千克左右。

哺乳 500 千克奶量犊牛断奶前饲料配方：玉米 49%，豆粕 20%，麸皮 20%，菜籽粕 5%，磷酸钙 4%，碳酸钙 1%，食盐 1%，适量玉米青贮、优质干草等。

哺乳 300 千克奶量犊牛断奶前饲料配方：玉米 50%，豆饼 35%，麸皮 9%，菜籽粕 3%，磷酸钙 1%，碳酸钙 1%，食盐 1%，适量玉米青贮、优质干草等。

（二）要尽早补饲精、粗饲料

犊牛出生 1 周后即可训练采食代乳料。开始每天喂奶后人工向牛嘴及四周涂抹少量精料，引导开食，2 周左右开始向草栏内投放优质干草供其自由采食。1 个月以后可供给少量块根与青贮饲料。

（三）要供给犊牛充足的饮水

喂给犊牛奶中的水不能满足生理代谢的需要，除了在喂奶后加必要的饮用水外，还应设水槽供水，早期（1~2 月龄）要供温水并且水质也要经过测定。早期断奶的犊牛，需要供应采食干物质量 6~7 倍的水。

（四）犊牛期应有良好的卫生环境

犊牛的主要疾病（特别是早期）有大肠杆菌与病毒感染性的下痢，多种微生物引起的呼吸道疾病。为了做好犊牛疾病的预防，除及时喂给初乳增强肠道黏膜的保护作用和刺激自身的免疫能力外，还应从其出生日起就该有严格的消毒制度和良好的卫生环境。哺乳用具应该每用 1 次就清洗、消毒 1 次。每头犊牛有一个固定奶嘴和毛巾，每次喂完奶后擦净嘴周围的残留奶。犊牛围栏、牛床应定期清洗和消毒，垫料要勤换，保持干燥，冬季寒冷要加铺新垫料。隔离间及犊牛舍的通风要良好，忌贼风，阳光要充足（牛舍的采光面积要合理）。

冬季要注意保温，夏季要有降温设施。牛体要经常刷拭，保持一定时间的日光浴。

（五）犊牛期要有一定的运动量

从 10~15 日龄起，应该有一定面积的活动场地，尤其在 3 月龄转入大群饲养后，应有意识地引导活动，或适当强行驱赶，如果能放牧则更好。

（六）犊牛要调教，达到"人与畜亲和"

通过调教，使犊牛养成良好的规律性采食反射和呼之即来、赶之即走的温顺性格，以利于以后育成及育肥期的饲养管理。

（七）控制精料喂量

日常饲养中要坚持犊牛以采食品质中等以上的粗饲料（以干草为主）来满足营养需要，精饲料饲喂量每头每天不超过 2 千克。

五、常乳期犊牛围栏的应用

犊牛通常都是饲养在隔离间的牛床上或通道式的牛舍中，与母牛相处或相邻。犊牛夏天的下痢、冬天的呼吸道疾病都是交叉感染的结果。如果在犊牛抵抗病原菌感染能力还弱的阶段，应切断传染源，使犊牛处于一种无污染、通风良好、保暖防暑的理想环境里，是可以达到预防感染和提高成活率的目的。犊牛活动围栏（亦称散放围栏或犊牛岛）是目前符合上述理想愿望的一种牛舍。

（一）犊牛围栏的结构

由箱式牛舍和围栏两部分组成，可以拆卸与组合，还可随意搬动。箱式牛舍由三面活动墙与舍顶合成，前面与围栏相通，箱体深 2.4 米，宽 1 米，前高 1.2 米，后高 1.1 米（这是平顶，也可以建成屋脊顶），围栏长 1.8 米 × 宽 1 米 × 高 0.8 米。

（二）制造与使用要点

建筑材料目前国内多使用水泥板或铁板做墙体，瓦楞铁（彩钢）或石棉瓦为顶。这些材料对保温与散热有不足之处，应在瓦楞铁与石棉瓦下面增加隔热层，以防暑期阳光直射造成的辐射热，同时冬季也可保温。水泥板墙体中同样也应添加隔热材料增加保温性能。结构前檐高度（仰角）随当地纬度不同而变化，务使立冬后的阳光射入量达到最大。仰角太大或太小均不利于舍内保温。放置地点的选择应与成年牛舍有一定的有效防疫距离。地势高燥、排水方便，可以成排摆放，也可以错开摆放。夏天放在树阴下，冬季放在背风向阳的地方。推广犊牛围栏这一设施时，应充分认识到它是符合犊牛生理所需的产物。

六、早期断奶和幼犊日粮

（一）早期断奶

按断奶犊牛的年龄大小，可分为较早期断奶和早期断奶两种类型。较早期断奶一般在奶牛上使用，断奶时间为 4~8 周。如 4 周龄断奶，犊牛哺乳期 1 个月，在初乳期之后至 20 日龄，犊牛每天喂奶 4 千克；21~30 日龄，每天减少为 2 千克，不足部分用代乳料补充；1 个月之后改喂犊牛料。早期断奶一般指犊牛在 2~3 月龄断奶。对于肉用母牛来说，大多数母牛在泌乳 2~3 个月后，泌乳量已开始下降，而犊牛的营养需要却在增加。因此，就应在较早期补给犊牛草料供其采食，而此时由于犊牛对草料已具备了相当的采食量和消化能力，因而断奶也较容易。

犊牛 2~3 月龄断奶时，已基本习惯了采食干草和精料日粮，但此时瘤胃并未发育完全，同时为保证采食的饲料能满足犊牛的生长发育所需，要求幼犊日粮精、粗饲料的配比必须合理。一般要求精、粗饲料的比例为 1∶1。粗饲料最好喂给优质干草、青草和青贮玉米。随着年龄增大，4 月龄后可逐渐添加秸秆饲料，一般到 9 月龄时，秸

秆饲料的喂量可占全部粗饲料的 1/3。

（二）断奶后的犊牛日粮

断奶初期犊牛的生长速度不如哺乳期。只要日增重保持在 0.6~0.8 千克的范围内，这种轻微的生长发育受阻在育成期较高的饲养水平条件下可完全补偿。研究表明：过多的哺乳量、过长的哺乳期、过高的营养水平和过量的采食，虽然可使犊牛增重较快，但对牛的消化器官、内脏器官以及繁殖性能都有不利影响，而且还影响牛的体型及成年后的生产性能。因此，在多数情况下，宜采用中等或中等偏上的饲养水平培育种用后备犊牛。以下介绍 3 组犊牛配合精料配方。

1. 4~6 月龄犊牛配合精料配方

玉米粉 15%、脱壳燕麦粉 34%、麸皮 19.8%、向日葵或亚麻饼粉 20%、饲用酵母 5%、菜籽粕 4%、石粉 1.7%、食盐 0.5%。

2. 幼牛配合精料配方

饲用燕麦粉 50%、饲用大麦粉 29%、麸皮 6%、亚麻饼粕 5%、苜蓿草粉 5%、饲用酵母 1%、菜籽粕 1%、食盐 1%、磷酸钙 2%。

3. 优质苜蓿草粉颗粒料

优质苜蓿草粉 20%、玉米粉 37%、麸皮 20%、豆粕 10%、糖蜜 10%、磷酸钙 2%、微量元素 1%。

第二节　育成牛的饲养管理

育成牛指断奶后到产犊前的母牛。犊牛断奶后即由犊牛舍转入育成牛群。育成牛培育的任务是保证正常生长发育和适时配种。发育正常、健康体壮的育成牛是提高牛群质量、适时配种、保证奶牛高产的基础。虽然育成牛还未开始产奶、怀孕，也不像犊牛易患疾病，但如果忽视其饲养管理就可能达不到培育的预期要求，影响奶牛终生生产性能的发挥。因此育成牛从体型、产奶及适应性的培育来讲，较犊牛期更为重要。育成牛的营养要求和采食量随年龄不同而变化。育成牛的生长发育很快，但不同组织器官有着不同的生长发育规律。据研究，骨骼的发育7~8月龄为中心，12月龄以后逐渐减慢，此时性器官及第二性征发育很快，体躯向高度发展。此时的育成牛除供给优质的干草和多汁饲料外，还必须供给一定的精料。受胎至第一次产犊生长缓慢下来，体躯显著向宽、深发展，日粮应以品质优良的干草、青草、青贮料和根茎类为主，喂给适量的精料。育成牛阶段划分见图6-4。

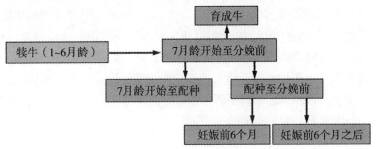

图6-4　育成牛阶段划分

一、育成牛的饲养

（一）断奶至12月龄

这是生长速度最快的时期，尤其在6~9月龄时更是如此。性器官和第二性征的发育很快，体躯向高度和长度方面急剧生长。前胃虽已相当发达，具有相当的容积和消化青饲料的能力，但还保证不了采食足够的青饲料来满足此期快速发育的营养需要，同时，消化器官本身也处于强烈的生长发育阶段，需要继续锻炼。因此，为了兼顾育成牛生长发育的营养需要和促进消化器官的生长发育，此期供给优良的青粗料和青干草，还必须适当补充一些精料。一般来说，日粮中干物质的75%应来源于青粗饲料或青干草，另25%来源于精饲料。

（二）周岁至初配

此阶段育成牛消化器官容积增大，消化能力增强，牛长渐渐进入递减阶段，消化器官的发育已接近成熟，无妊娠负担，更无产奶负担，若能吃到优质青粗饲料或青干草基本就能满足营养需要。此期日粮应以粗饲料为主，不仅能够满足营养需要，而且还能促进消化器官的进一步生长发育。

（三）受胎至第一次产犊

青年母牛配种妊娠后，生长速度缓慢下降，体躯向宽、深方向发展。在这一阶段的前期仍应按第二阶段方法饲养，但要注意多样化、全价性。对妊娠 180~220 天的育成牛必须明确标记、重点饲养，有条件的单独组群饲养，每天补饲精料 3 千克。在分娩前 2 个月进入干奶群饲养，由于体内胎儿生长迅速，同时乳腺迅速发育，准备泌乳，需要增加营养，每日精料饲喂为 3 千克，同时应补喂维生素 A、维生素 D、维生素 E 和亚硒酸钠。

二、育成牛的管理

（一）分群

育成牛根据月龄进行分群，同时还受到牛舍条件的限制。在生产实际中一般以 3 月龄进行分群组群，这样尽管营养需要差别较大，但避免了频繁转群应激对生长发育的影响。

（二）加强运动和刷拭

在舍饲条件下，育成牛每天应至少有 2 小时以上的运动，一般采取自由运动，必要时，才进行驱赶运动。为了保持牛体清洁，促进皮肤代谢和养成温驯的气质，每天应刷拭 1~2 次，每次 5~10 分钟。

（三）育成牛的初次配种

育成母牛的配种年龄依据发育情况而定，传统的饲喂方式通常在 16~18 月龄，体重达到成年牛的 70% 或 370 千克时开始配种。近年来不断改善育成牛的饲养条件和管理水平，初配月龄提前到 14 月龄，甚至 13 月龄，大大提高了终生产奶量，经济效益显著增加。

（四）受孕后的管理

初次怀孕的母牛需要耐心管理，经常刷拭和按摩，使之养成温驯的习性。如需修蹄应在妊娠 5~6 个月前进行。保持运动量，以增强食欲，促进健康，利于将来的产犊及产后的康复。妊娠 5 个月前每天 1 次，每次 3~5 分钟进行乳房按摩，妊娠 5 个月以后每天 2 次，每次 3~5 分钟按摩乳房，以促进乳腺发育，为产后挤乳打下基础，至产前半个月，停止乳房按摩。

第三节　成年母牛的饲养管理

一、成年母牛生理及生产特点

奶牛生产周期通常是指从这次产犊开始到下次产犊为止的整个过程，在时间上与产犊间隔等同。根据成年母牛的生理生产特点和规律，将生产周期分为干奶期（停止挤奶至分娩前 15 天）、围产期（母牛分娩前后各 15 天以内的时间）、泌乳盛期（产后 16~100 天）、泌乳中期（产后 101~200 天）和泌乳后期（产后 201 天至干奶）5 个阶段。对成年牛按照不同的生理和泌乳阶段给予规范化饲养，这样既可保证奶牛体质健康，同时又可充分发挥其生产潜力。奶牛泌乳受内分泌激素的影响，产犊后泌乳量急剧上升，多数母牛在产后 4~6 周达到泌乳高峰，而此时的消化系统正处于恢复期，食欲差，采食量增加缓慢，至 12~14 周才达到高峰。这种泌乳性能和

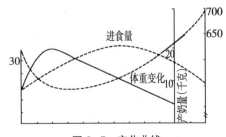

图 6-5　变化曲线

采食消化生理机能的不协调，致使高产乳牛营养食入量和泌乳营养产出量呈负平衡，营养赤字长达 1.5~2.0 个月，母牛不得不动用体贮支持泌乳，体重下降。奶牛在一个生产周期中泌乳、采食和体重之间的变化见图 6-5。

二、成年母牛的一般饲养管理技术

（一）饲喂技术

合理的饲喂技术，可提高产奶量 10%，减少饲料浪费，节约饲料 20% 左右。

1. 定时饲喂

长时间的饲养会使奶牛形成固定的条件反射，这对保持消化道内环境稳定和正常消化机能有重要作用。饲喂过迟过早，均会打乱奶牛的消化腺活动，影响消化机能。只有定时饲喂，才能保证牛消化机能的正常和提高饲料营养物质消化率。

2. 稳定日粮

奶牛瘤胃内微生物区系的形成需要 30 天左右的时间，一旦打乱，恢复很慢。因此，有必要保持饲料种类的相对稳定。在必须更换饲料种类时，一定要逐渐进行，以便使瘤胃内微生物区系能够逐渐适应。尤其是在青粗饲料之间的更换时，应有 7~10 天的过渡时间，这样才能使奶牛适应，不至于产生消化紊乱现象。时青时干或时喂时停，均会使瘤胃消化受到影响，造成产奶量下降，甚至导致疾病。

3. 饲喂有序

目前，国内普遍采取 3 次上槽饲喂、3 次挤奶的工作日程。也有人建议，对于泌乳量 3 000~4 000 千克的奶牛，可实行 2 次饲喂、2 次挤奶制度，因为两种制度的平均产奶量没有明显变化。但对于产奶量超过 5 000 千克的奶牛，应采取 3 次饲喂、3 次挤奶制，否则产奶量平均下降 16%~30%，也可根据平均间隔时间 6~8 小时确定饲喂和挤奶制度。试验表明，粗料日喂 3 次或自由采食，精料少量多次饲喂，可降低奶牛酮血症、乳房炎、产后瘫痪等发病率。

在饲喂顺序上，应根据精粗饲料的品质、适口性，安排饲喂顺序，当奶牛建立起饲喂顺序的条件反射后，不得随意改动，否则会打乱奶牛采食饲料的正常生理反应，影响采食量。一般的饲喂顺序为：先粗后精、先干后湿、先喂后饮，如干草—副料—青贮料—块根、块茎类—精料混合料。但喂牛最好的方法是精粗料混喂，采用完全混合日粮（TMR 日粮）。

4.防异物、防霉烂

由于奶牛的采食特点，饲料不经咀嚼即咽下，故对饲料中的异物反应不敏感，因此饲喂奶牛的精料要用带有磁铁的筛子进行过筛，而在青粗饲料切草机入口处安装磁化铁，以除去其中夹杂的铁针、铁丝等尖锐异物，避免网胃—心包创伤。对于含泥较多的青粗饲料，还应浸在水中淘洗，晾干后再进行饲喂。严防将铁钉、铁丝、玻璃、石沙等异物混入饲料喂牛；切忌使用霉烂、冰冻的饲料喂牛，保证饲料的新鲜和清洁。

5.保证充足清洁的饮水

水是奶牛机能代谢和产奶不可缺少的物质。奶牛的饮水量一般为干物质进食量的 5~7 倍，每天需水 60~100 升，冬季饮水的水温不低于 10℃。饮水的方法有多种形式，最好在运动场安装自动饮水器，或在运动场设置水槽，经常放足清洁饮水，让牛自由饮用。目前，在奶牛生产中应用的另一种方法是诱导饮水，如夏季可用凉水泡料或调制粥料喂奶牛，同时可喂含水分多的块根、青绿饲料；冬季可喂热粥料，效果很好。

（二）饲养监测

1.日粮营养浓度

要依据奶牛饲养标准，检测各生产阶段日粮的养分含量是否能满足奶牛的需要，从而使奶牛保持适宜的体况。产后前 7~10 天，干物质采食量下降幅度在 30% 以内。产后干物质采食量增加的速度为：初产牛每周 1.4~1.8 千克，经产牛 2.3~2.8 千克。产后 8~10 周达到最大干物质采食量。最大干物质采食量约为体重的 4%。检查剩余的饲料量是否超过总量的 5%~10%。

2. 采食与饮水

运动场上不采食的牛是否有 50% 正在反刍；每天可以采食饲草、饲料的时间是否少于 20 小时；饲喂设施是否充足；粗饲料颗粒大小是否适度；有无饲料管理制度，是否存在用发霉、变质饲料喂牛的可能；饮水设施是否足够，母牛能否在采食区 15 米以内喝到水；饮水是否充足，能否保证水质，是否定期监测饮水的质量。

3. 母牛产后检查

产犊后 1~3 周的母牛是否做到分开饲养，有没有监测采食量、体温（直至体温降至 39.2℃ 以下）、反刍（正常为 1~2 次 / 分钟）、排出粪尿、尿酮测定的制度。

4. 营养代谢指标检测

牛奶尿素 N 含量是否在 140~180 毫克 / 升（每月检查 1 次）；临产前尿液 pH 值是否在 5.5~6.5；临产前血液游离脂肪酸（NEFA）是否小于 0.40mEq/ 升；体况评分是否在正常范围内。

（三）日常管理

1. 运动

奶牛每天应有 3~4 小时的户外自由活动时间，适当的运动有利于提高奶牛的体质和产奶量，促进发情，预防胎衣滞留。舍饲成年母牛，若运动不足，牛体易肥，会降低产奶量和繁殖力，且会因体质下降而患病。据报道，对奶牛每天驱赶 3 千米，可以有效提高产奶量和乳脂率，但不得让奶牛剧烈、长时间的运动，否则会影响牛只健康。

2. 刷拭

牛体刷拭对促进奶牛新陈代谢、保持牛体清洁卫生和保证牛奶卫生均有重要意义。因此，奶牛每天应刷拭 2~3 次，刷拭时应用较硬的工具和铁箅，再用较软的工具如棕刷进行。刷拭方法是：饲养员以左手持铁刷，右手执棕毛刷，先由颈部开始，依次为颈—肩—背腰—股—腹—乳房—头—四肢—尾。刷完一侧再刷另一侧，刷时先用棕毛刷逆刷去，顺毛刷回，碰到坚硬结块刷拭不掉的污垢部分，先用水洗刷，再用铁箅轻轻刮掉，然后用棕刷刷拭。盛夏气温高，为了促使皮肤散热，用清水洗浴牛体，然后进行洗刷；在冬季，则应以干刷为主。

3. 环境消毒与疫病防治

要求门前设消毒池，并做到经常性保持消毒池中有消毒液或石灰粉。冬春每季度消毒 1 次，夏季每月消毒 1~2 次。做好常见的传染病（口蹄疫、结核病、布氏杆菌病等）的检疫与防疫工作。

4. 预防热应激

奶牛生产的最适宜气温是 10~20℃，这时饲料利用率最好，产奶量最高。据报道，奶牛在 –5℃ 以下产奶量略有降低；在 20℃ 以上，能量消耗增多，就可出现热应激反应，养分需要量增加，采食量减少，饮水量增多，产奶量下降；环境温度超过 27℃，奶牛就受到严重的热应激，产奶量和乳质量急剧下降，体温上升，呼吸加快，尤其高温多湿影响更烈。

夏季通过改善饲养管理，可以获得肯定的防暑效果。但热应激的危害不仅与温度，还与湿度、太阳辐射等有复杂的关系，所以在采取防暑措施时，应综合考虑多种因素。

（1）日常管理　在闷热时期，应使奶牛处于阴凉和通风良好的地方，尽量减少直射日光及热反射的影响，防止日射病和热射病。牛舍窗户要打开，加大空气对流量；朝阳窗、门、运动场要遮阴。有条件可安装通风设备（如电风扇等），来降低温度。

（2）增加日粮的营养浓度　可给予粗饲料和精饲料的混合物，并在早晨和夜间凉爽时增加饲喂次数。选用优质粗饲料，即使减少给量也应占干物质摄入量的 1/3~1/2，粗饲料长 1~2 厘米为宜。每日150~200 克的碳酸氢钠。暑期给予脂肪酸钙等过瘤胃脂肪和过瘤胃氨基酸，有防止牛奶乳脂率和固形物率下降之作用。给予冰冷水，可有短时的体温和呼吸次数的下降，并伴有采食量的增加。饲料中添加尼克酸等维生素制剂和消化酶制剂，也有一定效果。

5. 观察牛群动态，护理好病弱牛和妊娠牛

对牛群中精神不振、食欲不良、粪便异常的牛要及时采取措施。

对病弱、妊娠牛，上下槽时不要驱赶、喧哗、打骂，以免牛受惊、拥挤、顶撞造成事故，及时检出发情牛，适时配种。注意妊娠母牛的保胎工作，防止流产和早产，妊娠最后 2 个月少喂或不喂酸性大的饲料。防止孕牛相互冲撞和滑倒，分娩前 2 周的重胎母牛转入产房，专人饲养管理。

6. 做好生产、育种记录

对每日的饲料消耗量、存贮量、种类及数量做好记录。按照育种要求、详细记载牛的产奶量、配种时间、产犊日期、体重、体尺、外貌鉴定等。

第四节　奶牛挤奶技术

挤奶技术是发挥泌乳潜力的有效途径之一，挤奶技术的熟练程度与挤奶方法的正确与否，直接影响到产奶量。目前，牛奶的挤出主要有两种方式，即手工挤奶和机器挤奶。手工挤奶是个体养奶牛或小规模奶牛养殖的生产方式；规模化养奶牛多采用机器挤奶方式。和手工挤奶相比，机器挤奶时间短，可以在几分钟内完成，能增加奶牛产奶量，并且减少乳房炎的发病率和传播。不论是采用哪一种方式，牛奶的产出都有一定的过程，只有掌握正确的挤奶方式，符合泌乳的生理，才能取得最佳的泌乳效果。

一、挤奶前的准备工作

（一）挤奶前挤奶人员、场所、挤奶用具都要保持卫生清洁

准备好清洗乳房用的温水，清除牛体粘连的粪便，备齐挤奶用具：奶桶、盛奶罐、过滤纱布、洗乳房水桶、毛巾等。

用冷水冲洗后，再用 0.5% 温碱水（约 45℃）刷洗一遍，最后用清水冲洗两遍。挤乳员穿好操作服（围裙），洗净双手。

（二）清洗乳房

洗乳房的目的是保证乳房的清洁，促使乳腺神经兴奋，形成排奶反射，加速乳房的血液循环，加快乳汁分泌与排乳过程，以提高产奶量。方法是用45~50℃的热水，将毛巾沾湿，先洗乳头孔及乳头，而后洗乳房的底部中沟、右侧乳区、左侧乳区，最后洗涤后面。清洗乳房用的毛巾应清洁、柔软，最好各牛专用，如多牛共用1条，也要将患有皮肤病或乳房炎等病牛的毛巾与健康牛分开。开始时，宜用带水较多的湿毛巾洗擦，然后，将毛巾拧干，自下而上地擦干整个乳房。此时，如乳房显著膨胀，表明内压已增高，反射已形成，便可挤奶。否则，需用热毛巾敷擦乳牛，以加强刺激。这个过程需45秒至1分钟。为保证牛奶质量和奶牛健康，清洗乳房水中还应加入消毒剂，如碘酊，含碘量应达到0.5%。乳房按摩见图6-6。

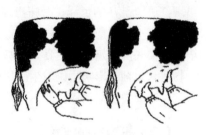

图6-6　按摩乳房

二、挤奶方法

（一）常用人工挤奶方法

挤奶员用小板凳坐在牛的右侧后1/3处，与牛体纵向呈50°~60°的夹角。奶桶夹于两大腿之间，左膝在牛右后肢关节前侧附近，两脚尖朝内，脚跟向外侧张开，以便夹住奶桶，这样即可开始挤奶。手工挤奶手法是用拇指和食指紧握乳头基部，然后再用其余各指依次按压乳头，左、右两手有节奏地一紧一松连续地进行。要求用力均匀，动作熟练，注意掌握好速度。一般要求每分钟压榨80~120次，在排奶的短暂时刻，要加快速度。在开始挤奶和结束前，速度可稍缓慢但要求一气挤完。挤奶的顺序一般是先挤两后乳头，而后换挤两前乳头。必须严格按照顺序进行，使其形成良好的条件刺激。有的初产母牛因乳头太小，不便于握拳压榨，可改用滑下法。其手法是用拇指和食指紧夹乳头基部，而后向下滑动，这样反复进行。滑下法的缺点是容易使乳头变形或损伤。在具体挤奶的过程中，往往用乳汁沾湿手指，指下滑才较顺利，但这样既不卫生，又容易使乳头发生裂纹。因此，在正常情况下不宜使用。

挤奶时应注意：挤奶员坐的姿势要求正确，既要便于操作又要注意安全。开始挤奶时，先将四个乳区的各个乳头挤出含细菌最高的第一、第二把奶，挤于遮有黑色绢纱布容器内，检查乳汁是否正常，如在纱布上发现有乳块或脓、血块等异物时，或发现乳房内有硬块或者出现红肿，乳汁的色泽、气味出现异常，应及时报告尽早进行治疗。对牛态度不可粗暴，不许任意鞭打，以防养成牛踢人恶癖等。挤奶完毕，要彻底洗净奶桶等用具。挤奶员一定要戴上紧口圆帽以防头发及污物落入奶桶，影响牛奶卫生。挤奶完毕后，用4%的碘甘油涂抹乳头，以防干裂及细菌侵犯。

（二）机器挤奶技术

机器挤奶不仅能减轻工人劳动强度，提高劳动生产率和鲜奶重量，而且还能增加经济效益。由于机器挤奶是4个乳头同时挤，动作柔和，无残留奶，奶牛的泌乳性能得到充分发挥，这也是提高产奶量的措施之一。机器挤奶可极大地提高劳动生产率（图6-7）。

图6-7　机械化挤奶

1. 挤奶机械的选择

当前使用的挤奶器有桶式、车式、管道式、坑道式、转环式等。生产单位可以根据每天泌乳牛的头数选择挤奶机械。如果10~30头泌乳牛或中小牛场的产房则选用提桶小推车式挤奶器：30~200头用管道式；草原地区也可用车式管道挤奶器：200~500头最好用坑道式挤奶厅，鱼骨、平行、棱形均可；500头以上，用两套坑道或平行64床的坑道式，条件许可时可用转环式（转盘）。选用挤奶机器时务必注意维修条件和易损零件的供应渠道。

2. 机器挤奶操作规程

（1）清洗 用温热的消毒液清洗乳房和乳头，让牛知道挤奶即将开始。做好挤奶准备后，应在一分钟内将乳头杯装上，每个乳头杯必须以滑动的方式装上并尽量减少空气进入乳头杯。奶牛通常在清洗乳房后大约1分钟开始放乳，持续2~4分钟。

（2）检查牛奶的流速，必要时应调整挤奶机 只有挤奶机得到适当调整才能快速、完全地挤奶。通常，前面的两个乳头杯应比后面两个乳头杯稍高一些。乳头杯如果安装不合适常会造成滑落和奶流受阻。如果空气进入到乳头杯可造成细小的奶滴回流乳头池，细菌亦可趁机而入并导致乳房炎。

（3）牛奶是否挤完可从搏动器上的玻璃管观察 注意给奶牛按摩，快挤完时，一手摸着集奶器小勾上部向下按，用以增加乳房的压力，使奶流到乳池再到乳头腔内被挤出来。

（4）挤奶结束时的处置 应先关掉真空泵开关，然后卸下乳头杯。挤奶不应过度，大多数奶牛都会在4~5分钟完成排乳，前面两个乳区比后两个乳区提前结束排乳，后两个乳区比前两个乳区产奶多，因此前面两个乳区会发生轻度挤奶过度。通常，这种情况不会引起任何问题。采取运行正常的挤奶机，挤奶时间超过1~2分钟不会造成乳房炎。

（5）按摩 卸下挤奶机的奶牛挤奶员要按摩乳房，并将奶全部用手挤干。

（6）用安全和有效的消毒剂给乳头消毒 用温和的消毒剂浸泡或喷洒乳头末端2/3的部分，如用0.5%的氢氧化钠。

（7）挤奶机消毒 为预防乳房炎的传播，在准备挤下一头奶牛之前必须对乳头杯橡胶内套管进行消毒。常用的办法是将乳头杯橡胶内套管放在清水里冲掉残留的牛奶。然后，乳头杯应放在含有消毒剂的桶中浸泡2~3分钟，并擦干橡胶内套管，如果操作不当，可能增加乳房炎的传播。多数挤奶机都配有自动清洗系统以快速有效地对乳头杯进行消毒。

（8）挤奶机冲洗　挤奶机用毕，将集奶器反过来，铁钩向下，使挤奶杯向下，放入冷水桶内，打开真空导管冷水即通过挤奶杯胶皮管到挤奶桶内。先用冷水洗，后用85℃热水冲洗干净，最后将挤奶桶和集奶器等放在架上晾干。

3. 机器挤奶

乳房炎是奶牛最常见的疾病之一，其危害性极大，经济损失也十分惊人，包括产奶量下降、高产牛损失、牛只更新费用增加、兽药防疫费用上升等。特别是采用机器挤奶后，尤为突出，有较多的牧场因处置不当，被迫停用机器。控制乳房炎的唯一办法是做好以防为主，结合检查隐性乳房炎加以治疗的综合措施，建立一套隐性乳房炎的检测制度。定期按有关规定进行检测，并根据检验结果采取果断措施。坚持冬、秋季每月一次，春、夏季每月两次检测，强阳性者，或两次阳性的牛停止机械挤奶，移到隔离牛舍改用手工挤奶并医治。此外，还要加强奶牛的饲养管理，做好环境清洁卫生。讲究挤奶卫生是减少乳房炎、养好奶牛、提高产奶量和牛奶质量的有力措施之一。

三、挤奶注意事项

具体细节上，应做好下列几方面工作，并作为操作规程来执行。

（一）环境卫生

应保持牛场环境和牛舍、牛床、牛身清洁卫生及垫草干净，以杜绝污染源。

（二）应严格遵守挤奶卫生

乳房要清洗干净、擦干，清洗乳房用0.02%次氯酸钠消毒液，水最好用55℃的热水。毛巾和手要洗干净，水要经常调换，以防止间接感染。

（三）前几把奶

最初的几把奶要挤到验乳杯中去检查乳汁是否正常，然后把它遗弃。

（四）挤奶时间

应控制在 4~6 分钟完成，机器挤奶控制在 3~5 分钟。乳房要清洗干净，待乳房膨胀下奶后即开始挤奶（如果机器挤奶即套奶杯）。奶挤完后应及时卸掉奶杯，防止空挤。空挤最容易造成乳头孔黏膜淤血、充血、外翻损伤和真空回流的相应感染而引起乳房炎。手工挤奶要挤得快而干净，最末一把奶一定要挤干净。挤完奶后，乳头消毒用药浴法或喷雾法，可采用 0.5% 碘消毒剂或 3% 次氯酸钠溶液（现配现用）。

图 6-8　进行药浴

将乳头放入药浴液中浸泡或喷雾整个乳头周围，待干结后形成薄膜，起到消毒封闭乳孔防止污染的作用（图 6-8）。

（五）乳房炎检查

挤乳时要检查乳房有无异常、硬肿、坏奶，如发现乳房炎，不能套乳杯，一律用手挤，一般放在最后挤。同时要加强用具、容器和手的消毒。乳房炎的坏奶应另外处理，以防传播，并将被污染的牛床加以消毒。

（六）治疗

患乳房炎牛和乳房外伤、乳头发炎，应及时治疗。

（七）检查机器

机器挤奶时，注意真空压要稳定，波动小，节拍要适当；气管、乳杯不可有裂痕、漏气、阻塞等。要经常检修挤乳机装置系统，由于装置系统发生问题未被察觉而引起暴发乳房炎所占的比例极大，应严加注意。

（八）用具消毒

挤奶用具、贮存器，用后必须洗净消毒或蒸气消毒，干燥后方可使用。

第七章

泌乳奶牛的生产管理技术

在奶牛遗传因素的基础上，优良的饲养条件和科学的饲养方法，是充分发挥其产奶能力、提高终生总产奶量和总的经济效益的根本保证。因此，在饲养奶牛过程中，应尽可能地创造有利于发挥母牛生产性能的各种条件，提供优良的环境，供应平衡日粮以促进高产。

泌乳母牛在整个泌乳期内其生理变化不同，在泌乳过程中所受外界环境（季节变化）的影响不同，因此，饲养方法亦不同。根据奶牛生理变化和正常泌乳曲线的变化，将产奶母牛分成不同的时期（或阶段），实施饲养管理是较为科学的一种方法。目前，比较流行的是将泌乳母牛分为初期、盛期、中期、后期、干奶期几个阶段，不同时期其管理重点不同。

第一节　泌乳初期的饲养管理

泌乳初期是指奶牛从产犊开始直到产后 10~15 天的这个时期，通常也称为围产后期或身体恢复期。这一时期母牛因胎儿代谢产物的不良影响逐渐消失，乳腺和循环系统机能尚不正常，乳房还水肿，消化机能减退，子宫未恢复，恶露未排尽。由于开始泌乳，体内钙丢失量大。在整个泌乳初期内干物质进食量因食欲未完全恢复而比泌乳后期还低 15% 左右。在此期间，一般母牛体重会减少 35~50 千克，平均每日减少 0.5~0.7 千克，个别情况下，平均每日可减少 2~2.5 千克。

一、奶牛泌乳初期的生理特点

食欲尚未恢复正常；母牛体虚力乏，消化机能减弱；牛乳房呈明显的生理性水肿，生殖道尚未复原，时而排出恶露；乳腺及循环系统的机能还不正常，体内能量代谢处于负平衡状态。

这一阶段饲养管理的目的是促进母牛体质尽快恢复，为泌乳盛期打下良好的体质基础，不宜过快追求增产。

二、泌乳初期的饲养技术要点

（一）日粮与饲喂

1. 精料

产后日粮应立即改喂阳离子型高钙日粮（钙占日粮干物质的0.7%~1%），从第二天开始逐步增加精料，分娩2~3天开始每日饲喂1.8千克精料。以后每天增加0.3千克精料，在加料过程中要密切注视奶牛的食欲和消化机能来确定增加量。在此期间精料给量不应超过10千克，等到消化变好、恶露排出和乳房软化后再加料。乳房肿胀严重的奶牛应该控制食盐的喂量。

2. 粗料

产后2~3天以供给优质牧草为主，让牛自由采食，最低饲喂量3千克/（头·日）。不喂多汁、青贮和糟粕类饲料，以免加重乳房水肿。3~4天后逐渐增加青贮饲料喂量。精粗料比例为2：3，以保证瘤胃正常发酵，避免瘤胃酸中毒、真胃变位以及乳脂下降。如果母牛产后乳房不水肿，食欲正常，体质健康，产后第一天就可投给一定量的精料和多汁料，5天后即可按饲养标准组织日粮。为预防母牛因产奶钙丢失过大，造成产后瘫痪，日粮中钙量应达到0.6%以上，每天日粮干物质的进食量占体重的2.5%~3%。每千克日粮干物质含2.3~2.5NND，含粗蛋白18%~19%，钙0.7%~1%，磷0.5%~0.7%，粗纤维大于15%。推荐配方：玉米50%，麸皮9%，豆粕25%，棉粕 5%，DDGS 5%，预混料 5%，盐 1%。粗饲料按上述原则灵活掌握，另外更换饲料应逐渐进行。

（二）饮水

奶牛产犊后，会过度失水，要立即喂给温热、充足的麸皮粥，麸皮粥的配制比例为 10 千克水 +1 千克麸皮 +30 克食盐，可起到暖腹、充饥及增加腹压的作用，有利于体况恢复和胎衣排出。对高产奶牛为促进子宫恢复和恶露排出可饮红糖水，配制比例为 10 千克水 +1 千克红糖。切忌饮用冷水，以免引起胃肠炎，适宜的水温是 37~38℃，一周后可降至常温，为促进食欲，要尽量多饮水。

三、管理要点

（一）环境要求

母牛分娩后要自由运动。牛床多铺、勤换垫草，牛舍、牛床要保持清洁卫生。牛舍内不能有"贼风"，且要保证牛舍冬暖夏凉。

（二）挤奶

奶牛产后 0.5~1 小时，即应开始挤奶（提前挤奶有助于产后胎衣的排出）。挤奶前要对乳房进行清洗、热敷和按摩，最后用 0.1%~0.2% 的高锰酸钾溶液药浴乳房。一般第 1~2 把挤出的奶废弃（因细菌数含量高）。产后初乳不能马上挤净，一般分娩后第一天每次挤 2.5 千克左右，以够犊牛饮用即可；第二天约挤泌乳量的 1/2；第三天挤 2/3；第四天挤 3/4 或全部挤净。初乳不马上挤净的作用是使乳房保持一定压力，可促进乳腺发育，还可预防母牛产后钙丢失量过大，出现产后瘫痪。

（三）乳房护理

分娩后乳房水肿严重，在每次挤奶时都应加强热敷和按摩，并适当增加挤奶次数，每天最少挤奶 4 次以上，这样能促进乳房水肿更快消失。如果乳房消肿较慢，可用40%硫酸镁温水洗涤并按摩乳房，以加快水肿消失。

（四）胎衣检测

分娩后，要仔细观察胎衣排出情况。一般分娩后4~8小时胎衣即可自行脱落，脱落后应立即移走，以防奶牛吃掉，引起瓣胃阻塞。如果分娩后12小时胎衣仍未排出或排出不完整，则为胎衣不下，需请兽医处理。

（五）消毒

产后4~5天内，每天消毒后躯一次，重点是臀部、尾根和外阴部，要将恶露彻底洗净。如有恶露闭塞现象应及时处理，以防发生产后败血症或子宫炎等生殖道感染疾病。

（六）日常观测

奶牛分娩后，要注意观察阴门、乳房、乳头等部位是否有损伤，以及有无瘫痪等疾病发生征兆。每天测1~2次体温，若有升高要及时查明原因，同时要详细记录奶牛在分娩过程中是否出现难产、助产，胎衣排出情况、恶露排出情况以及分娩时奶牛的体况等资料。

一般母牛在产后半个月左右身体即能康复，食欲旺盛，消化正常，乳房消肿，恶露排尽。此时，可调出产房转入大群饲养。

第二节　泌乳盛期的饲养管理

此期系指母牛分娩15天以后，到泌乳高峰期结束，一般指产后16~100天的时间。

泌乳盛期的饲养管理至关重要，因涉及整个泌乳期的产奶量和牛体健康。其目的是从饲养上引导产奶量上升，不但奶量升得快，而且泌乳高峰期要长而稳定，力求最大限度地发挥泌乳潜力。

一、生理特点

泌乳盛期时奶牛产奶量上升、体重下降，是饲养难度最大的阶段。因为此时泌乳处于高峰期，而母牛的采食量并未达到高峰期，因而造成营养入不敷出，处于负平衡状态，易导致母牛体重骤减。据报道，此时消耗的体脂肪可供产奶 1 000 千克以上。如动用体内过多的脂肪供泌乳需要，在糖不足和糖代谢障碍的情况下，脂肪氧化不完全，则导致暴发酮病。表现食欲减退、产奶量猛降，如不及时处理治疗，对牛体损害极大。

二、主要的饲养方法

（一）预付饲养法

母牛产后随着体质的康复，产奶量逐日增加，为了发挥其最大的泌乳潜力，一般可在产后 15 天左右开始，采用"预付"的饲养方法。

饲料"预付"是指根据产奶量按饲养标准给予饲料外，再另外多给 1~2 千克精料，以满足其产奶量继续提高的需要。在升乳期加喂"预付"饲料以后，母牛产奶量也随之增加。如果在 10 天之内产奶量增加了，还必须继续"预付"，直到产奶量不再增加，才停止"预付"。

（二）引导饲养法

目前，在过去"预付"饲养的基础上又有了新的研究进展，即发展成为"引导饲养法"。实行"引导饲养法"应从围产前期即分娩前 2 周开始，直到产犊后泌乳达到高峰时，喂给高能量的日粮，以达到减少酮血症的发病率，有助于维持体重和提高产奶量。原则是在符合科学的饲养条件下，尽可能多喂精料，少喂粗料。即自产犊前 2 周开始，一天约喂给 1.8 千克精料，以后每天增加 0.45 千克，直到母牛每100千克体重吃到1.0~1.5千克精料为止。母牛产犊后仍继续按每天0.45千克增加精料，直到泌乳达到高峰。待泌乳高峰期过去，便按产奶量、乳脂率、体重等调整精料喂量。在整个"引导饲养期"，必须保证提供优质饲草，任其自由采食，并给予充足的饮水，以减少母牛消化系统疾病。采用"引导饲养法"可使多数母牛出现新的产乳高峰，且增产的趋势可持续于整个泌乳期，因而能提高全泌乳期的产奶量。但对患隐性乳房炎者不适用或经治疗后慎用。

三、饲养要点

（一）高能量饲料

在泌乳盛期必须饲喂高能量的饲料，如玉米、糖蜜等，并使奶牛保持良好的食欲，尽量多采食干物质，多饲喂精饲料，但也不是无限量地饲喂。一般认为，精料的喂量以不超过15千克为妥，精料占日粮总干物质65%时，易引发瘤胃酸中毒、消化障碍、第四胃移位、卵巢机能不全、不发情等。此时，应在日粮中添加小苏打100~150克，氧化锰50克，拌入精料中喂给，可对瘤胃的pH值起缓冲作用。为弥补能量的不足，避免精料使用过多的弊病，可以采用添加动植物油脂的方法。例如，可添加3%~5%保护性脂肪，使之过瘤胃到小肠中消化吸收，以防日粮能量不足，而动用体脂过多，使血液积聚酮体造成酸中毒。

（二）充足的蛋白质

为使泌乳盛期母牛能充分泌乳，除了必须满足其对高能量的需要外，蛋白质的提供也是极为重要的。如蛋白质不足，则影响整个日粮的平衡和粗饲料的利用率，还将严重影响产奶量。但也不是日粮蛋白质含量越高越好，在大豆产区的个别奶牛场，其混合精料中豆饼比例高达50%~60%，结果造成牛群暴发酮病，既浪费了蛋白质，又影响牛体健康。实践证明，蛋白质按饲养标准给量即可，不可任意提高。研究表明，高产牛以高能量、适蛋白（满足需要）的日粮饲养效果最佳，尤其注意喂给过瘤胃蛋白对增产特别有效。据研究，日粮过瘤胃蛋白含量需占日粮总蛋白质的48%。目前，已知如下饲料过瘤胃蛋白含量较高：血粉、羽毛粉、鱼粉、玉米、面筋粉以及啤酒糟、白酒糟等，这些饲料宜适当多喂，添加蛋氨酸对增产效果明显。

（三）钙、磷含量

泌乳盛期对钙磷等矿物质的需要必须满足，日粮中钙的含量应提高到占总干物质的 0.6%~0.8%，钙与磷的比例以（1.5~2）：1 为宜。

（四）优质粗饲料

日粮中要提供最好质量的粗饲料，其喂量以干物质计，至少为母牛体重的 1%，以便维持瘤胃的正常消化功能。冬季还可加喂多汁饲料，如胡萝卜、甜菜等，每日可喂 15 千克。每天每头服用维生素 A 50 000 国际单位、维生素 D_3 6 000 国际单位、维生素 E 1 000 国际单位或 β – 胡萝卜素 300 毫克，有助于高产牛分娩后卵巢机能的恢复，明显提高母牛受胎率，缩短胎次间隔。

（五）精粗搭配

在饲喂上，要注意精料和粗料的交替饲喂，以保持高产牛有旺盛的食欲，能吃下饲料定额。在高精料饲养下，要适当增加精料饲喂次数，即以少量多次的方法，可改善瘤胃微生物区系的活动环境，减少消化障碍、酮血症、产后瘫痪等的发病率。泌乳盛期日粮干物质占体重 3.5%，每千克干物质含 NND2.4、CP16%~18%、Ca 0.7%、P 0.45%，粗纤维不少于 15%，精粗比 60：40。

（六）合理的饲料加工

从牛的生理上考虑，饲喂谷实类不应粉碎过细，因当牛食入过细粉末状的谷实后，在瘤胃内过快被微生物分解产酸，使瘤胃内 pH 值降到 6 以下，这时即会抑制纤维分解菌的消化活动。所以谷实应加工成碎粒或压扁成片状为宜。

第七章 泌乳奶牛的生产管理技术

241

四、管理要点

（一）乳房护理

泌乳盛期对乳房的护理和加强挤奶工作尤显重要，如挤奶、护理不当，此时容易发生乳房炎。要适当增加挤奶次数，加强乳房热敷按摩，每次挤奶要尽量不留残余乳，挤奶操作完应对乳头进行消毒，可用3%次氯酸钠浸一浸乳头，以减少乳房受感染。

（二）改变挤奶法

对日产40千克以上高产奶牛，如手工挤奶，可采用双人挤奶法，有利于提高产奶量。

（三）提供舒适的环境

奶牛产奶盛期，体质虚弱，牛床应铺以清洁柔软的垫草，以利奶牛的休息和保护乳房。

（四）充足的饮水

要加强对饮水的管理，为促进母牛多饮水，冬季饮水温度不宜低于16℃；夏季饮清凉水或冰水，以利防暑降温，保持食欲，稳定奶量。

（五）适时配种

要密切注意奶牛产后的发情情况，奶牛出现发情后要及时配种。高产奶牛的产后配种时间以产后70~90天为宜。

（六）日常检查

要加强对饲养效果的观察，主要从体况、产奶量及繁殖性能等3个主要方面进行检查，如发现问题，应及时调整日粮。

第三节 泌乳中后期母牛的饲养管理

一、泌乳中期母牛饲养管理

（一）特点

泌乳中期指分娩后 101~210 天这一泌乳时期。在这个时期多数母牛产乳量逐渐下降，在一般情况下每月递减 6%~7%，泌乳中期的产奶量仅仅是泌乳盛期的 40%~50%。母牛产后 105 天体重开始逐渐回升，母牛已怀孕，其营养需要比泌乳盛期有所减少。泌乳中期采食量达到高峰，食欲良好，饲料转化率也高。

（二）要点

1. 及时调整饲料

让其多吃粗饲料，防止精料浪费，精∶粗＝ 40∶60。

2. 按"料跟着奶走"的原则

即随着泌乳量的减少而逐步减少精料用量。

3. 喂给多样化、适口性好的全价日粮

在精料逐步减少的同时，尽可能增加粗饲料用量，以满足奶牛营养需要。

4. 注意体况恢复

在这一阶段要抓好母牛体况恢复，每头牛应有 0.1~0.5 千克的日增重。初胎牛还应考虑生长需要，一般 2 岁母牛可在维持需要的基础上按饲养标准增加 20%，3 岁牛增加 10%。

5. 特殊牛群的护理

对瘦弱牛要稍加精料，以利于恢复体况；对中等偏上体况的牛，要适当减少精料，以免出现过度肥胖。

例如：体重为 550~700 千克的乳牛其日粮组合见表 7–1。

表 7-1　不同产奶量的日粮组合

日产奶（千克）	精料（千克）	糟渣（千克）	多汁饲料（千克）	青贮（千克）	干草（千克）	Ca（克）	P（克）
15	6~6.5	10~12	5	20	4	102	800
20	6.5~7.5	10~12	5	20	4	102	800
30	8.5~10	10~12	5	20	4	102	800

其中豆饼 25%，玉米 40%~50%，麸皮 20%~25%，矿物质 3%~5%，食盐 1%，碳酸钙 1.1%，石粉 1%。

6. 加强运动

由于采食量达到最高水平，必须保持每天在运动场上自由活动的时间，促进饲料的消化吸收。

7. 加强矿物质补充

为提高牛的食欲，运动场上可设置矿物质与食盐混合的食盒，供牛自由舔食。

8. 刷拭

在舍饲挤奶的条件下，每次上槽坚持牛体刷拭，有利于提高牛的食欲和饲料的消化。

9. 充足的饮水

保持水的清洁，注意水的温度，防止冰冻。

10. 防暑降温

运动场要搭凉棚，给牛遮阳。

11. 按摩

加强乳房按摩，保持高产。

二、泌乳后期母牛的饲养管理

产后 200 天奶牛，这时已接近妊娠后期，胎儿生长发育加快，产乳量急剧下降，直至干乳前称泌乳后期。对营养的需要包括维持、泌乳、修补体组织、脂肪生长和妊娠沉积养分等 5 个方面。

（一）泌乳后期的特点

产奶量急剧下降，每月下降幅度达 10% 以上，此时母牛处于怀孕后期，胎儿生长发育很快，母牛要消耗大量营养物质，以供胎儿生长发育的需要。各器官处于较强活动状态，应做好牛体况恢复工作，泌乳后期是恢复奶牛体况和增重的最好时期，但又不能使母牛过肥，保持中等偏上体况即可。

（二）泌乳后期的饲养要点

1. 调整日粮

饲养上以优质青粗料为主，补饲少量精料。泌乳后期的精料配方、日粮组成参考如下。

（1）产奶水平为 8 000~8 500 千克　精料 10~12 千克，干草 4~4.5 千克，玉米青贮 20 千克。精料组成：玉米 50%、熟豆饼（粕）10%、棉仁饼（或棉粕）5%、胡麻饼 5%、花生饼 3%、葵子饼 4%、麸皮 20%、磷酸钙 1.5%、碳酸钙 0.5%、食盐 0.9%、微量元素和维生素添加剂 0.1%。

（2）产奶量为 7 000 千克　精料 9~10 千克，干草 4 千克，玉米青贮 20 千克。精料组成：玉米 50%、熟豆饼（粕）10%、葵子饼 5%、棉仁饼 5%、胡麻饼 5%、麸皮 22%、磷酸钙 1.5%、碳酸钙 0.5%、食盐 0.9%、微量元素和维生素添加剂 0.1%。

（3）体重 600 千克、日产奶 15 千克母牛的日粮组成　玉米青贮 16 千克，羊草 5 千克，胡萝卜 3 千克，混合料 8.35 千克（其中玉米 54%、豆饼 24%、麸皮 19%、磷酸钙 2.0%、食盐 1.0%）。

2. 注意产奶水平和体况

在日粮供给上要根据母牛的产奶水平和实际膘情合理安排，精料可根据产奶量随时调整，一般产 3~4 千克奶给 1 千克精料。只要母牛为中等膘（即肋骨外露明显），则按前述日粮组成饲喂。若已达中等以上膘情（即肋骨可见，但不明显），则可减少 1~1.5 千克精料，并严格控制青贮玉米的给量，防止母牛过肥。

（三）泌乳后期的管理要点

1. 直肠检查

在预计停奶以前必须进行一次直肠检查，确定一下是否妊娠，如个别牛可能怀双胎，则应按双胎确定该牛干奶期的饲养方案，要合理提高饲养水平，增加 1~1.5 千克精料。

2. 禁止喂冰冻或发霉变质的饲料

3. 保胎

注意母牛保胎，防止机械流产（如防止母牛群通过较窄道时互相拥挤，防止滑倒）。

第四节　干奶牛的饲养管理

干奶期是指从停止挤奶到产犊前 15 天的经产母牛。泌乳牛经过长时间的泌乳，体内已消耗很多养分，因此，需要一定的干奶时间补偿体内消耗的营养，保证胎儿的良好发育，并使母牛体内蓄积营养物质，给下一个泌乳创造条件，打好基础。母牛干奶期一般在临产前两个月。干奶期长短，主要决定于母牛营养与健康状况，体质好的可干奶一个半月，差的可延长到二个月以上。试验表明，无干奶期连续挤奶的牛比有干奶期的牛，在同样饲养条件下，第二胎产奶量下降25%，第三胎则下降38%，且随着胎次的增加，不干奶牛产奶量下降的趋势更大。所以，泌乳牛干奶是十分重要的。

一、干奶的意义

（一）体内胎儿后期快速发育的需要

干奶期奶牛正处于妊娠后期，胎儿生长非常迅速，需要大量的营养物质。但随着胎儿体积的迅速增大，占据了大部分腹腔空间，使消化系统受到挤压，奶牛食欲和消化能力开始迅速下降。此时通过干奶，将有限的养分主要供给胎儿生长发育，有利于产出健壮的犊牛。

（二）干奶期有助于奶牛恢复体况

正确的干奶期治疗及饲养管理，使奶牛有一个健康的体况，避免产后出现疾病。同时为下一个泌乳期做好最佳准备。

（三）确保奶牛产犊当日机体及乳房处于最佳健康状态

干奶期是用前瞻性的方法处理和管理干奶牛，以便达成最终目的，产出优良的犊牛和达到泌乳期健康高产的目的。干奶对奶牛生产性能有重要意义，如牛奶品质及产奶量提高。要完成该目标，只有让奶牛乳房充足休息，使其乳腺上皮细胞充分修复方能达到。

（四）有助于下一个泌乳期发挥最佳泌乳性能

60 天干奶期可保证奶牛下个泌乳期的性能发挥，同时也为治愈乳房现有感染提供机会，提高奶牛整体健康水平，特别是瘤胃与肢蹄健康。

（五）乳腺组织周期性修养的需要

60 天使乳腺上皮细胞有充裕时间更新修复，为出现预产期难免的计算误差或早产准备一定的保障时期。

（六）治疗乳房炎的需要

干奶期治疗主要目的在于降低乳房现有感染水平及预防新感染发生，为达到目的，需使用广谱、长效（60 天内均有效）的干奶药进行干奶期治疗。

二、干奶的方法

（一）逐渐干奶法

用 1~2 周的时间使牛泌乳停止。一般采用减少青草、块根、块茎等多汁饲料的喂量，限制饮水，减少精料的喂量，增加干草喂量、增加运动和停止按摩乳房，改变挤奶时间和挤奶次数，打乱牛的生活习性。挤奶次数由 3 次逐渐减少到 1 次，最后，迫使奶牛停奶。这种方法一般用于高产牛。

（二）快速干奶法

在 5~7 天将奶干完。采用停喂多汁饲料，减少精料的喂量，以青干草为主，控制饮水，加强运动，使其生活规律剧变。在停奶的第 1 天，由 3 次挤奶改为 2 次，第 2 天改为 1 次，当日产奶量下降到 5~8 千克时，就可停止挤奶。最后一次挤奶要挤净，然后用抗生素油膏封闭乳头孔，也可用其他商用干奶药剂一次性封闭乳头。该法适用于中、低产牛。

（三）骤然干奶法

在预定干奶日突然停止挤奶，依靠乳房的内压减少泌乳，最后干奶。一般经过 3~5 天，乳房的乳汁逐步被吸收，约 10 天乳房收缩松软。对高产牛应在停奶后的 1 周再挤 1 次，挤净奶后注入抗生素，封闭乳头；或用其他干奶药剂注入乳头并封闭。

（四）注意事项

无论采用哪种方法干奶，都应观察乳房情况，发现乳房肿胀变硬，奶牛烦躁不安，应把奶挤出，重新干奶；如乳房有炎症，应及时治疗，待炎症消失后，再进行干奶。

三、干奶牛的饲养要点

（一）干奶前期的饲喂

干奶前期指分娩前 21~60 天的奶牛，此期奶牛消耗的干物质预计占体重的 1.8%~2.0%（650 千克的奶牛消耗干物质 11.5~13 千克）。应给干奶前期奶牛饲喂含粗蛋白 11%~12%，低钙（≤0.7%）、低磷（≤0.15%）含量的禾本科长秆干草。给干奶牛饲喂优质矿物质，硒、维生素E的日饲喂量应分别达到4~6毫克/头及500~1 000国际单位/头。

单一的玉米青贮因能量太高，不是干奶前期奶牛的理想草料。如果必须饲喂玉米青贮（含35%干物质），应将饲喂量限制在5~7千克湿重（2~2.5千克干重），防止采食玉米青贮的干奶牛发生肥胖牛综合征。给干奶牛饲喂精料或玉米青贮可能会引发皱胃移位。

限制玉米青贮的用量，有助于调节干奶牛日粮中的钙、钾及蛋白质水平，有利于瘦干奶牛的饲喂。豆科低水分青贮料不是干奶前期奶牛理想的草料，如果必须饲喂低水分青贮料（含干物质45%），应将饲喂量限制在3~5千克湿重（1.5~2.0千克干重）。

（二）干奶末期的饲喂

干奶末期指分娩前21天以内的奶牛。与干奶前期相比，干奶末期奶牛的采食总量下降15%（即一头650千克奶牛的干物质摄入量减少10~11千克），干物质平均采食量为体重的1.5%~1.7%。干奶牛在分娩前2~3周的干物质摄入量估计每周下降5%，在分娩前3~5天，最多可下降30%。研究表明，分娩前2~3周，奶牛的采食量约为11.4千克，但在分娩前1周，其采食量可下降30%，每天每头为8~9千克。实践中，在分娩前3~5天，奶牛干物质摄入量的下降率可能为10%~20%。

1. 钙的摄入

应仔细计算干奶末期奶牛的钙摄入量，以防发生产后瘫痪。即使是无明显临床症状的产后瘫痪，也可能引发许多其他的代谢问题。对草料及饲料进行挑选，以使钙的总供应量达100克或100克以下（日粮干物质含钙量低于0.7%），磷的日供应量为45~50克（日粮干物质含磷量低于0.35%），钙磷比保持在2∶1或更低。限制苜蓿草的用量，以防产后瘫痪。这是因为苜蓿含钙量太高，通过采食苜蓿，奶牛对钙的日摄入量可能超过100克/头。

2.日粮调整

使干奶末期奶牛适应采食泌乳日粮的基础草料，这一阶段使用玉米青贮或低水分青贮料，不提倡给干奶末期奶牛饲喂泌乳期全混合日粮。因为可能引起奶牛过量采食钙、磷、食盐及碳酸氢盐，也不要给干奶末期奶牛饲喂碳酸氢钠。饲喂"干奶末期奶牛专用全混合日粮"，可以确保在干物质摄入量发生剧烈波动时，粗、精料比仍保持固定。

3.阴离子平衡

在饲喂高钙日粮（含钙超过 0.8% 干物质）及高钾日粮（含钾超过 1.2% 干物质或每头每天 100 克）的同时，饲喂阴离子盐。如果饲喂了阴离子盐，钙的摄入量可增加到每头每天 150~180 克（增加采食含钙 1.5%~1.9% 的日粮 8~11 千克）。

4.因牛而异

给干奶末期奶牛饲喂全谷物日粮，而给新产牛饲喂精料。这样能使瘤胃适应分娩后所喂的高谷物日粮。

5.精料补充

对于体况良好的奶牛，谷物的饲喂量可达体重的 0.5%（每头每天 3~3.5 千克），对于非最佳体况的奶牛，谷物的饲喂量最多占体重的 0.75%（每头每天 4.5~5 千克）。精料的饲喂量限制在干奶末期奶牛日粮干物质的 50%，或者最多饲喂每头每天 5 千克。

6.注意体况

干奶牛在干奶期，尤其在分娩前最后 10~14 天，不应减轻体重。在此阶段减轻体重的奶牛会在肝脏中过度积累脂肪，出现脂肪肝综合征。

（三）注意事项

1.不要给干奶牛饲喂发霉干草（或饲料）

霉菌能降低奶牛免疫系统的抗病力，采食发霉饲料的干奶牛较容易发生乳腺炎。

2.注意保持奶牛舒适

注意干奶末期奶牛的通风及饲槽管理，只要有可能应使奶牛适应产后环境，分娩前减轻应激意味着产后能更多地采食。

四、干奶牛的管理

（一）确保奶牛运动

经常锻炼能使奶牛保持良好体况。未经锻炼的奶牛的分娩相关疾病、乳腺炎、腿部疾病的发病率要高于经过锻炼的奶牛。

（二）分槽饲喂

始终做到分槽饲喂干奶牛，干奶牛与其他奶牛同槽采食时，因竞争力差，而限制了其在干奶期这一关键时期的采食量，从而增加了发生代谢问题的危险性。

（三）防止"肉牛"

保持奶牛在整个干奶期直到分娩的体况，防止出现干奶牛肥胖过度，变成"肉牛"。

第五节　高产奶牛的饲养管理

高产奶牛指一个泌乳期产奶量在 7 500 千克以上，含脂率 3.4%~3.5%，乳蛋白率在 3%~3.2% 的牛群；个体奶牛泌乳期产奶量在 8 500 千克以上，经产奶牛在 9 000 千克左右。高产奶牛应具备产奶量高；乳成分好、乳脂率高、乳蛋白含量高；繁殖功能正常；无代谢疾病。

一、高产奶牛的主要特点

（一）高产奶牛的体型外貌

高产奶牛体型的乳用特征明显，头部清秀，颈部偏细，背部平直，四肢健壮，无卧系。体型前窄后宽，腹围大，成梯形。乳房像浴盆、前伸后延、附着紧凑，乳静脉粗壮、弯曲发达。体高 1.4 米以

上，体长 1.7 米以上。

（二）高产奶牛的采食与反刍

高产奶牛采食和反刍时间比低产奶牛时间长，瘤胃蠕动次数也较多，反刍时每分钟咀嚼 60 次左右。

（三）高产奶牛的饮水量

高产奶牛不但饮水时间长，而且饮水量大，次数多，每头牛每昼夜饮水量为 50~75 千克，平均是 62.5 千克。

（四）高产奶牛的消化和排粪

高产奶牛采食量大，新陈代谢旺盛，每次排粪时间长，排粪量大，粪便较稀，每日排粪量为 38~49 千克，排尿量为 40~68 千克。

（五）高产奶牛的挤奶速度

高产奶牛比低产奶牛乳头松弛，排乳速度较快。高产奶牛的日产奶量比低产牛高 30%~50%，因此每日挤奶时间比低产牛挤奶时间长。

（六）高产奶牛的营养转化能力

代谢强度大，饲料转化率高，对饲料及外界环境反应敏感。高产奶牛产乳量多，因而需要的营养物质也多，每天需 80~100 千克饲料，折合 20~50 千克干物质。高产奶牛的特点是能有效地把各种饲料的营养物质消化，在生产奶过程中，把饲料营养送往乳腺转化成牛奶的各种成分的能力特别高，而低产奶牛这种能力差。

实践证明，高产奶牛喂大量精料会出现酮病等，因此对高产奶牛应加大粗饲料比例。在围产前期和围产后期，增加生物制剂，能有效减轻肝脏功能负荷，达到高产奶牛健康、高产、长寿的目的。

（七）高产奶牛生理特征

高产奶牛由于基础代谢率高，因此心跳、呼吸等生理指标与低产牛有很大差异。高产奶牛呼吸、心脏跳动均比低产奶牛快，差异显著；体温变化不大，充分反应高产奶牛机体功能强，代谢旺盛。

（八）健康的体质

高产牛的负担是非常繁重的，因此除了能生产大量优质牛奶外，还必须同时具有健康的身体状况，有旺盛的食欲、发达的消化系统、泌乳器官和强有力的代谢功能。

二、饲养要点

（一）日粮的全价性

高产奶牛产乳高，需要大量的营养，所以，高产牛的日粮应全价、适口性好，易于消化吸收。

（二）加强干乳期的饲养

为了充分补偿前一泌乳期的营养消耗，储备充分营养以供乳牛产后泌乳量迅速增加的需要，使瘤胃微生物区系在产犊前得以调整以适应精料日粮，干乳后期要增加精料饲喂量。这就能保证泌乳期奶牛在最需要能量的时候获得充足的能量，防止泌乳高峰期内过多分解体脂肪，发生代谢疾病而影响发育和健康。

（三）提高干物质的营养浓度

通常泌乳初期到高峰期是高产奶牛饲养管理的关键时期。母牛产乳后，产乳量急剧上升，对于干物质和能量等营养物质的需要也相应增加。在泌乳初期及高峰期，受采食量、营养浓度及消化率等方面的限制，不得不动用体内的营养物质以满足产乳需要。一般高产奶牛在泌乳盛期过后，体重要降低 35~45 千克，甚至更多。母牛体重下降是体蛋白、脂肪和矿物质消耗的结果。如下降过多或下降持续时间较长，容易出现酮血症或性机能障碍。所以，为了满足营养需要，必须提高日粮干物质的营养浓度。

（四）保持日粮适当的能量与蛋白比

高产牛产犊后，产乳量逐渐提高，此时常因片面强调蛋白质饲料供应量，忽视蛋白质与能量间的适当比例。奶牛产后产乳量迅速增加，需要很多能量，如日粮中作为能源的碳水化合物不足，蛋白质就得脱氨氧化，其氮含量部分则由尿排出。在这种情况下，蛋白质不但没有发挥其自身特有的营养功能，并且从能量的利用率考虑也不经济。

（五）保持高产牛旺盛的食欲

高产牛泌乳量上升速度比采食量上升速度早6~8周。母牛采食量大，饲料通过消化道较快，降低了营养物质的消化率，日粮的营养浓度越高，消化利用部分越少。因此，要保持母牛旺盛的食欲，注意提高其消化能力。粗饲料可让牛自由采食，精饲料日喂3次，产犊后精饲料增加不宜过快，否则容易影响食欲，每天增量以 0.5~1.0 千克为宜，精饲料给量一般每天不超过 10 千克。

（六）合理搭配高产牛的日粮

高产牛的日粮要求容易消化，容易发酵，并从每单位日粮中得到更多的营养物质。即日粮组成不仅考虑到营养需要，还应注意满足瘤胃微生物的需要，促进饲料更快地消化和发酵，生产更多的挥发性脂肪酸。乳中有 40%~60% 的能量来自挥发性脂肪酸。精饲料给量中，玉米或高粱比例要适当，可加大大麦、麸皮的给量，豆科青粗饲料比禾本科饲料易消化和发酵，含蛋白质也高。带穗玉米青贮，既是青饲料，又具精饲料性质，较易消化。但是贮存过程中大部分蛋白质被降级为非蛋白质含氮物，喂饲后经微生物合成蛋白质才被利用，故高产牛日粮中不宜过多喂青贮饲料。

三、高产奶牛的管理要点

（一）严格防疫、检疫

定期进行消毒，建立系统的奶牛病历档案；每年定期进行 1~2 次健康检查，其中包括酮病、骨营养不良等病的检查；春秋季各进行一次检蹄修蹄。

（二）高产奶牛日常护理

每天必须铺换褥草，坚持刷拭，清洗乳房和牛体上的粪便污垢，夏季最好每周进行一次水浴或淋浴（气温过高时应每天一至数次），并应采取排风和其他防暑降温措施，冬季防寒保温。

（三）高产奶牛运动

每天应保持一定时间和距离的缓慢运动。对乳房容积大、行动不便的高产奶牛，可作牵行运动。酷热天气，中午牛舍外温度过高时，应改变放牛和运动时间。

（四）高产奶牛的干奶期管理

每胎必须有 60~70 天干奶期，建议采用快速干奶法，干奶前进行隐性乳房炎检查，对强阳性（++ 以上）应治疗后干奶，在最末一次挤奶后向每个乳头内注入干奶药剂，干奶后应加强乳房检查与护理。

（五）高产奶牛产前管理

产前两周进入产房，对出入产房的奶牛应进行健康检查，建立产房档案。产房必须干燥卫生，无贼风。建立产房值班和交接班制度，加强围产期的护理，母牛分娩前，应对其后躯、外阴进行消毒。对于分娩正常的母牛不得人工助产，如遇难产，兽医应及时处理。

（六）高产奶牛分娩后管理

应及早驱使站起，饮以温水，喂以优质青干草，同时用温水或消毒液清洗乳房、后躯和牛尾。然后清除粪便，更换清洁柔软褥草。分娩后 1~1.5 小时，进行第一次挤奶，但不要挤净，同时观察母牛食欲、粪便及胎衣的排出情况，如发现异常应及时诊治。分娩两周后，应作酮尿病等检查，如无疾病，食欲正常，可转大群管理。

第八章

奶牛疾病防治基础知识

奶牛养殖的目标是高产、稳产和健康，其中健康最为关键。只有奶牛健康，才会有奶牛的高产和稳产。由于环境的改变和饲养管理的疏忽，奶牛发生疾病是不可避免的，最重要的是如何将这种疾病的发生和由此带来的损失减少到最低程度。对疾病要提前预防、正确诊断和有效治疗，坚持"以防为主、防重于治"，防控结合。

第一节　奶牛场的生物安全措施

随着我国奶牛业的不断发展壮大，规模化奶牛场疫病防控形势也日益复杂，如何搞好奶牛场的生物安全工作是奶牛养殖生产的重中之重。从控制疫病流行的 3 个基本环节入手，采取有效生物安全防控措施，防止疫病发生，促进奶牛达到更高的生产性能，才能取得良好的经济效益。

一、隔离

（一）与外界环境的隔离

动物养殖场要做到与外界环境高度隔离，使场内动物处于相对封闭的状态。隔离措施主要包括从选址上做好隔离、从场区建设上做好隔离和建立限制进出制度隔离。

1. 从选址上做好隔离

新建奶牛养殖场场址的选择应远离交通要道、居民点、医院、屠宰场、垃圾处理场等有可能影响动物防疫因素的地方，距离要保持在500米以上。选择平坦、背风向阳、排水良好的地点，具有清洁、无污染的充足水源，地下水位在2米以下。

2. 从场区建设上做好隔离

奶牛场周围要建有隔离沟或隔离墙及绿化带；场门口建立消毒池和消毒室；根据生物安全要求的不同，养殖场内应严格划分生产区、管理区和生活区，还要在远离生产区的地方建立隔离圈舍；牛舍之间距离最低不应少于10米，各区之间还要建立隔离墙或绿化隔离带。严格做到净道、污道分开，无害化处理设施要配套完善。

3. 建立限制进出制度隔离

要针对防疫工作建立完善的人员管理制度、消毒隔离制度、采购制度、中转物品隔离消毒制度等并认真实施，切断一切有可能感染外界病原微生物的环节。

（二）人员隔离

奶牛场应严格限制外来人员、车辆等进出场区和生产区。必须进入时，要严格进行消毒；奶牛场工作人员也禁止随意离开场区，必须离场时，进出奶牛场要经过严格消毒；生产区工作人员进入生产区时，应洗手，穿工作服和胶靴，戴工作帽，或淋浴后更换衣鞋。工作服应保持清洁，定期消毒。饲养人员严禁相互串牛舍。在周边地区有疫情发生的情况下，严禁工作人员外出；如必须外出的人员外出后，应待疫情全部扑灭后方可进场，或经过严格的隔离和消毒后才能进场。

（三）奶牛间的隔离

1. 引进奶牛的隔离

奶牛引种是牛病传入的重要途径之一。各种传染性生物因子都可能在引种时被带入牛场，特别是购进隐性感染或无任何临床症状的带毒奶牛，将给奶牛场造成巨大损失。在引种前要做血清学检测，检测是否带有本场没有发生过的传染病致病因子，同时须在隔离检疫舍隔离观察30~60天。30天后再检测1次，如检测结果仍为阴性，方可引入本场。

2. 病牛的控制

每栋奶牛舍应预留病弱牛栏，一旦发现状况异常奶牛立即转到病弱栏内。经2天治疗未见好转的，立即转入病牛隔离舍治疗。

（四）饲料、用具和交通工具隔离

奶牛场必须坚持定期开展饲料采购等工作，这些环节也是传入传染性生物因子的关键环节，不能出现任何问题。饲料采购要在非疫区进行，在饲料进场后应在专用的隔离区进行消毒，并杜绝同外界相关人员的近距离接触。要杜绝使用经销商送上门的原料，杜绝运输奶牛及相关产品的交通工具接近场区；生产区内使用的工具、车辆等禁止离开生产区使用；在生产区内要设立专门的消毒池，对生产区内的相关用具进行消毒；运输饲料、奶牛的车辆也要定期进行消毒；运输鲜奶的车辆要专一、固定，进出场要经过严格的消毒。

（五）其他动物与昆虫的隔离

狗、猫、鸟、老鼠、蚊蝇等野生动物和昆虫也是将新的传染性生物因子引入奶牛场的重要危险因素，要禁止让狗和猫在牛场内四处走动。老鼠、蚊蝇等都是疾病的传播者，还对饲料、饲料原料造成损耗与污染。奶牛场要采取有效措施消灭老鼠，及时处理粪便，净化污水，防止蚊蝇滋生。

二、消毒

消毒是奶牛场消灭传染性生物因子的重要环节，一方面，消毒可以减少病原进入养殖场或畜舍，另一方面，消毒还可以杀灭已进入养殖场或畜禽舍内的病原，从而减少了奶牛感染传染性疾病的机会。奶牛场的消毒要注意以下五点。

（一）环境消毒

在奶牛场大门口和牛舍入口要设消毒池、消毒通道以及消毒间（图8–1）。消毒池长应为车辆车轮两个周长以上，深要大于车轮半径以上，定期加入5%的火碱水或10%的来苏儿溶液，也可放生石灰等消毒。消毒通道可安装喷雾消毒装置，消毒间多为紫外线消毒。

图8–1　大门口消毒池

牛舍及运动场内的粪便每天都要清除，保持地面的干燥和清洁。牛舍入口、牛舍周围及运动场，每周用火碱、生石灰或来苏儿溶液进行喷洒消毒。牛舍墙壁、牛栏等2~3周用15%的石灰乳或20%的热草木灰水进行粉刷消毒。牛场周围、场内污水池、下水道等每月用漂白粉消毒一次。

每次牛舍进牛前，彻底清洗、消毒所用栏舍，至少空置7天后，再转进新牛。饲料存放处、场内道路、舍内通道、值班室、更衣室要每天打扫干净定期消毒。

（二）人员消毒

奶牛场应尽量减少外来人员进入生产区参观，必须进入生产区时要经过严格消毒，遵守奶牛场卫生防疫制度。饲养人员定期体检，患人畜共患病者不得进入生产区。饲养人员在进入生产区之前，必须在消毒间用紫外线灯消毒 15 分钟，或更换工作衣、帽，有条件的地方先淋浴、换衣后再进入生产区。

（三）牛体消毒

定期用 0.1% 新洁尔灭、0.3% 过氧乙酸、0.1% 次氯酸钠等对牛体进行消毒。消毒时要避免消毒剂污染到牛奶。

（四）用具消毒

饲喂用具、饲料床等定期消毒，可用 0.1% 新洁尔灭或 0.2%~0.5% 过氧乙酸。日常用具、医疗用具、配种用具以及挤奶设备和奶罐等，在使用前后均进行彻底清洗和消毒。

（五）粪便处理

牛粪采取堆积发酵处理，堆积处每周用 2%~5% 烧碱消毒一次。

三、免疫和标识

（一）接种免疫

免疫是预防、控制疫病最基本的生物安全措施。奶牛场应根据本地疫病流行状况、奶牛来源和遗传特征、奶牛场防疫状况在专业兽医技术人员的指导下，选择疫苗的种类和免疫程序。注意疫苗必须为正规生产厂家经有关部门批准生产的合格产品。

（二）个体标识和档案

实行动物免疫标识管理制度，凡按国家规定实行强制免疫的动物疫病，对免疫过的奶牛加挂免疫耳标，并建立免疫档案。建立健全奶牛场防疫、检疫档案，内容包括：奶牛来源、检疫情况、免疫接种情况、发病死亡情况及原因、无害化处理情况、实验室检查及其用药情况、免疫标识及保健卡发放情况等。

四、检疫

主要是引种检疫，引种时要遵循"健康第一"的观念，严把引种关。由国内异地引进奶牛，要按规定对结核病、布病、传染性鼻气管炎、白血病等进行检疫。从国外引进的奶牛除按进口检疫程序检疫外，应对白血病、传染性鼻气管炎、黏膜病、副结核病、蓝舌病等复查一次。引进牛到达调入地后，在当地动物卫生监督机构监督下，进行隔离观察饲养 14 天，确定健康后方可混群饲养。

目前，在奶牛疾病方面的检疫主要是"两病"（结核病和布鲁氏病），因为奶牛是结核病和布鲁氏病的最易感动物，而且很容易通过奶牛传给人，所以在奶牛中加强结核病和布鲁氏病（俗称"两病"）的检疫在公共卫生上具有重要意义。对"两病"的检疫应继续遵循如下原则。

（一）定期检疫

接受动物防疫监督部门的管理，定期完成对"两病"的检疫监测。

（二）阳性淘汰

在当地动物防疫部门监督下，每年至少进行一次结核病（用结核菌素试验——皮内注射及点眼）和布鲁氏病（采血送检——试管凝集法）检验，检出阳性牛应立即淘汰。

（三）引进地调查

引进奶牛必须了解产地疫情，坚决不从"两病"疫区场引进奶牛。

对非疫区也要当地动物防疫部门近一个月内的检疫证明。运回后仍应隔离至少 3 个月，并经再次检疫证明为阴性者方可转入大群饲养。

（四）饲养员检查

对场内工作人员，每年定期进行 1~2 次健康检查。对发现有两病患者应及时调出并给予治疗，同时对牛群进行全面检查。

（五）消毒

保持牛场内环境卫生并定期进行消毒。

五、监测

（一）结核病和布鲁氏病的监测净化

每年春秋两季，要向当地动物疫病预防控制机构申请对本场奶牛进行布鲁氏菌病和结核病的监测。对于检出的阳性牛只一律按照《中华人民共和国动物防疫法》有关规定进行扑杀销毁和无害化处理。

（二）其他疫病的监测

结合奶牛场实际情况，制定出必要的其他疫病监测方案。

1. 隐性乳房炎监测

在泌乳奶牛干乳前 15 天进行，以便在干乳时运用有效的抗菌制剂，及时进行防治。通过实施 DHI 对奶牛进行分析，从而检出隐性乳房炎。

2. 定期进行口蹄疫监测

与当地兽医部门联合对该病进行监测。

3. 定期进行粪便寄生虫卵检查

依据监测结果对奶牛场及时进行免疫程序的调整，同时进行相应的驱虫保健。

六、疯牛病预防

牛的感染过程通常是：被疯牛病病原体感染的肉和骨髓制成的饲料被牛食用后，经胃肠消化吸收，经过血液到大脑，破坏大脑，使其失去功能呈海绵状，导致疯牛病。

因此，动物源性饲料是牛感染疯牛病的主要途径，应禁止在奶牛饲料中添加和使用反刍动物源性肉骨粉等动物源性饲料，预防此病的感染。

第二节　奶牛场常见病的预防控制

一、胎衣不下

（一）发病情况

正常奶牛在妊娠过程中，特别是妊娠后期运动不足，Ca、P 不足。另外，饲料中营养不全，严重缺乏维生素 A、维生素 E 以及微量元素硒；奶牛妊娠期营养量过大，胎儿过大引起难产，造成胎衣不下；奶牛的年龄偏大，胎次高；奶牛营养不良，身体瘦弱；当奶牛患有其他生殖系统疾病时，都可引起胎衣不下。

胎衣不下的奶牛可导致子宫内膜炎，若不愈易造成不孕；全身感染，造成败血症，引发死亡；食欲下降，反刍减少，引发瘤胃积食臌气，消化障碍；产奶量下降，甚至停产。

母牛产后 7 小时以后，胎衣仍没有排下来，视为胎衣不下。

（二）预防

饲养中注意饲料的全价性，保证营养成分齐全而不缺乏；妊娠奶牛在饲养管理中，注意日喂量、膘情及犊牛的发育情况；保证妊娠奶牛每天 6 小时的运动时间，应风雨不误；保证奶牛的身体健康，对生殖疾病及早治疗，及早治愈。

治疗：① 手术剥离。在产后 18~24 小时尽快进行，小心地将子叶逐个剥离干净，然后用高锰酸钾（0.1%）或雷佛奴尔（0.1%）溶液灌注冲洗，再把青链霉素或其他抗生素放入子宫，抹均匀。② 药物治疗。如没有即时剥离，肌注乙烷雌酚、己烯雌酚、催产素，加快胎衣排出。之后，宫内灌注冲洗，发现全身症状的肌注或静注抗生素。已引起子宫内膜炎的按子宫内膜炎治疗。

二、乳房炎

乳房炎是奶牛易发生的一种乳腺疾病，常发生于泌乳期，对奶牛的产奶量影响很大。及时发现，及时治疗，是保证奶牛正常产奶的关键一环。

（一）发病情况

牛舍及运动场卫生条件不好，污水淤积，粪便不及时清除，特别是对牛舍及运动场消毒不严或不消毒，造成病菌通过乳头侵入乳房。由于管理不当，奶牛互相顶撞造成外伤或其他机械碰撞，引起乳房外部或内部炎症。产前饲喂精料过多，产后马上饲喂精料或多汁饲料，造成乳房水肿时间过长，引起内部炎症。挤奶手法错误或机器挤奶负压过高，损伤乳头皮肤。消毒不严，造成病菌通过乳头侵入乳房，引起乳房炎。饲料中缺乏微量元素硒和维生素 E，也会增加乳房炎的发生率。根据本病的发病经过，可分为 3 种类型。

急性型：乳房患部出现红、肿、热、痛现象，乳上淋巴结肿胀，产奶量急剧下降，严重者停奶，乳汁稀薄，内含絮片、凝块、脓汁或血液。病牛出现精神沉郁、食欲减少、体温升高等症状。

慢性型：急性未治愈，则转变为慢性型，主要症状是乳汁内含絮片、凝块、脓汁。病牛出现精神不振、食欲减少、产奶量下降。

隐性型：如未彻底治愈，则由慢性型转为隐性型。隐性型乳房炎无全身及乳房症状，但乳房炎检测呈阳性。

（二）防治

1. 预防措施

搞好牛舍及运动场卫生，严格消毒。加强管理，杜绝奶牛乳房外伤。产前一月限定精饲料喂量，产后一周以后根据产奶量，逐步加精饲料，以减轻乳房水肿。挤奶前，用 0.1% 高锰酸钾溶液对乳头消毒。配制全价合理的日粮，防止因营养缺乏、代谢不平衡而增加乳房炎的发生率。经常进行乳房检测，及时发现，及时治疗。

2. 治疗处方（供参考）

（1）乳房内治疗　挤完奶后，用乳管针把青霉素（160 万单位 / 乳区）、链霉素（80 万单位 / 乳区）用生理盐水或安痛定稀释后注入乳房内部，并向上推按乳房，使药物作用于整个乳房，每日 2 次。此法在奶牛干乳期使用，效果显著。

（2）乳房外治疗　肌注治疗乳房炎专用消炎药，如热炎灵、乳炎王、乳炎消、洛奇注射液等。用鱼石脂、磺胺软膏涂抹在乳房上，消除乳房肿块。

三、子宫内膜炎

（一）发病情况

奶牛胎衣不下未治疗或未治愈；难产时，助产消毒不严，细菌侵入子宫；人工授精器械消毒不严，配种时，细菌侵入子宫；配种时不注意，损伤了子宫内膜；某些传染病和寄生虫侵入子宫，如布氏杆菌、结核杆菌、滴虫等；牛舍消毒不严，卫生不好，奶牛外阴部受污染，细菌侵入阴道并带入子宫，均可发生感染。

子宫长期发炎，奶牛食欲不振，体温升高，产奶量下降；引起奶牛脓毒败血症，造成全身感染而死亡；造成奶牛长期不孕，失去利用价值。

一般分为急性、慢性、隐性三种。患急性子宫内膜炎的奶牛体温升高，食欲减退，精神沉郁，产奶量显著下降。常努责，作排尿姿势。从阴门流出脓性黏液或脓性渗出物，有时夹带血液，有腥臭味。

急性未治愈，病程时间较长，则转成慢性子宫内膜炎。主要症状：发情不正常，从阴门流出混浊常有絮状的黏液，阴道及子宫颈口黏膜充血，肿胀。未彻底治愈则转变成隐性子宫内膜炎，无异常症状，各方面都很正常，但屡配不孕。

（二）治疗

先用0.02%呋喃西林溶液或0.01%高锰酸钾溶液或0.1%雷佛奴尔溶液冲洗子宫，洗后再向子宫内注入20毫升含有青霉素80万单位、链霉素100万单位的溶液，每天一次，连续几天。肌注专治子宫内膜炎药物，有全身症状的静注抗生素，补液、补糖。

四、腐蹄病

（一）发病情况

1. 发病原因

运动场地过于坚硬，对奶牛的肢蹄刺激较大，造成蹄质过度发育。同时对奶牛的蹄壳和蹄间隙磨损比较严重，极易引起蹄间隙发炎和细菌感染。

对奶牛修蹄的重要性认识不足，普遍不修蹄，一年一次修蹄均不能保证。

运动场卫生条件不好，奶牛长期站立在粪尿、雨（雪）水当中，牛蹄受到长期浸泡，极易引起蹄间隙发炎和细菌感染。

运动场不整洁，泥土、粪尿中有砖块、草根、石头、树枝等杂物，磨损、刺伤蹄间组织，极易引起蹄间隙发炎和细菌感染。

奶牛日粮中营养不均衡，维生素A、维生素D严重不足，影响了钙、磷代谢，反映到牛体上普遍骨质较松，前后肢骨骼偏细，这也是引起蹄病的重要原因。

2. 临床症状

奶牛跛行严重，经常以蹄质支撑，消瘦、被毛紊乱，产奶量下降，食欲不振。蹄间隙腐烂，有的已形成空洞，向后延至蹄球部，造成球部肿胀、感染。敲击蹄部，有疼痛反应，切开蹄球皮肤，看到有黄色脓液及坏死组织，表面发生溃疡并有恶臭味。相邻的趾间皮肤发生肿胀充血，潮红。

（二）防治

10%硫酸铜浴蹄，涂抹抗菌药膏。清理蹄患部及蹄间隙、清创，将中药血竭粉抹入空洞创面，烙铁烧热，在血竭粉表面轻轻烙一下，血竭粉即可溶化形成一层保护膜，用绷带包扎。

消炎粉（膏）抹入创面，然后绷带包扎，一天换一次药。用抗菌药全身注射治疗。对蹄球部的脓肿，切开皮肤，挤净脓液，创面抹上消炎粉（膏），然后包扎好。全身注射抗菌类药物治疗。

管理中，要平整、清理、软化运动场，排出污水粪尿，清除尖锐杂物，最好都用黄土运动场。每年保持一次修蹄。加强营养调控，饲喂全价营养平衡的日粮，防止钙磷代谢障碍。

五、不孕症

（一）发病情况

1. 营养方面

奶牛在育成期，长期营养不良，缺乏蛋白质饲料，特别是缺乏微量元素和维生素，造成内分泌失调及繁殖器官严重发育不良；泌乳期营养不良，缺乏微量元素（硒、锌等）和维生素（维生素A、维生素E、维生素D）造成不孕症。

2. 疾病方面

卵巢疾病，如卵巢静止即卵巢不发育卵泡，卵巢囊肿，持久黄体；子宫疾病，如子宫内膜炎、子宫肌瘤；传染病，如布氏杆菌病、弯曲菌性流产、病毒性流产、滴虫性流产等。

此外，棉酚中毒，习惯性流产等，均可引发不孕症。

（二）防治措施

饲喂全价、营养均衡的饲料；治疗疾病：淫阳丝子宝，如意安胎宝，中药治疗。

持久黄体：用卵泡刺激素（FSH）100~200 单位，溶于 5~10 毫升生理盐水肌注。注射促黄体释放激素类似物（LRH）400 单位，肌注，隔日一次。

卵巢静止：用孕马血清（PMCG）肌注 20~40 毫升，隔日一次。注射促黄体释放激素类似物（LRH）200~400 单位，肌注，隔日一次。

卵巢囊肿：促性腺激素释放激素类似物（LRH）400~600 单位，肌注，每日一次。绒毛膜促性腺激素（HCG），一次静注 0.5 万 ~1 万单位。

其他疾病对症治疗。

六、瘤胃酸中毒

（一）发病情况

瘤胃积食发病时间过长，前胃弛缓的继发，造成瘤胃内酸性物质大量入血，引起酸中毒。

表现最急性，奶牛在 3~5 小时突然死亡。一般症状表现为奶牛精神沉郁，食欲废绝，可视黏膜潮红或发绀，流涎，口鼻有酸臭味儿，瘤胃胀满，蠕动音消失。粪便酸臭稀软或水样，脉搏增加到 100~140 次 / 分，呼吸加快，体温偏低。病后卧地不起，角弓反张，眼球震颤，最后昏迷死亡。

（二）治疗

1. 制止瘤胃内产酸

用 1% 的氯化钠溶液或 1% 的碳酸氢钠溶液反复洗胃，直到瘤胃内容物 pH 值呈碱性。

2. 解除酸中毒

静脉注射 5% 的碳酸氢钠 1 000~2 000 毫升。

3. 补液

5% 糖盐水，复方生理盐水 6 000~10 000 毫升 / 日，分 2~3 次静脉注射。

4. 强心

20% 的安钠咖 10~20 毫升，静脉注射。

5. 兴奋瘤胃机能

新斯的明 4~20 毫克，毛果芸香碱 40 毫克皮下注射。

七、奶牛焦虫病

（一）发病情况

焦虫寄生在奶牛的红细胞内引起，是一种有明显地区性和季节性的流行性传染病，由蜱传染此病。奶牛体温高达 40~41℃，多呈稽留热，乳房、下腹部、可视黏膜苍白，出现黄疸，食欲减退，反刍停止，身体消瘦，产奶量急剧下降，最后因极度衰竭而死亡。

（二）治疗

① 灭蜱，防止本病的传染。用杀虫剂（敌敌畏、敌百虫等）喷洒牛棚、牛舍、牛圈，3 个月 1 次。

② 体内外驱虫，用杀虫剂（敌敌畏、敌百虫等）喷洒牛体表，用依维菌素、阿维菌素喂牛，体内驱虫。

③ 肌内注射贝尼尔（血虫净），8 毫克 / 千克体重，配成 0.5% 的溶液，隔日一次。静脉注射黄色素，3~4 毫克 / 千克体重，配成 0.5% 的溶液，一次即可，或 2~3 天重复一次。

八、胃肠炎

（一）发病情况

突然换料，造成奶牛的消化功能紊乱；饲料（包括粗饲料、精饲料）发霉、变质、有毒，引起胃肠炎；饮用水过脏、过凉，引起胃肠炎；风吹雨淋，奶牛感冒，引起胃肠炎；某些传染病（巴氏杆菌病、沙门氏菌病、牛副结核）的继发症，引起胃肠炎；瘤胃积食、前胃弛缓、创伤性网胃炎等继发症，均可引起胃肠炎。

表现犊牛下痢、脱水，成年牛腹泻，反刍停止，食欲不振，腹痛不安，精神沉郁，体温升高，严重者粪便中混有脓血，里急后重，极度衰竭，卧地不起。

（二）治疗

1. 消炎

磺胺 15~25 克，痢特灵 2~3 克，每日 3 次，灌服中药牛羊肠痢欣，每日 2 次。

2. 止泻

碳酸氢钠 40 克，淀粉 1 000 克一次内服。0.1% 高锰酸钾溶液 3~5 升，一次内服。

3. 清理胃肠

硫酸钠、硫酸镁 300~400 克加水内服。液状石蜡 500~1 000 毫升、松节油 20~30 毫升，一次内服。

4. 补液

5% 葡萄糖生理盐水 3 000~5 000 毫升或复方氯化钠 2 000 毫升，维生素 C 2 克，混合静脉注射。

九、皱胃移位

（一）发病情况

由于皱胃弛缓或皱胃机械性转移造成。左移位：奶牛多发生在分娩之后。食欲减少，拒食精料，反刍停止，左腹肋弓部膨大，腹痛，叩诊可明显听到钢管音，排粪迟滞或腹泻。右移位：突然发病，腹痛，呻吟不定，后肢踢腹，拒食贪饮，瘤胃蠕动停止，排粪黑色，心跳加快，右腹肋弓部膨大，叩诊可明显听到钢管音，常伴发脱水、休克和碱中毒而引起死亡。

（二）治疗

滚转法：让病牛以背部为轴心，先向左滚转 45° 回到正中，再向右滚转 45°，回到正中，如此反复摇晃 3 分钟，突然停止，最后使病牛站立，检查复位情况。此法成功率不高。

手术疗法：皱胃移位一般采取手术疗法，左侧腹壁切开比较有利。

十、疥癣病

（一）发病情况

疥癣病又叫牛螨病，病原体是螨寄生在牛的皮肤上。病牛在头颈部出现丘疹样不规则病变，病牛剧痒，使劲磨蹭患部，致使患部脱毛、落屑、皮肤增厚，失去弹性。鳞屑、污物、被毛和渗出物黏结在一起，形成痂垢。严重时可波及全身。

（二）治疗

先剪去牛患部和附近的被毛，然后反复涂药，直到痊愈，常用药物有敌敌畏及专用药物。用大地维新片进行内驱虫。还可以药浴病牛。

第九章

奶牛场的环境控制与管理

第一节　奶牛业养殖污染对环境的危害

在奶牛养殖过程中，大量的粪尿、废弃物和有机废水如不及时处理，则会造成水源、空气、土壤的污染以及传染性疾病的流行。在奶牛养殖过程中，对环境污染以未经处理或处理不当的粪便及畜牧场污水数量最大，危害最重。

一、水质污染

与水质污染有关的主要是 BOD、COD、大肠杆菌、蛔虫卵、氮和磷等。奶牛养殖场的污水中含有大量的污染物质，其污水的生化指标极高。据环保部门对大型奶牛养殖场排出粪水的检测结果，COD超标 50~70 倍，BOD 超标 70~80 倍。按照目前我国规模化养殖场对环境污染的管理状况和正常水冲粪的流失率计算，百头奶牛场粪便年排放量 1 100 吨。奶牛粪便污染物不仅污染地表水，其有毒有害成分还易渗入地下水中，严重污染地下水，造成地下水溶解氧含量减少，水质有毒成分增多，使水体发黑变臭，失去使用价值。

二、空气污浊

奶牛养殖场产生大量恶臭气体，其中含有氨、硫化物、甲烷等有害成分，污染周围空气，严重影响空气质量。国际上许多发达国家都对恶臭气体的排放有严格的规定，如日本在《恶臭法》中确定了8种恶臭物质，其中有6种与奶牛养殖业密切相关，它们是氨、甲基硫醇、硫化氢、二甲硫、二硫化甲基、三甲胺，后来又追加了丙酸、正丁酸、正戊酸、异戊酸4种低级脂肪酸。这些物质在奶牛粪便中含量极大，其中氨气含量最高。氨气的挥发不仅给操作人员带来不快感、引起人和家畜的呼吸道疾病，而且进入大气后可造成酸雨和增加自然生态系统中氮的负荷。

随着规模化奶牛养殖业的发展，奶牛养殖场的恶臭现象时有发生，恶臭能刺激人的嗅觉神经和三叉神经，对呼吸中枢产生毒害。同时，恶臭也有害于奶牛健康，会引起呼吸道疾病和其他疾病，并最终影响奶牛生长，导致生产性能的下降。

三、农作物危害

高浓度的污水用于灌溉，会使作物徒长、倒伏、不熟或晚熟，造成减产，甚至毒害作物，出现大面积腐烂。此外，高浓度污水可导致土壤孔隙阻塞，造成土壤透气、透水性下降及板结，严重影响土壤质量。

四、人类健康危害

大量的病原微生物、寄生虫卵以及滋生的蚊蝇，会使环境中病源种类增多、菌量增大，出现病原菌和寄生虫的大量繁殖，造成人、畜传染病的蔓延，尤其是人畜共患病时，会发生疫情，给人畜带来灾难性危害。

环境污染危害程度与被污染区域内生物量、生物密度呈正相关的关系。被污染区域内生物量越大、生物密度越高，环境污染所产生的威胁性和危害性越大，危害程度越高。对于我国这样人口众多的国家，规模化奶牛养殖场又都集中于大中城市的近郊及城乡结合部，养殖业造成的污染事故一旦发生，其危害将相当严重。

第二节　奶牛场粪污无害化处理技术

奶牛粪尿和污水是奶牛场主要的污染源。据试验，一头体重为500~600千克的成年奶牛，每天排粪量为30~50千克，污水量为15~20升（表9-1）。奶牛鲜粪尿中与环境有关的指标CODcr（生物需氧）、BOD_5（化学需氧）、NH_3-N（氨氮）、TP（总磷）、TN（总氮）都是相当高的（表9-2）。同时，牛粪也是一种生物资源，通常牛粪中含量分别为水分77.5%、有机质20.3%、氮0.34%、磷0.16%、钾0.4%，对于植物的生长是非常好的养分，处理得当可以变废为宝，对于环境和植物生长都是有益的。

表9-1　奶牛的粪尿排泄量　　　　　　　　（鲜重）

牛群	体重（千克）	粪量（千克/天）	尿量（千克/天）
泌乳牛	550~600	30~50	15~20
青年牛	400~500	20~25	10~17
育成牛	200~300	10~20	5~10
犊牛	100~200	3~7	2~5

表9-2　奶牛粪尿中污染物的平均含量　　单位：千克/吨

污染物	CODcr	BOD_5	NH_3-N	TP	TN
牛粪	31.0	24.53	1.71	1.18	4.37
牛尿	6.0	4.0	3.47	0.40	8.0

一、粪污还田，农牧结合

目前，多数国家普遍采用的是，将奶牛场的粪尿污物经过无害化处理后还田用作肥料，即使是在发达国家欧盟、美国等也是如此。这些国家的政府根据当地气候、土壤和农作物种植状况，提出每头奶牛应占有耕地面积的最低标准，用来消纳粪便。例如，瑞典根据当地耕地情况，每平方千米可吸纳氮肥（N）170千克，磷肥（P）25千克，而每头奶牛的粪便每年产生的N为106千克，P为15千克。因此，规定每头奶牛至少占有耕地0.63平方千米。同样，在北欧的丹麦规定为0.67平方千米，但西班牙规定为0.17平方千米。美国联邦政府和各州政府规定，奶牛场每头奶牛需配有0.07平方千米地用于消纳粪污，否则政府不会颁发养殖许可证；但是，奶牛粪污还田前必须经无害化处理，杀灭粪中有害微生物，才能施入农田，用作肥料。奶牛粪尿无害化处理的方法很多，常用的方法有以下几种。

（一）需氧堆肥处理

堆肥处理分为静态堆肥和装置堆肥。静态堆肥不需特殊设备，可在室内进行，也可在室外进行，所需时间一般60~70天；装置堆肥需有专门的堆肥设施，以控制堆肥的温度和空气，所需时间较短，一般为30~40天。为提高堆肥质量和加速腐熟过程，无论采用哪种堆肥方式，都要注意以下几点。

① 必须保持堆肥的好氧环境，以利于好气腐生菌的活动。另外，还可添加高温嗜粪菌，以缩短堆肥时间，提高堆肥质量。

② 保持物料氮碳比在 1:（25~35）。氮碳比过大，分解效率低，需时间长；过低，则使过剩的氮转化为氨而逸散损失。一般牛粪的氮碳比为 1:21.5。制作时，可适量加入杂草、秸秆等，以提高氮碳比。

③ 物料的含水量以 40% 左右为宜。

④ 内部温度应保持在 50~60℃。

⑤ 要有防雨和防渗漏措施，以免造成环境污染。

在堆肥处理中，日本推出的一种新型、环保型堆肥体系——堆肥还原型处理体系。通过这种方法，可以把大量的牛粪制成棕黑色、细末状、蓬松体的还原型粪土，其形态类似黑色木质锯末，质地蓬松，吸附性好，无臭无味，具有抗潮保温性能。既可以当牛床铺垫物，又可当作粪土肥料，增加地力。堆肥程序见图9-1。

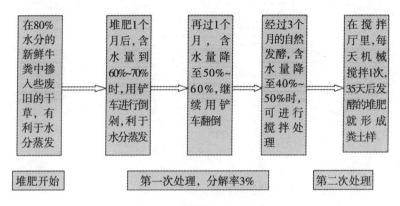

图9-1　牛粪堆肥处理程序

（二）厌氧堆肥处理

将牛粪堆集密闭，形成厌氧环境，有机物进行无氧发酵，堆温低，腐熟及无害化时间长，优点是制作方便。一般牛场均可制作，不需要什么设备，适合于小规模的牛场处理牛粪。此法适用于秋末春初气温较低的季节，一般需在1个月左右进行一次翻堆，以利于堆料腐熟。

二、厌氧发酵，生产沼气

利用厌氧菌（甲烷发酵菌）对奶牛场粪尿及其他有机废弃物进行厌氧发酵，生产以甲烷为主的可燃气体即沼气，沼气可作为能源用于本场生产与周围居民燃气、照明等。发酵后的沼渣与沼液可用作肥料。其流程见图9-2。

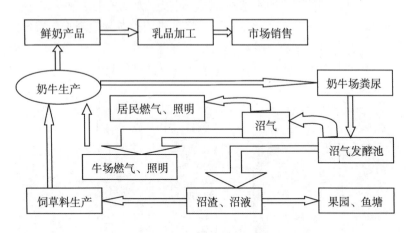

图9-2　沼气发酵流程

三、人工湿地处理方法

该方法是通过微生物与湿地的水生植物共生互利作用，使污水得以净化。湿地中有许多水生植物（如水葫芦、细绿萍等），这些植物与粪尿中的微生物能够形成一个系统，经过一系列的生物反应使粪尿中的物质得以分解。据报道，经过该方法处理后的粪尿污物净化，COD_{Cr}、SS（悬浮固体物）、NH_3、TN、TP出水较进水的去除效率分

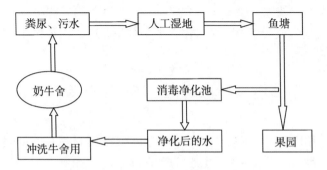

图9-3　牛场粪尿人工湿地处理示意图

别为73%、69%、44%、64%、55%。人工湿地处理模式与其他粪污处理设施比较，投资少、维护保养简单。其流程见图9-3。

第三节　病死畜无害化处理技术

病死畜尸体的无害化处理关系到生态环境、公共卫生安全、食品安全以及畜牧业可持续发展，是实施健康养殖、提供优质产品的重要举措。病死畜要严格按照《病害动物和病害动物产品生物安全处理规程》（GB16548—2006）规定进行运送、销毁及无害化处理。

一、焚烧

饲养规模较大的畜禽场应配备小型焚烧炉，在发生少量病、死畜禽时，自行作无害化焚烧处理。将病死畜禽尸体及其产品投入焚化炉或用其他方式烧毁碳化，彻底杀灭病原微生物。

二、深埋

采取深埋是一个简便的方法，选择远离学校、公共场所、居民住宅区、村庄、动物饲养和屠宰场所、饮用水源地、河流等地方进行深埋；掩埋前应对需掩埋的病害动物尸体和病害动物产品进行焚烧处理；掩埋坑底铺2厘米厚生石灰；掩埋后需将掩埋土夯实。病死动物尸体及其产品上层应距地表1.5米以上；焚烧后的病害尸体表面和病害动物产品表面，以及掩埋后的地表环境应使用有效消毒药喷洒消毒。

附 录

奶牛营养需要

表1 成年母牛维持营养需要

体重 （千克）	日粮干物 质 （千克）	奶牛能 量单位 （NND）	可消化粗 蛋白质 （克）	小肠可消化 粗蛋白（克）	钙 （克）	磷 （克）	胡萝卜素 （毫克）	维生素A （国际 单位）
350	5.02	9.17	243	202	21	16	37	15 000
400	5.55	10.13	268	224	24	18	42	17 000
450	6.06	11.07	293	244	27	20	48	19 000
500	6.56	11.97	317	264	30	22	53	21 000
550	7.04	12.88	341	284	33	25	58	23 000
600	7.52	13.73	364	303	36	27	64	26 000
650	7.98	14.59	386	322	39	30	69	28 000
700	8.44	15.43	408	340	42	32	74	30 000
750	8.89	16.24	430	358	45	34	79	32 000

注：1. 对第一个泌乳期的维持需要按表下表基础增加20%，第二个泌乳期增加10%。

2. 如第一个泌乳期的年龄和体重过小，应按生长牛的需要计算实际增重的营养需要。

3. 上表没考虑到放牧运动能量消耗。

4. 在环境温度低的情况下，维持能量消耗增加，需在下表基础上增加需要量，按正文说明计算。

5. 泌乳期间，每增重1千克体重需要增加8NND和325克DCP；每减重1千克需扣除6.56NND和250克DCP。

注：小肠可消化粗蛋白质=（饲料瘤胃降解蛋白×降解蛋白转化为微生物蛋白的效率×微生物蛋白质的小肠消化率）+（饲料非降解蛋白×小肠消化率）=（饲料瘤胃降解蛋白×0.9×0.7）+（饲料非降解蛋白×0.65）

表2　每产1千克奶的营养需要

乳脂率（%）	日粮干物质进食量（千克）	奶牛能量单位（NND）	可消化粗蛋白（克）	小肠可消化粗蛋白（克）	钙（克）	磷（克）
2.5	0.31~0.3	0.80	49	42	3.6	2.4
3.0	0.34~0.38	0.87	51	44	3.9	2.6
3.5	0.37~0.41	0.93	53	46	4.2	2.8
4.0	0.40~0.45	1.00	55	47	4.5	3.0
4.5	0.43~0.49	1.06	57	49	4.8	3.2
5.0	0.46~0.52	1.13	59	51	5.1	3.4
5.5	0.49~0.55	1.19	61	53	5.4	3.6

表3　成年奶牛干奶期的营养需要标准

体重（千克）	350	400	450	500	550	600	650	700
干物质（千克）	8.70	9.22	9.73	10.24	10.72	11.20	11.67	12.13
奶牛能量单位（NND）	15.78	16.80	17.73	18.66	19.53	20.4	21.26	22.09
产奶净能　兆焦（MJ）	49.54	52.72	55.65	58.54	61.30	64.02	66.70	69.33
可消化粗蛋白质DCP（克）	505	530	555	579	603	626	648	670
粗蛋白质，CP（克）	777	815	854	891	928	963	997	1031
钙，Ca（克）	45	48	51	54	57	60	63	66
磷，P（克）	25	27	29	32	34	36	38	41
胡萝卜素（毫克）	67	76	86	95	105	114	124	133
维生素A（1000单位）	27	30	34	38	42	46	50	53

注：在生产上应根据母牛不同妊娠阶段，对其营养做必要的调整，如妊娠后期，母牛营养状况良好，则不必再增加营养供应，但如牛体况较瘦，则应是但增加营养水平。

表4　后备母牛的营养需要

阶段	月龄	达到体重（千克）	净能（NND）	干物质（千克）	粗蛋白质（克）	钙（克）	磷（克）
哺乳期	0	35~40	4.0~5.0		250~260	8~10	5~6
犊牛期	3	97	5.0~6.0	2.5~2.8	350~400	16~18	10~12
	6	178	8.0~9.0	3.6~4.5	540~580	22~24	14~16
发育期	12	302	12~13	5.0~6.0	600~650	30~32	20~22
	15	360	13~15	6.0~7.5	650~720	35~38	24~25
育成期	初产	532	18~20	9.0~11	750~850	42~47	28~34

注：在寒冷或炎热季节，应适当增加营养供应水平，通常可在标准基础上增加15%~20%。

表5　体重600千克日产奶20千克乳脂率为3.5%成母牛的营养需要量

需要量	干物质（kg）	乳牛能量单位	可消化粗蛋白（g）	小肠消化蛋白（g）	钙（g）	磷（g）
维持	7.52	13.73	364	303	36	27
产奶	8.2	18.6	1060	920	84	56
合计	15.72	32.33	1424	1223	122	83

表6　矿物质常量元素需要量

	干奶期	围产期	盛乳期		产奶中期	产奶后期
			>30	<30		
Ca（%DM）	0.5	0.6	0.9	0.9	0.7	0.65
P（%DM）	0.25	0.3	0.5	0.5	0.4	0.4
毫克（%DM）	0.2	0.25	0.35	0.35	0.3	0.25
S（%DM）	0.16	0.2	0.25	0.25	0.23	0.23
Na（%DM）	0.15	0.1	0.3	0.3	0.25	0.23
K（%DM）	0.65	0.65	1	1	0.9	0.9
Cl（%DM）	0.2	0.2	0.3	0.3	0.25	0.25

表7　奶牛日粮干物质中微量元素的推荐量

微量元素	产奶牛	干奶牛
镁（毫克），%	0.2	0.16
钾（K），%	0.9	0.6
钠（Na），%	0.18	0.10
氯（Cl），%	0.25	0.20
硫（S），%	0.2	0.16
铁（Fe），毫克/千克	15	15
钴（Co），毫克/千克	0.1	0.1
铜（Cu），毫克/千克	10	10
锰（Mn），毫克/千克	12	12
锌（Zn），毫克/千克	40	40
碘（I），毫克/千克	0.4	0.25
硒（Se），毫克/千克	0.1	0.1

表8 美国NRC（2001）微量元素需要量

妊娠	干乳期			日产（千克）泌乳初期				泌乳盛期			
	240天	270天	279天	25	25	35	35	25	35	45	54.4
钴（mg/kg）	0.11	0.11	0.11	0.11	0.11	0.11	0.11	0.1	0.1	0.1	0.11
铜（mg/kg）	12	13	18	16	13	16	13	11	11	11	11
碘（mg/kg）	0.4	0.4	0.5	0.88	0.73	0.77	0.64	0.60	0.5	0.4	0.4
铁（mg/kg）	13	13	18	19	16	22	19	12	15	17	18
锰（mg/kg）	16	18	24	21	17	21	17	14	14	13	14
硒（mg/kg）	0.3	0.3	0.3	0.3	0.3	0.3	0.3	0.3	0.3	0.3	0.3
锌（mg/kg）	21	22	30	65	54	73	60	43	48	52	55

参考文献

[1] 杨效民，李军.牛病类症鉴别与防治.太原：山西科学技术出版社，2008.

[2] 王林枫，严平.实用奶牛养殖大全.郑州：河南科学技术出版社，2009.

[3] 王鸿英，隋苗.奶牛养殖关键技术.天津：天津科技翻译出版公司，2010.

[4] 冀一伦、王春元.奶牛管理技术.北京：中国农业出版社，2011.

[5] 李建国.规模化奶牛生态养殖技术.北京：中国农业大学出版社，2013.